Anton Moser
Bioprozeßtechnik

Berechnungsgrundlagen
der Reaktionstechnik
biokatalytischer Prozesse

Springer-Verlag Wien GmbH

Univ.-Doz. Dipl.-Ing. Dr. techn. Anton Moser
Institut für Biotechnologie, Mikrobiologie und Abfalltechnologie,
Technische Universität Graz, Österreich

ISBN 978-3-7091-2258-7 ISBN 978-3-7091-2257-0 (eBook)
DOI 10.1007/978-3-7091-2257-0

Das Werk ist urheberrechtlich geschützt.
Die dadurch begründeten Rechte, insbesondere die der Übersetzung,
des Nachdruckes, der Entnahme von Abbildungen, der Funksendung,
der Wiedergabe auf photomechanischem oder ähnlichem Wege und der
Speicherung in Datenverarbeitungsanlagen, bleiben, auch bei nur
auszugsweiser Verwertung, vorbehalten.

© Springer-Verlag Wien 1981
Ursprünglich erschienen bei Springer-Verlag Wien New York 1981
Softcover reprint of the hardcover 1st edition 1981

Mit 95 Abbildungen

CIP-Kurztitelaufnahme der Deutschen Bibliothek
Moser, Anton:
Bioprozeßtechnik: Berechnungsgrundlagen d.
Reaktionstechnik biokatalyt. Prozesse / Anton
Moser. — Wien; New York: Springer, 1981.
ISBN 978-3-7091-2258-7

Vorwort

Dieses Buch ist das Ergebnis einer mehr als zehnjährigen Tätigkeit in Forschung und Lehre. Es ist aus Vorlesungen entstanden, die ich an der Technischen Universität Graz seit 1970 und während meiner Aufenthalte als Gastprofessor an der University of Western Ontario in London, Canada, 1980, und an der Université Libre de Bruxelles, 1981, gehalten habe.

Die hauptsächliche Absicht, die ich mit diesem Buch befolge, ist erstens, die noch immer bestehende Kluft zwischen Grundlagen- und Ingenieurwissenschaften überbrücken zu helfen, und zweitens, zur inneren Entwicklung der Biotechnologie beizutragen.

Dieses Ziel findet seinen Ausdruck im Willen zur Synthese innerhalb dieses interdisziplinären Wissensgebietes, das sich auf immer mehr Spezialfächer ausdehnt. Eine nötige Neuorientierung soll durch den vereinheitlichenden, prozeßorientierten Standpunkt der „Bioprozeßtechnik" gefördert werden, wobei eine systematische Denk- und Arbeitsweise verfolgt wird. Diese Strategie als Ausdruck einer „Research philosophy" umfaßt vier Arbeitsprinzipien: 1. Das Arbeiten mit Vereinfachungen, d.h. das Unterscheiden zwischen Wesentlichem und Unwesentlichem; 2. das Quantifizieren; 3. die Analyse, d.h. das Trennen zwischen biologischen und physikalischen Phänomenen; sowie 4. das Denken und Arbeiten mit Modellen.

Mathematische Modelle sind in erster Linie als Arbeitshypothesen zu betrachten, die neben der unersetzlichen Intuition als Starthilfe („Denken in Analogien") zu Prozeßentwicklungen dienen können und die anschließend im Rahmen einer adaptiven Modellbildung mit der experimentellen Realität des Bioprozesses zu vergleichen und ihr anzupassen sind. Die in diesem Buch angewandte Strategie steht im Einklang mit der sogenannten deduktiven Methode der wissenschaftlichen Bearbeitung nach Popper.

In Anlehnung an diese allgemeine Denkweise weist der Text des Buches eine Organisation in Kapitelfolgen auf, die sich nach didaktischen Gesichtspunkten sinnvoll ergeben. Nach der Definition und inneren Abgrenzung der „Bioprozeßtechnik" zum Gesamtgebiet der Biotechnologie in Kapitel 1 und der Darlegung der Denk- und Arbeitsprinzipien in Kapitel 2 wird die Analyse von technischen Bioprozessen in den Kapiteln 3 bis 5 durchgeführt. Dabei wird mit der quantitativen Kennzeichnung von Bioreaktoren in Kapitel 3 begonnen und die Darstellung in Kapitel 4 mit der allgemeinen Handhabung von Bioreaktoren zur Gewinnung kinetischer Daten in der prozeßkinetischen Analyse fortgesetzt. Anschließend werden in Kapitel 5 die mathematischen Modellansätze für die Kinetik von Bioprozessen beschrieben, wobei vom prozeßtechnischen Standpunkt aus die Formalkinetik in den Vordergrund gestellt wird. Abschließend wird in Kapitel 6 die Synthese von biologischen Daten (Kinetik) und physikalischen Daten der Bioreaktoren (Transportphänomene) dargelegt, um die Umsätze bzw. Produktivitäten für die wichtigsten Operationsweisen und Reaktorgrundtypen zu ermitteln.

Im Zusammenhang mit der Neuordnung und Systematisierung schien mir auch eine Vereinheitlichung der Nomenklatur angebracht, wobei weitgehend bekannte Symbole herangezogen und nur in einzelnen Fällen Neubildungen in Analogie vorgenommen wurden.

Das Hauptaugenmerk des Buches wurde nicht auf eine vollständige Literaturübersicht gerichtet, sondern auf die Darstellung allgemeingültiger Ansätze zur Berechnung von technischen Bioprozessen. Die Probleme der quantitativen Erfassung stehen im Vordergrund, und dabei vor allem die der Kinetik als Drehscheibe aller reaktionstechnischen Überlegungen und Berechnungen. Die Biosynthese von Stoffwechselprodukten und alle biologisch-biochemischen Aspekte sind in dem Buch von H. J. Rehm (Technische Mikrobiologie, Springer-Verlag, Berlin, Heidelberg, New York, 1980) bestens dargelegt. Die verfahrenstechnischen Aspekte der Reaktorquantifizierung und des Prozeßentwurfes sind in einem sinnvollen Ausmaß enthalten, so daß eine Darstellung des Arbeitsflusses der Analyse und Synthese zur Bewältigung von Bioprozessen im technischen Maßstab in zusammenhängender Form gegeben ist. Auf Grund der andersgearteten Orientierung und der entwickelten Strategie soll das vorliegende Buch eine Lücke schließen, die zwischen den existierenden Lehrbüchern für den Autor spürbar ist.

Dieses Buch habe ich für alle Interessenten in Industrie und Universität geschrieben (Studenten der Chemie, Biologie und der Verfahrenstechnik bzw. Zivilingenieure und Ingenieure in der Fermentations-, Abwasser-, Enzym- und Lebensmitteltechnik), die sich mit der Berechnung von Bioprozessen zum Zwecke des Prozeßentwurfes zu beschäftigen haben.

Herrn Prof. A. E. Humphrey, Lehigh University, Bethlehem, Pennsylvania, und auch Herrn Prof. R. M. Lafferty, Technische Universität Graz, danke ich für die mir bei der Beurteilung meiner Habilitationsschrift gegebene Anregung und Ermunterung, diese nach entsprechender Umarbeitung und Erweiterung in Buchform zu veröffentlichen. Herrn Prof. A. Fiechter, ETH Zürich, und dem Springer-Verlag in Wien möchte ich meinen Dank dafür sagen, zu den äußeren Voraussetzungen für diese Arbeit beigetragen zu haben.

Mein besonderer Dank gilt meiner Frau, die in verständnisvoller Geduld über Jahre hinweg mir zur Seite war und die Niederschrift des Manuskriptes bzw. das Lesen und Korrigieren besorgte.

London/Ontario und Graz, Mai 1981　　　　　　　　　　　　　　　　Anton Moser

Inhaltsverzeichnis

Nomenklatur X
Indizes XII
Griechische Symbole XIII
Häufig benutzte dimensionslose Kenngrößen XIV
Abkürzungen XIV
Zeichen XV

1 Einführung 1
1.1 Biotechnologie – Definition und Überblick 1
1.2 Bioprozeßtechnik – Inhalt und Ausbildungsziel 5
Literatur 10

2 Die Bioprozeßtechnik und ihre Arbeitsprinzipien 11
2.1 Prozeßentwicklung 11
    Produktionsstamm 11
    Ausgangssituationen 12
    Vorgangsweisen der Prozeßentwicklung 13
    Prozeßentwicklung ohne mathematische Modelle 15
2.2 Grundbegriffe zur Quantifizierung von Bioprozessen 17
    Geschwindigkeit von Bioprozessen 19
    Stöchiometrie 23
    Grundkonzept einer einheitlichen Nomenklatur der Bioprozeßkinetik ... 23
    Produktivität 25
2.3 Arbeitsprinzipien der Bioprozeßtechnik 28
    Prinzip des Vereinfachens 31
    Prinzip des Quantifizierens 32
    Prinzip des Trennens 32
    Prinzip des mathematischen Modellierens 33
2.4 Mathematische Modelle 39
    Wozu werden Modelle gebraucht? 41
    Modellbildung 41
    Statistische Methoden 45
    Statistische Grundbegriffe und Berechnungsgleichungen 46
    Regressionsanalyse 48
Literatur 51

3 Bioreaktoren	53
3.1 Überblick: Industrielle Reaktoren	53
Mikrobiologische Reaktoren (Fermenter und Abwasseranlagen)	53
Enzymreaktoren	55
Sterilisatoren	57
3.2 Systematisierung der Bioreaktoren	57
Homogene bzw. heterogene Systeme	57
Operationsweisen	59
Mischungszustand der Reaktoren	59
3.3 Quantifizierungsmethoden	62
Mischzeit t_m und Mischgüte m	62
Verweilzeitverteilung (VZV)	64
1-d-Dispersionsmodell	65
Tank-in-Serie-Modell	67
O_2-Transportgeschwindigkeit (OTR)	70
O_2-Ausnutzungsgrad η_{O_2}	75
Leistungsaufwand P	75
O_2-Ertrag (-Ökonomie) O_2-E	75
Hinterlandsverhältnis (Hl)	75
Wärmetransportgeschwindigkeit (ΔHTR)	76
Charakteristische Größe der biokatalytischen Masse	79
Vergleich prozeßtechnischer Daten von Bioreaktoren	79
Biologische Testsysteme	81
3.4 Operationsweisen und Bioreaktorkonzepte	82
3.5 Bioreaktormodelle	87
Modell 1: Der ideale diskontinuierliche Rührkessel (dkRK)	88
Modell 2: Der ideale kontinuierliche Rührkessel (kRK) mit V = konstant	88
Modell 3: Der ideale semikontinuierliche Rührkessel (skRK) mit V = variabel	89
Modell 4: Der ideale kontinuierliche Rohrreaktor (kRR)	90
Modell 5: Realer kRR mit Dispersion	91
Literatur	94
4 Prozeßkinetische Analyse	97
4.1 Situation in den verschiedenen Bioreaktoren	97
4.2 Test auf Pseudohomogenität	99
4.3 Ermittlung kinetischer Daten mit Bioreaktoren	104
Integrale und differentielle Reaktoren	104
Integrale und differentielle Auswertungsmethode	107
Ergebnisse der differentiellen und integralen Analyse: Linearisierungsdiagramme	110
4.4 Heterogene Modellansätze	117
Externe Transportlimitierung	119
Interne Transportlimitierung	120
Transportbeschleunigung	122
Literatur	126
5 Formalkinetik von Bioprozessen	128
5.1 Temperaturabhängigkeit: $k(T)$	129

5.2 Mikrokinetische Ansätze aus der Kinetik chemischer und enzymatischer Reaktionen 133

5.3 Grundmodelle des Wachstums und Substratverbrauches in homogenen Systemen 136
$\mu(S)$: Einfache Funktionen 136
Wachstum von Myzelien und Pellets 138
Funktion $\mu(t)$ 139
Instationäre Kinetik: $\mu_{max}(t)$ und $K_S(t)$ 141
Funktion $Y(t)$ 142
S-Inhibition 142
Funktion $\mu(pH)$ 144
Endogener Stoffwechsel 144

5.4 Grundmodelle der Produktbildung 146
Wärmebildung bei Fermentationen 151

5.5 Modelle heterogener Bioprozesse 152

5.6 Kinetik von Multi-komponenten Systemen 156
Multi-S-Kinetik (Fermentations-, Abwassertechnik) 157
Mischpopulation 162
Pseudokinetik 163
Mehrkomponentensysteme der Lebensmitteltechnik 164

Literatur 165

6 Prozeßentwurf: Methoden der Voraussage des Umsatzes bzw. der Produktivität 169

6.1 1-Phasen(L-)Reaktoren vom Typ des kRK: 1-stufiger kRK 170
Mehrstufige kRK (kRK-Kaskade) 172
kRK mit Zellrückführung 173

6.2 1-Phasen(L-)Reaktoren: Vergleich zwischen idealem kRR und idealem kRK ... 175
Fermentationsprozesse zur Produktion sekundärer Metaboliten 175
Sterilisation 176
Lebensmitteltechnik 177
Prozesse mit Enzymkinetik (Wachstumsprozesse der Fermentationstechnik und Enzymtechnik) 177

6.3 1-Phasen(L-)Reaktoren mit beliebiger Verweilzeit und Mikro-Mischung 181
Graphische Methode 181
Berechnung 182

6.4 Pseudohomogenes Modell für Film-Bioreaktoren 183
Kinetik als geschwindigkeitsbestimmender Schritt 184
Transportvorgänge als geschwindigkeitsbestimmender Schritt 184

6.5 G/L-Reaktormodell für Bioprozesse 185

6.6 Schlußwort 187

Literatur 188

Sachverzeichnis 190

Nomenklatur

A	%	Ausbeute
A	cm²	Austauschoberfläche
a	cm²/cm³	Spezifische Austauschoberfläche
$a_i(b,c,d)$	–	Stöchiometrische Koeffizienten
c	g/l	Konzentration, allgemein
c_p	kcal/kg·°C	Spezifische Wärme
C	g/l	CO_2-Konzentration
d	cm	Durchmesser, charakteristische Länge
D	cm²/sec	Diffusions-, Dispersionskoeffizient
D	h^{-1}	Verdünnungsgeschwindigkeit
E	g/l	Enzymkonzentration
E	cm²/sec	Konvektionskoeffizient
$E(\eta_{TR})$	–	Beschleunigungsfaktor
$E_a(E)$	kcal/mol	Aktivierungsenergie
F	m³/h	Durchflußgeschwindigkeit
F_r	m³/h	Rückflußgeschwindigkeit
$F(t)$	–	VZV-Funktion (Stufenfunktion)
$f(t)$	–	VZV-Funktion (Impulsfunktion)
f	–	Mathematische Funktion, allgemein
f	%	Fehler, relativer
ΔG	kcal/mol	Freie Reaktionsenthalpie
G	kg	Gewicht
g	cm/sec²	Erdbeschleunigung (980)
g_c	cm³/g·sec²	Gravitationskonstante ($6{,}671 \cdot 10^{-8}$)
$\Delta H, \Delta H_V$	kcal/l	Volumetrische Reaktionswärme
$\Delta H_R (\Delta H_m)$	kcal/gX oder kcal/gS	Metabolische Reaktionsenthalpie (bzw. -Wärme)
I	g/l	Inhibitorkonzentration
J	–	Inhomogenität (Gl. 3.1)
$K(K_c)$	öS, DM	Kosten (Extraktionskosten)
K_{GG}	g/l	Gleichgewichtskonstante (Gl. 5.11)
K	l/g	Konstante der Langmuir-Kinetik
K_m	g/l	Michaelis-Menten-Konstante
K_S	g/l	Monod-Konstante
K_I	g/l	Inhibitionskonstante
K_H	g/l	Hill-Konstante (Gl. 5.16)
K_P	g/l	Konstante der Rückreaktion bei reversiblen Reaktionen (Gl. 5.12)

$K_{P,e}$	öS, DM	Kosten für Produktextraktion
k	!	Geschwindigkeitskonstante, allgemein
k_E	sec^{-1}	Elektrodenkonstante (Gl. 3.25c)
k_d	sec^{-1}	Absterbekonstante
$k_{\Delta H}$	$kcal/m^2 \cdot h \cdot °C$	Wärmetransportkoeffizient
k_L	cm/sec	Stofftransportkoeffizient (flüssigseitig)
k_r	$(l/g)^{n-1} \cdot sec^{-1}$	Reaktionsgeschwindigkeitskonstante
k_{TR}	sec^{-1}	Stofftransportgeschwindigkeitskonstante (Gl. 2.9b)
k_P	h^{-1}	Produktbildungsgeschwindigkeitskonstante
k_{PZ}	h^{-1}	Produktzerfallsgeschwindigkeitskonstante
$k_{V,G}$	sec^{-1}	Verdünnungsgeschwindigkeitskonstante (G-Phase), Gl. 3.25b
k_W	$kcal/h \cdot °C$	Wärmetransportgeschwindigkeitskonstante (Gl. 2.9c)
L	cm	Länge, charakteristische
L	„tato"	Leistung eines Reaktors (Gl. 2.13)
L	h^{-1}	Schlammbelastung (B_{TS})
M	kg	Masse
m	%	Mischgüte
m	h^{-1}	Koeffizient des Erhaltungsstoffwechsels (σ_e)
N	–	Dimensionslose Kennzahlen (s. extra)
N	–	Äquivalentstufenzahl
N	–	Zellzahl
N	–	Molzahl
n	upm	Drehzahl
n	–	Reaktionsordnung
n'_i	$mol/m^2 \cdot sec$	Molarer Flux (Gl. 2.2)
n, n_i	–	Anzahl, laufende Zahl i
n_H	–	Koeffizient der Hill-Kinetik
n	$g/l \cdot h$	Stofftransportgeschwindigkeit
O	g/l	O_2-Konzentration
P	W	Leistungsbedarf
P	g/l	Produktkonzentration
p	Ps	Partialdruck
q_S, q_{O_2}, q_P	$mmol/gX \cdot h$	siehe σ_S, σ_O, π
q	$kcal/l \cdot h$	Wärmetransportgeschwindigkeit
R	$kg\,cm^{-2}\,l^{-1}$	Gaskonstante (0,08478)
R	cm	Radius
r, r_i	$g/l\,h$	Reaktionsgeschwindigkeit (absolute) bzw. Umsetzungs- oder Bildungsgeschwindigkeit
r'	$g/cm^2\,sec$	Oberflächenbezogene Reaktionsgeschwindigkeit
r^*	!	Bezogene Reaktionsgeschwindigkeit, allgemeine
r	–	Rückstromstärkeverhältnis
r	–	Korrelationskoeffizient (Gl. 2.36)
ΔS	$cal/mol\,°K$	Reaktionsentropie
S	g/l	Substratkonzentration
s	sec^{-1}	Oberflächenerneuerungsgeschwindigkeit
s	–	Streuungsbreite einer Verteilungsfunktion
s^2	–	Varianz einer Verteilungsfunktion

XII   Indizes

T	°C, °K	Temperatur
t	sec	Zeit, allgemein
t_c	sec	Zykluszeit
t_K	sec	Kontaktzeit
t_L	h	Lagzeit
t_M	h	Reifezeit
t_m	sec	Mischzeit
t_r	sec	Reaktionszeit
U	%	Umsatz
V	m³	Volumen
v	m/sec	Geschwindigkeit
v_S	m/sec	Superfizielle Strömungsgeschwindigkeit
v_{mf}	m/sec	Geschwindigkeit der minimalen Fluidisation
$\dot{v}$	min⁻¹	Schergefälle (Scher-Geschwindigkeitsgradient)
X	g/l	Zellkonzentration
$x(x_i)$	–	Prozeßvariable bzw. Größe, allgemein
$Y(Y_{i/j})$	–	Ertragskonstante (Gl. 2.8)
z	–	Koordinate

Indizes

ads	Adsorption
ber	Berechnet
B	Blasen
C	CO_2
d	Absterben
des	Desorption
ex	Austritt
E	Enzym, Elektrode
e	Endogen oder Extraktion
eff	Effektiv
exp	Experimentell
G	Gas
ges	Gesamt
ΔH	Reaktionsenthalpie bzw. -wärme
in	Eintritt
i	Komponente, laufende Zahl
j	Komponente, laufende Zahl
krit	Kritisch
K	Kalt, Katalysator
L	Flüssig oder longitudinal
max	Maximal
0	Nullwert, Anfang
O	O_2
opt	Optimal
P	Produkt oder Partikel

PZ		Produktzerfall
r		Reaktion
R		Reaktor
rel		Relativ
S		Substrat
S		Festphase
St		Sterilisation
top		Spitze
TR		Transport
t		Zeit
V		Volumen
V		Verdünnung
W		Warm, Wachstum
X		Zellmasse
z		Koordinate

Griechische Symbole

α_W	–	Wasseraktivität
α, α_i	–	Empirischer Koeffizient
β	–	Empirischer Koeffizient
β	–	Koeffizient der Zellaufkonzentrierung (X_r/X)
γ	–	Empirischer Koeffizient
γ	g/cm^2	Oberflächenspannung
δ	cm	Filmdicke
ϵ	–	Volumenanteil (hold up)
ϵ	h^{-1}	Spezifische Enzymbildungsgeschwindigkeit
ϵ	cm^2/sec^3	Energiedissipation (Energieverteilung pro Masse) (Gl. 4.1c, d)
ϵ	–	Verhältniszahl zwischen Enzymkonstanten (Gl. 5.48)
η	–	Wirkungsgrad, Effektivitätsfaktor
η_{O_2}	%	O_2-Effektivitätsfaktor (Gl. 3.26)
η_r	–	Effektivitätsfaktor der Reaktion
$\eta_{TR}(E)$	–	Effektivitätsfaktor des Transportes
λ	h	Lebenserwartung
λ	$\Omega^{-1}\,cm^{-1}$	Leitfähigkeit
Λ	h	Alter
μ	h^{-1}	Spezifische Wachstumsgeschwindigkeit
ν	h^{-1}	Spezifische Zellzahlvermehrungsgeschwindigkeit
ν	cm^2/sec	Kinematische Viskosität
π	h^{-1}	Spezifische Produktbildungsgeschwindigkeit (q_P)
$\pi_{\Delta H}$	kcal/g h	Spezifische Wärmebildungsgeschwindigkeit
Π	–	Produktsumme
ρ	g/cm^3	Dichte
$\sigma(\sigma_S)$	h^{-1}	Spezifische S-Verbrauchsgeschwindigkeit (q_S)
σ_e	h^{-1}	Koeffizient des Erhaltungsstoffwechsels (m)
σ_O	h^{-1}	Spezifische O_2-Verbrauchsgeschwindigkeit (q_{O_2})

XIV Abkürzungen

Σ	–	Summe
τ	–	Bezogene, dimensionslose Zeit $(t/\bar{t})$
τ_E	sec	Charakteristische Zeit einer Elektrode (Gl. 3.25d)
τ_L	sec	Verzögerungszeit für instationären Lag (Gl. 5.35)
ϕ	–	Konsumtionskoeffizient (Gl. 5.25)
Φ	–	Thiele-Modul
ω	–	Empirischer Koeffizient

Häufig benutzte dimensionslose Kenngrößen

Symbol	Definition	Bedeutung	Name
Bo	$v \cdot L/D_L$	makroskopisch bewegte/rückvermischte Masse	Bodenstein
Da_I	$r \cdot L/v \cdot c$	abreagierte/zuströmende Masse	Damköhler, 1. Art
Da_{II}	$r \cdot L^2/D \cdot c$	Geschwindigkeitskonstante der Reaktion/Stofftransport	Damköhler, 2. Art
Fr	$v^2/g \cdot L$	Trägheitskräfte/Schwerkraft	Froude
Ha	Gl. 4.31	Stoffübergang mit/ohne chemische Reaktion	Hatta
Re	$v \cdot L/\nu$	Impuls/innere Reibung	Reynolds
Sc	ν/D	molekularer Impuls/Diffusion	Schmidt
Sh	$k_L \cdot L/D$	gesamter Stoffübergang/Diffusion	Sherwood
We	$v^2 \cdot L/\gamma$	Trägheits-/Grenzflächenkräfte	Weber
Hl	Gl. 3.28	Volumen Flüssigfilm an G/L-Grenzfläche pro Volumen Gesamtflüssigkeit	Hinterland

Abkürzungen

BS	Blasensäule
BSB	Biologischer O_2-Bedarf
B_{TS}	Schlammbelastung (L)
CTR	CO_2-Transportgeschwindigkeit
CSB	Chemischer O_2-Bedarf
DS	Dünnschichtreaktor
dk	Diskontinuierlich
FR	Filmreaktor
ΔHTR	Wärmetransportgeschwindigkeit
id	Ideal
k	Kontinuierlich
kRK, kRR	Kontinuierlicher Rührkessel, Rohrreaktor
mm	Maximale Mischung
NkRK	Kontinuierliche Rührkesselkaskade mit Anzahl N
OTR	O_2-Transportgeschwindigkeit
O_2-E	O_2-Ertrag
Pr	Produktivität
RK	Rührkessel

RR	Rohrreaktor
sk	Semikontinuierlich
STR	Substrat-Transportgeschwindigkeit
SAQ	Summe der Abweichungsquadrate
SD	Strahldüsenreaktor
SR	Schlaufenreaktoren
TR	Turmreaktor
TOC	Totaler organischer Kohlenstoffgehalt
ts	Totale Segregation
var	Varianz
VZV	Verweilzeitverteilung
ZTS	Zelltrockensubstanz

Zeichen

$\gtreqless$	Größer, gleich oder kleiner als
∞	Unendlich, Endwert
*	Sättigungswert
—	Stationär, Gleichgewichts-, Mittelwert
$\wedge$	Abweichungsvariable
$\ddagger$	Übergangszustand
$\sim$	Aktiv

1 Einführung

1.1 Biotechnologie – Definition und Überblick

Die *Biotechnologie* ist allgemein die Lehre von der Durchführung von Bioprozessen in industriellen Produktionsverfahren technischen Maßstabes. Eine Systematisierung der Bioprozesse erfolgt günstigerweise mit Hilfe des Katalysators, der für den Umsatz der biochemisch-biologischen Reaktionen verantwortlich ist. Biokatalysatoren in diesem Sinn sind sowohl Enzyme natürlicher oder synthetischer Herkunft als auch Zellen mikrobiologischer Natur und von pflanzlichen oder tierischen Geweben.

Die *Biotechnologie* ist also eine anwendungsorientierte Wissenschaft der Mikrobiologie und Biochemie in enger Verbindung mit der Technischen Chemie und der Verfahrenstechnik. Nicht berücksichtigt wird mit dieser Definition das Gebiet der medizinischen Technik, das sich mit der Herstellung von Apparaten für biologische Zwecke, besonders im medizinischen Bereich, z. B. Herz-Lungen-Maschinen, befaßt (Dechema, 1974). Die Biomedizinische Technik wird gelegentlich auch als Biotechnik und auch mit bioengineering bezeichnet, so daß vom Namen her keine Eindeutigkeit gegeben ist.

Die Art des Biokatalysators zur Durchführung der technischen Bioprozesse bestimmt auch die Benennung der einzelnen Technologien, nämlich Enzym- und Fermentationstechnik bzw. Gewebekulturen. Neben diesen Herstellungsverfahren gibt es noch die Gruppe der Sterilisationstechniken, in denen das biologische Material abgetötet und inaktiviert wird.

Die genaue Abgrenzung verschiedener Gebiete untereinander ist aus traditionellen Gründen oft schwer möglich. Wie in Abb. 1.1 dargestellt ist (Moser, 1978a), überschneiden sich die Arbeitsbereiche der konventionellen Lebensmitteltechnologie und der Biotechnologie im Falle der Gärungsgewerbe und z. B. der Yoghurtherstellung, während die Käseproduktion u.ä.m. noch zu den Bioprozessen der Lebensmitteltechnologie zu zählen sind. Die hohe Komplexität der Bioprozesse der Lebensmitteltechnik und die Schwierigkeiten einer Meßwerterfassung, die auch in manchen anderen Fermentationsverfahren anzutreffen sind, verhindern zur Zeit eine systematische Durchdringung. Außerdem werden besondere Ansprüche an die Qualität der Produkte als Nahrungsmittel gestellt, so daß die Arbeitsmethoden der Verfahrenstechnik zur Bewältigung im großtechnischen Maßstab nur zögernd Eingang finden. Trotz dieser grundsätzlich unterschiedlichen Orientierung wird die wissenschaftliche Bearbeitung fortschreiten und durch den wirtschaftlichen Anreiz werden früher oder später dieselben Arbeitsprinzipien auch in komplexen Prozessen verwendet werden.

2   1 Einführung

Genau dasselbe Schicksal kann in einem anderen benachbarten Gebiet beobachtet werden, nämlich bei der biologischen Abwasser- und Abfallbehandlung. Hier ist der Druck durch die Umweltprobleme so groß geworden, daß man in diesen Technologien seit geraumer Zeit dieselben Denkansätze wie bei den „konventionellen" Prozessen der Biotechnologie erfolgreich anwendet. Man spricht auch von der „Biotechnologie des Abwassers".

In Abb. 1.1 findet sich eine Gegenüberstellung der Bioprozesse der verschiedenen Technologien mit den verschiedenen Namen für die Gefäße, in denen diese Reaktionen im technischen Maßstab durchgeführt werden. Diese „Biologischen Reaktoren" gliedern sich in Sterilisatoren, eigentliche Bioreaktoren (mikrobiologische Reaktoren = Fermenter, Abwasseranlagen und Enzymreaktoren) sowie einige unspezifische Gefäße wie Bottiche, Fässer usw. zur vorwiegend kunsthandwerklichen Durchführung der komplexen Bioprozesse.

Der Fortschritt des Wissens bei der Durchdringung der Prozesse zeigt sich nun nicht nur in „Randgebieten", sondern auch im zentralen Bereich der Biotechnologie, nämlich in der Fermentationstechnik. Wie sind die *Zukunftsaus-*

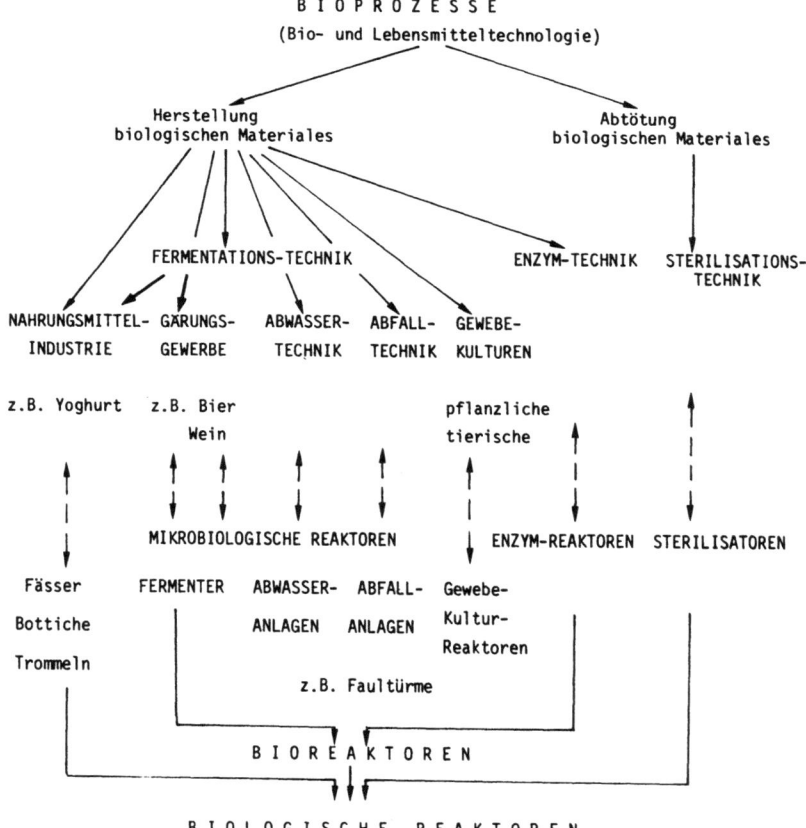

Abb. 1.1. Biologische Reaktoren und ihr Einsatzgebiet zur „Zähmung" der Vielfalt industrieller Bioprozesse im technischen Maßstab (nach Moser, 1978a)

1.1 Biotechnologie – Definition und Überblick 3

sichten der Biotechnologie im Vergleich zum heutigen Stand? Die Produktpalette reicht von den Antibiotika, Steroiden, Vitaminen, Impfstoffen, Enzymen, Polysacchariden bis zu den organischen Säuren, Alkohol und Einzellerprotein (Rehm, 1980). Wird die Entwicklung des Verkaufspreises von verschiedenen Produkten als Indikator der Wirtschaftlichkeit genommen, so findet sich diese in Abhängigkeit von der Größenordnung der Produktionseinheit für den Zeitraum 1970 bis 2000 in Abb. 1.2 dargestellt (Hines, 1979). Drei Klassen von Produkten werden in Betracht gezogen, nämlich Pharmazeutika, Einzellerprotein, einfache Chemikalien, um die biotechnischen Herstellungsverfahren den entsprechenden chemischen Verfahren gegenüberzustellen. Aus dieser graphischen Darstellung kann entnommen werden, daß zur Zeit die biotechnischen Verfahren nur im Falle der Pharmazeutika, die eine hoch molekulare Komplexität aufweisen, wirtschaftlicher als die chemischen Verfahren operieren. Weiters wird vorhergesagt, daß in der Mitte der achziger Jahre auch Einzellerprotein und ab ca. 1995 sogar billigere Chemikalien ökonomisch in biotechnischen Verfahren produziert werden könnten. Die Wirtschaftlichkeit der Prozesse für die Herstellung einfacher Stoffe wird erst in großen Produktionseinheiten erreicht. Werden also zur Zeit noch „small scale/high price-processes" und diese meist diskontinuierlich durchgeführt, so prophezeit diese Voraussage, daß in Zukunft auch „large scale/low price-processes", und zwar kontinuierlich betrieben werden.

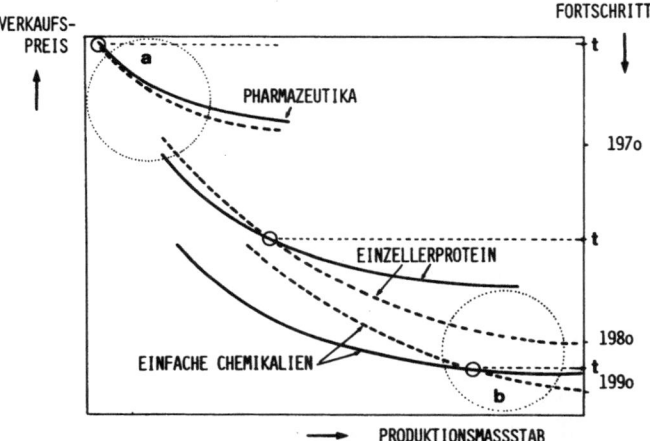

Abb. 1.2. Entwicklungsprognose biotechnischer Prozesse (– – –) im Vergleich zur chemischen Technik (———) am Beispiel von drei Produktklassen (Pharmazeutika, Einzellerprotein und einfache Chemikalien). Angabe der Zeitpunkte *t*, ab dem die biotechnischen Prozesse wirtschaftlicher sein werden. Bereich *a*: „small scale/high price processes", Bereich *b*: „large scale/low price processes" (nach Hines, 1979, 1980; mit Erlaubnis der IPC Business Press Ltd.©)

Aus der geschilderten Situation der Fermentationstechnik sowie der Lebensmittel- und Abwassertechnik können einige allgemeine Schlüsse gezogen werden.
1. Die Entwicklung von Prozessen aus dem Labormaßstab bis zur technischen Reife zum Nutzen der Menschheit muß rasch und sicher vollzogen werden.

Diese „Zähmung" der Bioprozesse (Bogen, 1973; 1976) läuft in drei Stufen ab. Die unterste ist die Natur selbst, wo in der Erde, im Organismus, im Wasser, die Bioprozesse selbstregulierend vor sich gehen. Sie werden oft erst „entdeckt", wenn Störungen durch den Menschen wirksam waren. Diese Stufe war und ist der Lehrmeister der Menschen, die dann im Laufe der Jahrhunderte durch „Schaden und Schande" (trial and error) lernten, diese Prozesse zu reproduzieren und für sich zu nützen. Die Bedingungen, die dabei einzuhalten sind, waren das Resultat jahrhundertelanger Erfahrungen und wurden streng ein- und oft geheimgehalten. Das war und ist die Stufe des „Kunsthandwerkes" (z. B. Bier, Wein, Sauerkraut usw.), die zum Teil auch heute noch im Falle komplexer Produkte als erste primitive Stufe einer technischen Realisierung angewendet wird.

Eine moderne Technologie wird jedoch diesen Rahmen sprengen und die Reproduzierbarkeit auf Basis quantitativer Methoden sicherstellen. Diese Entwicklung hat sich auch in der chemischen Technik vor ein paar Jahrzehnten vollzogen. Es sei an dieser Stelle jedoch betont, daß die sichere und raschere Prozeßentwicklung nur durch erhöhte Verantwortlichkeit der planenden Ingenieure erkauft werden kann.

2. Die Entwicklung vollständig neuer Produktionsverfahren verlangt auch eine neu-orientierte Organisationsform der wissenschaftlich-technischen Bearbeitung.

In den letzten Jahren haben die Probleme der Rohstoff-, Energie- und Umweltkrise neue Fragen aufgeworfen. Durch biotechnische Prozesse können bisher nicht oder nur unvollständig genutzte natürliche Energie- und Rohstoffquellen erschlossen, industrielle Rohstoffe intensiver genutzt und gestörte ökologische Kreislaufe stabilisiert werden (z. B.: CO_2, Sonnenlicht, Zellulose, Kohlenwasserstoffe, Abfälle, Erzaufbereitung, Selbstreinigung der Flüsse).

Die industrielle Nutzung dieser Möglichkeiten setzt neue technologische Kenntnisse, aber auch neuartige Arbeitsmethoden und gültige Arbeitsprinzipien voraus. Die Komplexität und auch der Umfang dieser neuen Produktionen sprengen den Rahmen der traditionellen Technologie. Weder die Fermentations- noch die Abwassertechnik mit ihren Industriezweigen des Gärungsgewerbes, der Lebensmittelverarbeitung, der pharmazeutischen Industrie und der Wasserwirtschaft bieten ausreichende produktionsorganisatorische Grundlagen für die Einbeziehung derartig neuer Produktionen. Deren Entwicklung erfolgte ja vorwiegend getrennt. Als äußeres Zeichen dieser „produktorientierten" Situation entstanden eigenständige Begriffe in den verschiedenen Zweigen für gleiche technologische Maßnahmen und ähnliche Größen.

Zur raschen und sicheren Entwicklung von Bioprozessen und besonders von neuen Produktionsverfahren in den technisch nutzbaren Maßstab muß ein vereinheitlichender Standpunkt eingenommen werden. Die Vielzahl der biotechnischen Verfahren mit allen beteiligten Wissenschaftsdisziplinen und Industriezweigen muß zur Ein- und Durchführung sowie Optimierung günstiger- und notwendigerweise auf universelle Grundlagen gestellt werden. Der produktorientierte Standpunkt muß auf einen *„prozeßorientierten"* verdichtet werden, der es erlaubt, Prozesse mit ähnlichen Wirkprinzipien zusammenzufassen (Dechema, 1974; Moser, 1976a; Ringpfeil, 1977). Derselbe Vorgang hat auch in der chemischen Technik zur Entstehung der chemischen Verfahrenstechnik geführt. Wenn in Abb. 1.1 die Verschiedenheit der Verfahren der Lebensmittel-, Bio- und Abwassertechnik unter dem Begriff der „Bioprozesse im technischen Maßstab" zusammengefaßt sind, so ist dies der Ausdruck einer Prozeßorientierung. Auch die Verschiedenheit der Reaktionsgefäße muß auf einige Grundtypen reduziert werden können. Und letztlich wird bei der Bearbeitung der Bioprozesse in den Biologischen Reaktoren eine Anzahl von allgemeingültigen Arbeitsprinzipien anzuwenden sein. Dabei wird es günstig und notwendig sein, auch eine Vereinheitlichung der Begriffe, Definitionen und der Nomenklatur zu erreichen.

Diesen prozeßorientierten Standpunkt im großen Rahmen der biotechnischen Produktionsverfahren nimmt die „*Bioprozeßtechnik*" ein (Moser, 1977a).

1.2 Bioprozeßtechnik – Inhalt und Ausbildungsziel

Die im vorigen Kapitel geschilderte Situation ist der Ansatzpunkt für dieses Buch und das darin angestrebte Ausbildungsziel.

Die „*Bioprozeßtechnik*" als Reaktionstechnik biochemisch-biologischer Prozesse (Reuß, 1977) beinhaltet also die allgemeingültigen Arbeitsprinzipien zur Ein- und Durchführung sowie Optimierung von Bioprozessen im technischen Maßstab und erlaubt auch eine den erörterten Zielsetzungen entsprechende strengere Definition des Fachgebietes der Biotechnologie. Die Biotechnologie als übergeordneter Begriff für alle Industriezweige, die biokatalysierte Prozesse betreiben, kann dieser Rolle nur gerecht werden, wenn sie als *Lehre von der auf Basis von quantifizierenden Methoden reproduzierbar gemachten Durchführung von Bioprozessen im technischen Maßstab* aufgefaßt wird. Der grundsätzlich interdisziplinäre Charakter der Biotechnologie, der ja in der Namensgebung zum Ausdruck kommt, ist auch bei anderen Technologien gegeben. Ohne Zweifel ist die rein technische Komponente der Reaktoren und deren Auslegung grundsätzlich gleich der in der chemischen Technologie. Das Spezielle der Biotechnologie liegt in der Natur der Bioprozesse sowie in der Wechselwirkung zwischen biochemisch-biologischer Natur und technischen Faktoren. Diese Tatsache wird im vorliegenden Text berücksichtigt, indem die Probleme der Reaktoren weniger in den Vordergrund treten als die Probleme der Quantifizierung der Bioprozesse. Der Schwerpunkt wird also naturgemäß bei der Kinetik (Bioprozeßkinetik) liegen, die sozusagen die Drehscheibe jeder Prozeßentwicklung darstellt.

Eine weitere Einschränkung für den Inhalt des vorliegenden Buches ergibt sich durch die interdisziplinäre Struktur. Die vollständige Bearbeitung aller Teilbereiche der Biotechnologie würde ein Vielfaches an Informationsvermittlung verlangen, das nicht nur das Wissen eines Autors übersteigt, sondern das auch in bereits aufliegenden Textbüchern einigermaßen umfassend beschrieben ist. Als solche sind zu nennen:

Bergter, F. (1972): Wachstum von Mikroorganismen. Jena: VEB G. Fischer.
Aiba, S., Humphrey, A., Millis, N. F. (1973 und 1976): Biochemical
 Engineering. New York-London: Academic Press.
Bailey, J. E., Ollis, D. F. (1977): Biochemical Engineering Fundamentals.
 New York: McGraw Hill.

Rehm, H. (1967 und 1980): Industrielle Mikrobiologie. Berlin-Heidelberg-New York: Springer.
Pirt, S. J. (1975): Principles of Microbe and Cell Cultivation. Oxford: Blackwell Scientific Publ.
Atkinson, B. (1974): Biochemical Reactors. London: Pion Ltd.
Wang, D. I. C., Cooney, Ch. L., Demain, A. L., Dunnill, P., Humphrey, A. E., Lilly, M. (1979): Fermentation and Enzyme Technology. New York: J. Wiley.

In Abb. 1.3 ist ein Schema eines kompletten technischen Produktionsverfahrens von der Planungsidee bis zur technischen Reife des Prozesses dargestellt und zeigt die wichtigsten Teilbereiche in Kreisen (Moser, 1977a):

1. Die biochemisch-biologischen Grundlagen der Herstellung des Katalysators (Isolierung, Reinkultur von Zellen, Stammhaltung, Enzympräparation), alle Probleme des Rohstoffes (Nährmediumzusammensetzung) sowie alle Probleme der Analytik (chemische, biochemische, mikrobiologische, physikalische Methoden).

2. Die Vorbereitungstechniken mit Sterilisation der Rohstoffe, Zellkultur und Apparate sowie Instrumentierung zur Prozeßkontrolle und Techniken der experimentellen Durchführung des Prozesses.

3. Bioprozeßtechnik und ihre Arbeitsprinzipien zur Planung, Auswertung und Vorausberechnung.

4. Die Aufarbeitungstechniken mit den Methoden zur Abtrennung der Zellen, des Zellaufschlusses sowie der Produktisolierung und Reinigung.

5. Wirtschaftlichkeitsberechnungen.

6. Die Genetik als Möglichkeit der Entwicklung „neuer" Biokatalysatoren mit „neuen" Eigenschaften durch Mutation, Selektion und Adaption.

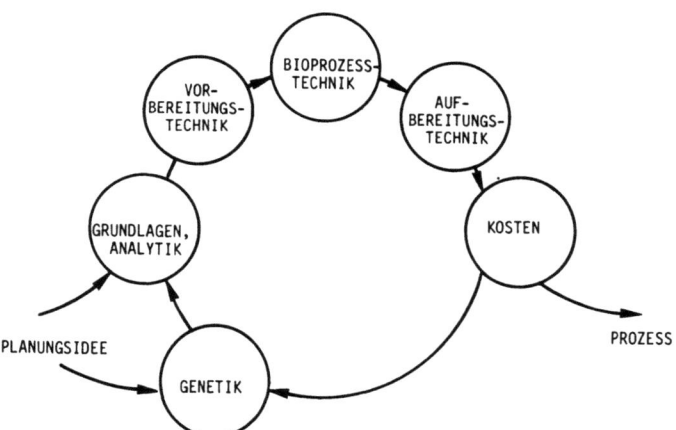

Abb. 1.3. Die verschiedenen Arbeitsbereiche der Biotechnologie, die zu einer Prozeßentwicklung beitragen können (Moser, 1977a)

Der Umfang aller Probleme kann am besten aus der Spezialliteratur von Buchserien und Zeitschriften direkt entnommen werden. Die wichtigsten seien hier genannt.

Zeitschriften:
Biotechnology and Bioengineering
Biotechnological Letters
Acta Biotechnologica
European Journal of Applied Microbiology and Biotechnology
Journal of Fermentation Technology
Chemie-Ingenieur-Technik
Journal of Applied Chemistry and Biotechnology
Enzyme and Microbial Technology

Buchserien:
Advances in Biochemical Engineering (Ghose, T. K., Fiechter, A., Blakebrough, N., eds.)
Developments in Industrial Microbiology (Society of Industrial Microbiology)
Progress in Industrial Microbiology (Hockenhull, D. J. D., ed.)
Annual Reports on Fermentation Processes (Perlman, D., ed.)

Der *prozeßorientierte Standpunkt* des vorliegenden Buches über „*Bioprozeßtechnik*" soll zur Einführung durch einen Vergleich nach prozeßtechnischen Gesichtspunkten zwischen den Prozessen der chemischen Technik und den Bioprozessen sowie der Fermentations- und Abwassertechnik nahegebracht werden.

Der Vergleich zwischen Chemie- und Bioprozessen ist in Tab. 1.1 zusammengestellt (Moser, 1979a). Als Vergleichskriterien werden Katalysator, Bedingungen, Rohmaterial und Prozeß herangezogen. Die Vor- und Nachteile der Prozesse liegen in den Eigenschaften der Katalysatoren begründet. Enzyme sind an sich hoch aktiv und auch hoch selektiv im Vergleich zu normalen chemischen Katalysatoren. In den letzten Jahrzehnten sind aktivere chemische Katalysatoren entwickelt worden. Das schlägt sich freilich im Preis nieder. Enzyme in reiner Form sind zwar ebenfalls nicht billig, da ihre Isolierung und Reinigung einige Kosten verursachen. Heutzutage werden aber noch vorwiegend die Enzyme in den Zellen „verpackt" eingesetzt. Die Fermentationstechnik ist also meist kostengünstiger. Zusätzlich noch ist eine „Regenerierung des Katalysators" leicht durch eine Zellvermehrung (Wachstumsprozeß) erzielbar. Alle in Tab. 1.1 besprochenen Fakten leiten sich von der Natur des Katalysators ab. Eine spätere quantitative Erfassung biochemisch-biologischer Systeme in der Kinetik spiegelt diese prozeßtechnische Charakteristika wider. Die Bioprozeßkinetik wird also grundlegende Formulierungen von Prozessen des Wachstums und der Produktbildung handhaben, die mit einem typischen biologischen Optimum in einem relativ engen Bereich von Konzentrationen (auch pH) und Temperatur operieren, wobei noch der Erhaltungsstoffwechsel, Effekte der Wechselwirkung zwischen Organismus und Umwelt sowie die Nahrungsansprüche der Zellen berücksichtigt werden müssen.

Der prozeßtechnische Vergleich zwischen Fermentations- und Abwassertechnik, der in Tab. 1.2 im Detail ausgeführt ist (Moser, 1980a), läßt die Probleme in den Vordergrund treten, die bei der Quantifizierung in komplexen Fällen der Praxis vorhanden sind: Mehrfache Konzentrations-Limitierung (Multi-Substrat-Kinetik) in simultaner oder sequentieller Form, Mischpopulationen,

8   1 Einführung

Tabelle 1.1. *Bioprozesse im Vergleich zu chemischen Prozessen* (Moser, 1979a)

Chemische Prozesse	Vergleichs-kriterium	Bioprozesse
Mehr oder weniger aktiv und selektiv, Teuer wenn aktiv	Katalysator	Enzyme: Hoch aktiv und hoch selektiv, Regenerierung durch Wachstum der Zellen
Meist hohe Temperatur und Drucke	Bedingungen	Meist Zimmertemperatur und Normaldruck, Zusätzliche Ansprüche: Biologisches Optimum (vgl. Abb. 5.1), Nährmedium, Erhaltungsstoffwechsel der Zellen, Umwelt (Mutationen)
Reinere Rohstoffe nötig bei weniger selektiven und aktiven Katalysatoren, Regenerierung der Katalysatoren schwierig	Rohmaterial	Unreine, verdünnte inaktive Rohmaterialien verwendbar, „Unkonventionelle" Rohstoffe (Zellulose, Stärke, Erdöl, Erze usw.) einsetzbar durch „neu-gefundene" und „neu-hergestellte" Biokatalysatoren (Gentechnologie)
Meist Mehrstufenprozesse mit Isolierung der Zwischenprodukte, Oft umweltfeindlich, Schnelle Reaktionen bei hohen Konzentrationen und Ausbeuten	Prozeß	Einstufenprozesse ohne Zwischenproduktisolierung, Oft umweltfreundlicher, Meist langsamere Reaktionen bei niederen Konzentrationen, Hoher Aufwand an hochentwickelten Apparaten, Zusätzlicher Bedarf an Ausbildung, Fehlendes Wissen. „Dämon der Natur": Biologisches Material, Infektionen, Mutationen

Abhängigkeit von Temperatur- und pH-Wert-Änderungen, Einfluß durch homogene bzw. heterogene Reaktorführung mit dis-, semi- und vollkontinuierlichem Betrieb, instationäres Verhalten bei Änderungen der Qualität oder Quantität des Zuflusses und spezielle Effekte der Schlammadsorption und der Probleme der Verwendung globaler Meßmethoden (Summenkinetik).

Die Aufzählung der Aufgaben des Arbeitsbereiches der Bioprozeßtechnik zeigt deutlich, daß in allen Fällen die Reaktionen mit den Reaktoren eng verknüpft sind. Die Kinetik der Bioprozesse muß daher immer mit den physikalischen Transportvorgängen in den Reaktoren als Ganzes betrachtet werden. Die Quantifizierung des Prozesses umfaßt demnach die Kinetik, die Transport-

Tabelle 1.2. *Prozeßtechnischer Vergleich zwischen Fermentationstechnik und der Technik biologischer Abwasserreinigung* (Moser, 1980a)

Fermentationstechnik	Vergleichskriterium	Biologische Abwassertechnik
Meist Reinkulturen	Katalysator Population	Mischpopulation „Biozoenose"
Eher einfachere und bekannte Zusammensetzung (optimierte Nährmedien)	Rohstoffe	Komplexe Stoffgemische oft unbekannter Zusammensetzung und auch toxische Komponenten
Schon mehr moderne Methoden (physikalische und enzymatische)	Analysenmethoden	Vorherrschend noch globale Methoden: BSB, CSB, TOC
Meist T = konstant und optimal	Temperatur	Jahreszeitliche Temperaturänderung
Meist pH = konstant und optimal	pH-Wert	pH-Schwankungen
Flocken-(homogene) und seltener Film-(heterogene) Reaktoren	Reaktoren	Flocken- und Filmreaktoren
Meist diskontinuierlich, auch semi- und kontinuierlich	Operationsweise	Semi- und kontinuierlich
Produktion: X, P	Ziel	S-Abbau mit Minimum an X
$X, P, S, O, CO_2, \Delta H$	Signifikante Prozeßvariablen	$S_i, O, (X, CO_2 \ldots)$
Meist konstant oder optimiert	Zufluß in kontinuierlichen Prozessen	qualitative und quantitative Schwankungen: („instationär")
Oft 1-S-Limitierung und einfachere Verhältnisse	Kinetik	Misch-S-Limitierung, Mischpopulation, $f(T), f(pH)$ instationär, Schlammadsorption

phänomene und die Wechselwirkungen zwischen beiden. Diese Tatsache beeinflußt die ganze Denk- und Arbeitsweise. Zusätzlich ist in den Situationen der systematischen Entwicklung technischer Prozesse eine entsprechende, sinnvolle Wissenschaftstheorie und Methodik anzuwenden. Vom Autor wird der deduktiven Methode nach Popper (1972, 1976) vor der induktiven Methode nach Bacon der Vorzug als „*research philosophy*" gegeben. Bacons Methode besteht darin, von Experimenten ausgehend eine Hypothese bzw. Theorie zu bilden und danach aus einem Vergleich zwischen Hypothese und Experimenten Erkenntnisse zu gewinnen. Im Unterschied dazu beinhaltet Poppers Methode einen ersten Schritt des Erkennens des Problems mit der Formulierung einer Hypothese und dann erst die Durchführung der Experimente mit nachfolgendem Vergleich, aus dem die Hypothese verworfen oder verifiziert werden kann. Damit sind Erkenntnisse bzw. Modellvorstellungen zu bilden. Diese unterschiedliche Methodik wird in Zusammenhang mit der Effektivität wissenschaftlicher Forschung gebracht (Moser, 1980).

Literatur

Bogen, H. J. (1973): Gezähmt für die Zukunft. München-Zürich: Droemersche Verlagsanstalt, Th. Knaur Nachf.
- (1976): Buch der Biotechnik, Knaur-Taschenbuch 3418. München-Zürich.

Dechema (1974): Biotechnologie, Studie über Forschung und Entwicklung. Bonn: Bundesministerium für Forschung und Technologie.

Hines, B. (1979): Vortrag am Ausbildungskurs „Die chemische Verfahrenstechnik in den biologischen Operationen". Branche Belge de la Société de Chimie Industrielle, 26.–28. November, Brüssel.
- (1980): Enzyme Microb. Technol. *2*, 327–329.

Moser, A. (1976a): Berichtsband der 1. Österr. Tagung für Biotechnologie, 8.–9. Oktober 1975 (Lafferty, R. M., Hrsg.), S. 45–46. Graz: Verlag Styria.
- (1977a): Habilitationsschrift, T.U. Graz.
- (1978a): Ernährung/Nutrition *2*, 505.
- (1979a): Vortrag am Ausbildungskurs „Die chemische Verfahrenstechnik in den biologischen Operationen". Branche Belge de la Société de Chimie Industrielle, 26.–28. November, Brüssel.
- (1980a): In: Proc. UNEP/UNESCO/ICRO-Kurs „Theoretical Basis of Kinetics of Growth, Metabolism and Product Formation of Microorganisms", Akademie der Wissenschaften der DDR, Jena, Zentralinstitut für Mikrobiologie und Exerimentelle Therapie, Jena.

Moser, F. (1980): Plenarvortrag, Jugoslavian, Italian, Austrian Conference on Chemical Engineering, 15.–18. September, Ljubljana.

Popper, K. R. (1972): The Logic of Scientific Discovery, Hutchinson of London.
- (1976): Die Logik der Forschung, 6. Aufl. Mohr Studienausgabe.

Rehm, H. (1980): Industrielle Mikrobiologie, 2. Aufl. Berlin-Heidelberg-New York: Springer.

Reuß, M. (1977): In: Fortschritte der Verfahrenstechnik *15F*, 549–566.

Ringpfeil, M. (1977): Chem. Techn. *29*, 424–428.

2 Die Bioprozeßtechnik und ihre Arbeitsprinzipien

2.1 Prozeßentwicklung

In Kapitel 1 wurde von der zentralen Bedeutung des Biokatalysators für den biotechnischen Prozeß gesprochen. Als Grundsituation wird immer der Fall auftreten, einen Produktionsstamm beschaffen zu müssen, d. h. eine Zellkultur mit genügend hoher Populationsdichte und Produktbildungsfähigkeit, um den Prozeß mit wirtschaftlichem Vorteil durchzuführen.

Produktionsstamm

Zur Zeit ist nur etwa ein Zehntel aller in der Natur vorkommenden Arten von Mikroorganismen bekannt und es existiert prinzipiell eine nahezu unübersehbare Zahl von Reaktionen, die sich für die Praxis nützen ließen. Die Beschaffung eines Produktionsstammes reduziert sich somit primär auf die Suche nach einem Organismus für die jeweilige Produktion. Dazu werden die bekannten Methoden der Mikrobiologie, nämlich Selektion und Adaption eingesetzt. Daneben besteht die Möglichkeit, sozusagen neue Katalysatoren durch Mutationen herzustellen bzw. aufzufinden. Die Erfahrung hat gezeigt, daß das Produktbildungspotential eines Stammes erhöht werden kann, wenn die Zellkultur aus dem Labormaßstab in den technischen Maßstab stufenweise mit dazwischengeschaltetem *„screening"* übertragen wird (Aiba et al., 1976). Ein erstes screening (d. h. Auswahl des besten Stammes durch Selektion unter verschiedenen Umweltbedingungen) erfolgt auf Agarplatten in Petrischalen, um die Stämme zu selektieren, die prinzipiell imstande sind, auf dem gewünschten Substrat zu wachsen bzw. das gewünschte Produkt zu erzeugen. Ein zweites screening in Schüttelkolben dient dazu, die Kulturbedingungen zu variieren, um die optimalen Werte der Bedingungen und die minimale Zusammensetzung des Nährmediums herauszufinden. Im dritten screening in der Pilot-Anlage, die eine maßstabsverkleinerte Produktionsanlage verkörpert, werden dann die Stämme selektiert, die auch im technischen Medium, das meist eine höherkonzentrierte Lösung darstellt, die erforderlichen Eigenschaften aufweisen. Der Stamm mit den besten Eigenschaften wird dann, z. B. durch Gefriertrocknung, konserviert (Stammhaltung) und dient später als Ausgangsmaterial für das Inoculum für die Produktion. Die gesamte Vorgangsweise des stufenweisen screening-Programmes ist in Abb. 2.1 zusammen mit den Arbeitsschritten der Anzucht schematisch dargestellt. Die Anzucht zur Bereitstellung des Inoculums für den Produktionsreaktor beginnt meist mit Schüttelkolben und späterhin wird das Gefäßvolumen in Schritten von ca. 1:10 und mehr erhöht, bis die Größe der Produktionsanlage erreicht wird (Metz, 1975; Rehm,

12   2 Die Bioprozeßtechnik und ihre Arbeitsprinzipien

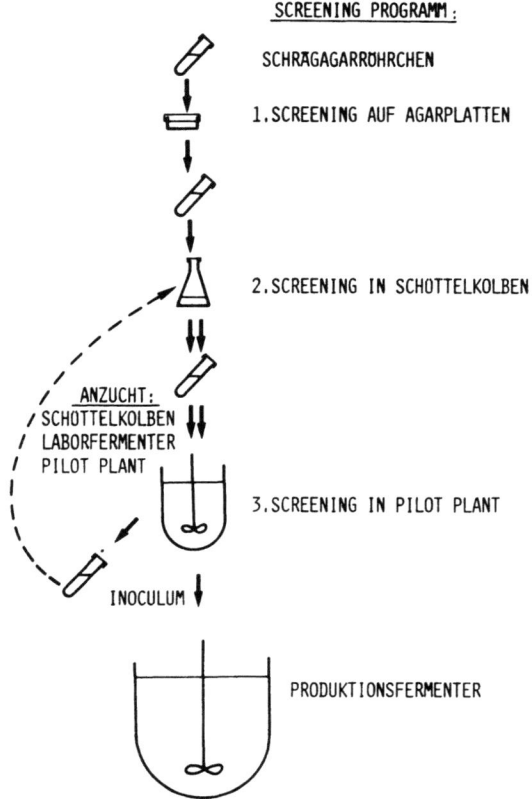

Abb. 2.1. Vorgangsweise zur Übertragung der biokatalytischen Eigenschaften biologischer Zellen aus dem Labor – in den technischen Maßstab (nach Aiba et al., 1976): Screening-Programm zur Isolierung des Produktionsstammes und Anzucht zur Bereitstellung des Inoculums

1980). Der Sinn dabei ist, für den großen Produktionsreaktor eine genügend hohe Zelldichte gleich zu Beginn zur Verfügung zu haben, um erstens die Gefahr einer Infektion durch Fremdorganismen zu verringern (relative Zellzahl!) und zweitens die endgültige Zelldichte für die Produktion (ca. 2–50 g/l) in annehmbaren Zeiten zu erreichen.

Ausgangssituationen

Allgemein sind vier verschiedene Ausgangssituationen für eine Prozeßentwicklung denkbar, die in der Praxis kombiniert auftreten können.

1. Beschaffung des Katalysators

Die Beschaffung eines Produktionsstammes wurde bereits erörtert. Alternativen zu diesen Fermentationen bilden die chemisch katalysierten (vgl. Tab. 1.1) oder enzymkatalysierten Prozesse. Die Enzymtechnologie würde den Vorteil der hochspezifischen und hochselektiven Enzyme aufweisen, so daß die Mehrfach-Substrat-Medien der Fermentationstechnik durch eine 1-Komponenten-Lösung ersetzt werden könnten. Gleichzeitig würde die arbeits- und kostenintensive Aufarbeitung und Isolierung des Produktes vereinfacht werden. Trotzdem ist die Enzymtechnologie zur Zeit nur in einigen wenigen Fällen industrieller Prozesse durch den Einsatz trägergebundener Enzyme wirtschaftlich vorteilhafter, da meist die Kosten der Enzymgewinnung und -Reinigung dominieren. Zum vertieften Studium der Probleme der Enzymtechnologie sei der Leser auf die Spezialliteratur verwiesen (Wingard et al., 1976; Wingard, 1972; Zaborsky, 1973).

2. Verarbeitung eines neuen Substrates

Durch die spezifische Wirkung der Biokatalysatoren ist es prinzipiell möglich, für jede Substanz fast ein entsprechendes Enzym oder einen Organismus zu finden, womit ein „Abbau" des Stoffes erzielt wird. Diese Grundeigenschaft wird sicher in Zukunft zur Lösung der Rohstoff-, Umwelt- und Energieprobleme beitragen. Wie schon gesagt, ist bereits eine Vielzahl von Prozessen bekannt, in denen sogenannte „unkonventionelle" Substrate (z. B. Kohlenwasserstoffe, Zellulose in Form von Holz, Papier, Stroh und andere Abfälle, CO_2, Methanol und Abfälle) genützt werden könnten. Es wird allein von der Wirtschaftlichkeit abhängen, zu welchem Zeitpunkt diese biotechnischen Verfahren in der Industrie Fuß fassen werden (vgl. Abb. 1.2).

3. Herstellung eines neuen Produktes

In jeder Einführungsliteratur der Biotechnologie sind die imponierenden Möglichkeiten und die große Palette an Produkten, die zur Zeit schon hergestellt werden, illustriert (z. B. Bogen, 1976; Rehm, 1980).

4. Verwendung neuartiger Prozeßtechniken

Diese Gruppe von Situationen einer Prozeßentwicklung umfaßt die Einführung neuer „unkonventioneller Bioreaktoren" und/oder alternativer Operationsweisen (Prozeßführung). Wie in Kapitel 3 eingehender besprochen wird, ist eine große Zahl von Misch- und Belüftungssystemen entwickelt worden, die neben dem Rührkessel auch andere Reaktoren wie z. B. Blasensäulen-, Air-lift-, Strahl-, Rohr- sowie sogenannte Film-Bioreaktoren für industriellen Einsatz interessant machen. Alle diese Reaktoren können wahlweise dis-, semi- oder vollkontinuierlich betrieben werden. Auch wenn zur Zeit die Probleme für eine vollkontinuierliche Prozeßführung nicht restlos gelöst sind (Konstanz der Durchflußrate, Infektionen, genetische Instabilität), so bieten sich doch alle Varianten der semidiskontinuierlichen bzw. semikontinuierlichen Operationsweise als vorteilhaft an (Pickett et al., 1979).

Vorgangsweisen der Prozeßentwicklung

In einer Prozeßentwicklung werden genau umschriebene Informationen der Grundlagenwissenschaften mit bestimmten Informationen der angewandten Wissenschaften verknüpft. Die Problematik jeder Technologie, vom prozeßtechnischen Standpunkt aus, besteht in der Maßstabsvergrößerung von Meßdaten, in denen kinetische Phänomene mit solchen von Transporten gekoppelt sind. Das im mikrobiologischen Labor in Schüttelkolben von 100 ml bis 1 l untersuchte Verhalten des Systems Zelle/Umgebung muß auf die großtechnische Anlage mit oft mehr als 100 m^3 Volumen übertragen werden. Abb. 2.2 zeigt die prinzipiell möglichen Wege einer Prozeßentwicklung (Moser, 1977a).

Der erste Weg über „*trial and error*" wurde aus Mangel besserer Methoden in den vergangenen Jahrhunderten verwendet und brachte den Menschen wohl

14   2 Die Bioprozeßtechnik und ihre Arbeitsprinzipien

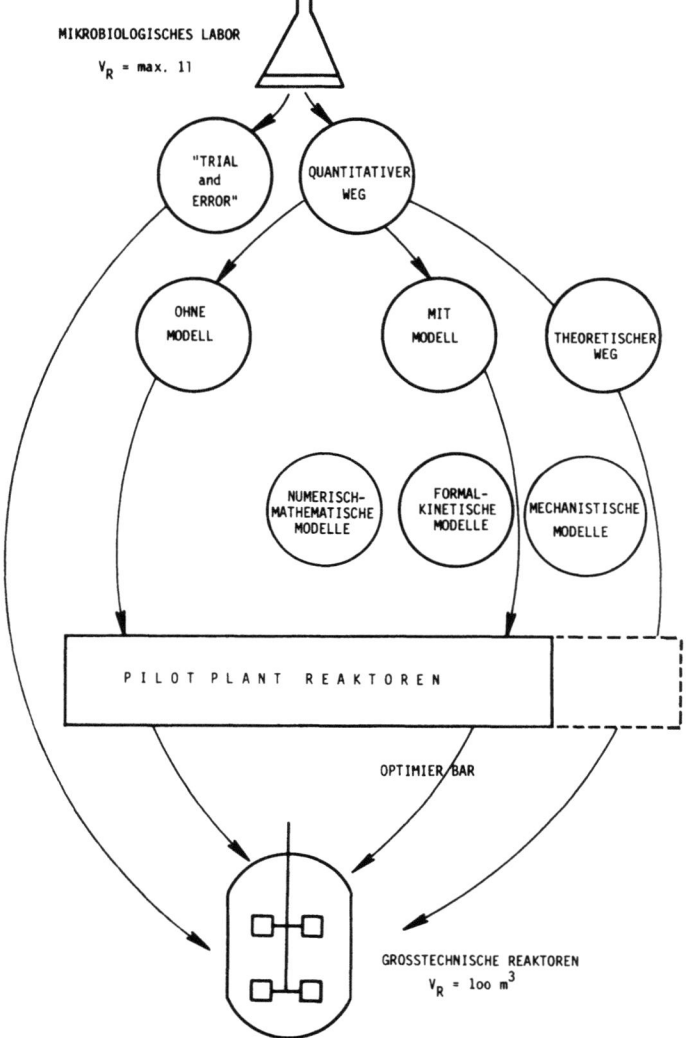

Abb. 2.2. Die verschiedenen Wege der Prozeßentwicklung und Maßstabsvergrößerung von Bioprozessen (Moser, 1977a)

Kenntnisse durch „Schaden und Schande", sollte aber der Vergangenheit angehören.

Der letzte der angegebenen Wege in Abb. 2.2, der rein theoretische Weg, führt über die Lösung der Differentialgleichungen aller Vorgänge im Prozeß und dürfte wohl auch in nächster Zukunft Utopie bleiben. Somit verbleiben als gangbare Wege die beiden mittleren Wege in Abb. 2.2, die beide eine Quantifizierung sowie die Verwendung von sogenannten Pilot-Plants beinhalten. Diese Pilot-Reaktoren stellen eine Zwischengröße von Reaktoren dar, die meist um ein Zehnfaches größer als der Laborreaktor und kleiner als die Produktionsanlage ist. Das Volumen hat in der ersten Stufe ca. 50–500 l und ca. 500–5000 l in einer eventuellen zweiten Stufe. Der besondere Sinn der Pilot-Reaktoren wird später erörtert (vgl. Kapitel 2.3). Der Unterschied in den beiden Wegen auf Basis quantitativer Daten liegt darin, ob mathematische Modelle oder nicht formuliert werden, und wenn ja, welcher Art diese mathematischen Modelle sind (numerischer, formalkinetischer oder mechanistischer Natur, vgl. Kapitel 2.3).

Prozeßentwicklung ohne mathematische Modelle

Abb. 2.3 zeigt die einzelnen Abschnitte beim Arbeiten mit einer derartigen Vorgangsweise. Das wesentliche Kennzeichen dieses Weges ist, daß der zu verwendende Reaktortyp auf Basis von Informationen aus der Literatur oder Experimenten nach mehr oder weniger zufälligen Überlegungen pragmatisch oder intuitiv festgelegt wird.

Die erste Phase der sogenannten Grundlagenforschung erfolgt überwiegend in mikrobiologischen, biochemischen und chemischen Labors und bringt überwie-

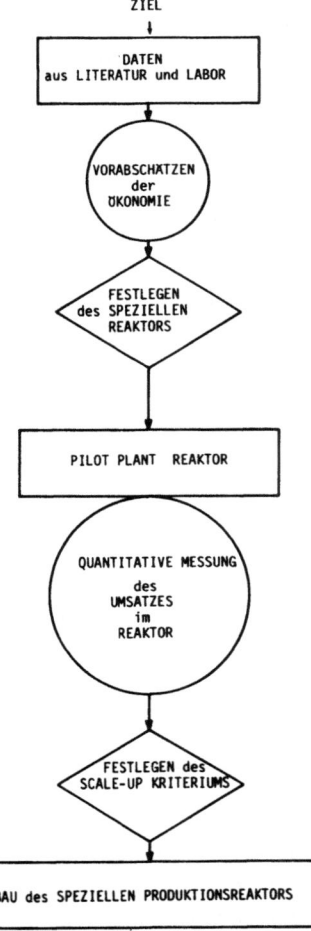

Abb. 2.3. Weg der Prozeßentwicklung ohne mathematische Modellierung

gend qualitative Aussagen über die Reaktionskomponenten Zellen/Nährmedium. Typische Ergebnisse aus Schüttelkolbenversuchen beinhalten:
- Stammcharakterisierung wie z. B. Form der Zellen und der Population
- Nährmediumcharakteristik hinsichtlich optimaler Bedingungen an Temperatur, pH-Wert, aerob oder anaerob, Zusammensetzung eines „minimalen Nährmediums" (limitierende Substratkonzentration)
- Stoffwechseltyp, Produktspektrum.

Eine Mediumsoptimierung kann nach zwei Methoden erfolgen:
1. Bilanzierung der Nährlösung, der Zellen und der zurückbleibenden Flüssigkeit (Dostalek et al., 1972; Pirt, 1974; Häggström et al. 1977).
2. Experimentelles Studium des Einflusses verschiedener Konzentrationen an Nährlösungskomponenten auf das Wachstum in einem Chemostaten (Mateles et al., 1974; Kuhn et al., 1979; Tsuchiya et al., 1980).

Der Reaktor für die technische Produktion hat meist die Form eines Rührkessels in diskontinuierlichem Betrieb, wenn nicht aus offensichtlichen Gründen (z. B. Wachstum der Zellen in Filmen) ein anderer Reaktor (z. B. Tropfkörper) gewählt werden muß. Von diesem Reaktor sind auch meist einige Daten zugängig wie z..B. O_2-Eintragungsgeschwindigkeit, Mischzeit, elektrischer Leistungsbedarf, Temperaturführung.

Nach einer ökonomischen Vorabschätzung, ob diese Produktion überhaupt wirtschaftlich ist, d. h. die Kosten so niedrig sind, daß das Produkt auf dem Markt einen Gewinn (Profit, vgl. Kapitel 2.2) bringen könnte, wird eine halbtechnische Anlage erstellt. Diese Pilot-Anlage wird durch den Zwang schneller Entwicklung mit minimalen Kosten meist in möglichst kleinem Maßstab ausgeführt werden. Die Pilot-Anlage bringt Aussagen über die Raum-Zeit-Ausbeuten (vgl. Kapitel 2.2), ermöglicht Angaben über die Produktqualität sowie anschließender Arbeiten der Abtrennung und Reinigung des Produktes und wird mithelfen, das Kriterium für die Maßstabsvergrößerung zu wählen.

Diese Wahl erfolgt ebenso wie die Reaktorwahl meist nach pragmatischen Gesichtspunkten und Erfahrungswerten der Ähnlichkeitsphysik. Folgende Größen können als *Maßstabsvergrößerungskriterien* bei vorliegender geometrischer Ähnlichkeit herangezogen werden:
1. Der Bedarf an elektrischer Leistung P [W] im Falle unbegaster Flüssigkeit des Volumens V oder im Falle begaster Flüssigkeit P_G [W] bzw. der spezifische Leistungsbedarf P/V bzw. P_G/V.
2. Die Pumpgeschwindigkeit an Flüssigkeit des Rührers F_L [l/min] bzw. die volumenbezogene F_L/V_L oder auch an Gas F_G/V_L.
3. Die periphere Rührerspitzengeschwindigkeit v_{top} [m/min] bei Rührkessel bzw. der Schergeschwindigkeitsgradient $\dot{v}$ [min^{-1}].
4. Die Reynolds-Zahl, die mit dem Rührerdurchmesser definiert ist (Re).
5. Die O_2-Eintragsgeschwindigkeit in Form des volumetrischen Stofftransportkoeffizienten $k_L a$ [h^{-1}].
6. Die O_2-Verbrauchsgeschwindigkeit r_O [kg O_2/m$^3 \cdot$h].
7. Die sogenannte Leerrohrgeschwindigkeit des Gases v_{SG} und der Flüssigkeit v_{SL} [m^3/m$^2 \cdot$sec] (superfizielle Geschwindigkeit im Falle der Blasensäulen).
8. Der longitudinale Dispersionkoeffizient im Falle kontinuierlicher Rohrreaktoren D_L [cm^2/sec].

Alle diese Kriterien sind abhängige Variablen. Unabhängige Variablen sind z. B. Viskosität und Dichte der Flüssigkeit, Drehzahl und Durchmesser des Rührers, Durchmesser des Reaktors, Luftmenge, die für eine theoretische Ableitung zur Verfügung stehen.

Zur Zeit gibt es noch keinen einheitlichen Weg der Maßstabsvergrößerung. Auch sind die biologischen Faktoren fast nur indirekt berücksichtigt. Eine „scale-up" Methode auf Basis der Prozeßkinetik wäre denkbar und ist auch vorgeschlagen worden (Ovaskainen et al., 1976; Moser, 1977a).

Bei dieser Art von Prozeßentwicklung ist die Festlegung der speziellen Bedingungen einer an sich vorgegebenen Prozeßführung in einem meist auch vorgegebenen Reaktor viel wichtiger als jede Optimierung. Die Erstellung eines mathematischen Modelles oder auch jede spätere Optimierung des Verfahrens in allen einzelnen Reaktionsschritten wird in diesen Fällen der Praxis vielfach unterlassen, da der damit verbundene Aufwand an Zeit und Kosten sich aus Mangel an wirtschaftlichem Anreiz nicht lohnt. Man begnügt sich mit der Quantifizierung des experimentell gemessenen Umsatzes, ohne unbedingt eine Auftrennung in kinetische und physikalische Phänomene vorzunehmen. Das Denken in Raum-Zeit-Ausbeuten ist also die vorherrschende Mentalität der Praxis und wird gerechtfertigterweise in den meisten Fällen weiterhin ausreichend sein.

Eine *systematische Prozeßentwicklung*, die über die Stufe der Quantifizierung des experimentell gemessenen Umsatzes mittels „grober", d. h. summarischer Methoden der Meßwerterfassung hinausgeht und mathematische Modelle u.a. zum Zwecke der nachfolgenden Optimierung erstellt, wird dagegen in folgenden Fällen zukünftig angewendet werden:

1. Wirtschaftlicher Druck durch Konkurrenz oder die Umwelt-, Rohstoff- und Energiekrise, so daß Optimierungen des Reaktors und/oder der Prozeßführung notwendig werden.

2. Verbesserte Methoden der Meßwerterfassung von signifikanten Variablen (Schlüsselvariablen), die eine wesentliche Rolle im Prozeßablauf einnehmen und mit deren Quantifizierung mathematische Modellierungen attraktiver bzw. einsichtiger werden.

3. Herstellung bzw. Verarbeitung von größten Mengen von Produkt bzw. Rohstoffen, so daß schon jetzt eine optimale Reaktorauslegung bzw. -Wahl und optimale Prozeßführung wirtschaftlich ins Gewicht fällt (vgl. Abb. 1.2).

Bevor diese systematische Prozeßentwicklung im Detail dargelegt wird, werden im nächsten Abschnitt die Grundlagen zur Quantifizierung von Bioprozessen präsentiert, da diese für beide Wege der Prozeßentwicklung von Wert sind.

2.2 Grundbegriffe zur Quantifizierung von Bioprozessen

Zur Veranschaulichung der Probleme der Quantifizierung ist in Abb. 2.4 ein typisches Prozeßschema dargestellt. In den meisten Fällen leben die Organismen in der Flüssigphase (L) und die Nährstoffe S_i sowie Gase im Falle aerober Prozesse wie z. B. O_2 müssen durch Phasen und Phasengrenzflächen antransportiert werden. Die Produkte P_j, auch CO_2 als Gas und Wärme (ΔH_V = Reaktionswärme) müssen abtransportiert werden. In Abb. 2.4 sind gleichzeitig die

18   2 Die Bioprozeßtechnik und ihre Arbeitsprinzipien

möglichen limitierenden Schritte der Transporte mit den Schritten 1–5 eingezeichnet, die später von Bedeutung sind (vgl. Kapitel 4.2).

Eine Quantifizierung kann nur diejenigen Variablen beinhalten, die meßbar sind. Dabei sind an die Meßverfahren gewisse Ansprüche zu stellen. Die Variablen sollen nicht nur prinzipiell meßbar sein, sondern auch in der Praxis leicht, sicher und rasch. Weiters besteht die Frage, ob und inwieweit die Meßgröße eine Kausalität mit der Prozeßvariable herstellt und ob diese eine signifikante Variable ist

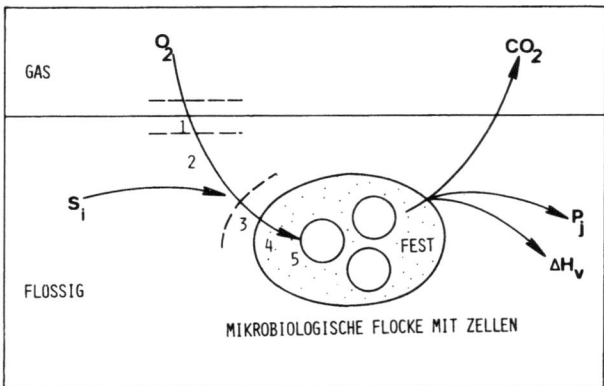

Abb. 2.4. Pseudohomogenes Prozeßschema für Bioprozesse mit flockenförmigen Zellagglomerationen („biologische Flocken") (Moser, 1977a). Limitierende Transportschritte: *1* L-Film an der G/L-Grenzfläche, *2* L-Phase (L-bulk), *3* L-Film an der L/S-Grenzfläche, *4* S-Phase der Zellmasse, *5* Biologische Membranen der Zellen

(sogenannte *Schlüssel-Prozeßvariable*). Die zukünftige Entwicklung von Meßsonden wird hier sicher einige Fortschritte bringen. Zur Zeit beschränkt sich die Meßwerterfassung in der Praxis noch vorherrschend auf die in Tab. 2.1 angegebenen Prozeßvariablen, die mit den angeführten Meßgrößen erfaßt werden.

Tabelle 2.1. *Übliche Prozeßvariablen und deren Meßgrößen*

Symbol	Dimension	Prozeßvariable	Meßgröße
X	[g/l]	Zellkonzentration	Zelltrockensubstanz ZTS oder Trübung
S	"	Substratkonzentration (limitierende)	Enzymatisch oder summarisch (BSB, CSB)
P	"	Produktkonzentration	Enzymatisch oder spezielles Verfahren
O	"	O_2-Konzentration	p_{O_2}-Elektrode oder Gas-Analyse
C	"	CO_2-Konzentration	p_{CO_2}-Elektrode oder Gas-Analyse
$\Delta H, (\Delta H_V)$	[kcal/l]	Volumenbezogene Reaktionswärme	Temperaturfühler
(pH)	–	pH-Wert	pH-Elektrode

2.2 Grundbegriffe zur Quantifizierung von Bioprozessen

Die Quantifizierung eines derartigen, vereinfachten Prozeßschemas mit 6 Variablen wird von der folgenden, allgemeinen Bruttogleichung abzuleiten sein, wobei die unbekannten stöchiometrischen Koeffizienten weggelassen sind:

$$S_i + O_2 + X_0 \xrightarrow[T,\,pH]{} X + P_j + CO_2 + \Delta H_V . \qquad (2.1)$$

Diese Bruttogleichung gilt allgemein für diskontinuierliche Fermentationen, die aerob unter CO_2-Bildung ablaufen. Es existieren freilich auch Fälle, z. B. Algen, wo das CO_2 verbraucht und O_2 gebildet wird. Prinzipiell sind alle Fermentationen autokatalytischer Natur in einem größeren Bereich, d. h. die Anwesenheit der Zellen fördert die Geschwindigkeit der Reaktionen, und zwar in zunehmendem Maße, wenn im Laufe des Prozesses „Wachstum", also Zunahme der Zellzahl erfolgt. Dies findet seinen Ausdruck in Gl. 2.6.

Eine Quantifizierung wird nun folgende Grundbegriffe umfassen:
  Geschwindigkeit des Bioprozesses
  Stöchiometrie
  Produktivität
  Umsatz, Ausbeute
  Kosten, Profit

Geschwindigkeit von Bioprozessen

Das in Abb. 2.4 dargestellte typische Prozeßschema ergibt für den Fall eines diskontinuierlichen Prozesses mit konstantem Reaktorvolumen V_R Konzentrations/Zeit-Verläufe für die sechs Prozeßvariablen, wie sie in Abb. 2.5 gezeigt sind. Die Vorgänge, die dabei beobachtet bzw. gemessen werden können, sind

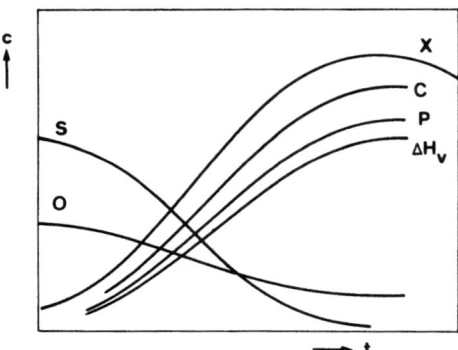

Abb. 2.5. Typischer Konzentrations/Zeit-Verlauf einer Fermentation in diskontinuierlicher Kultur mit V = konstant unter Angabe der signifikanten Prozeßvariablen S, O, X, C, P, $\Delta H(\Delta H_V)$ (vgl. Abb. 2.4)

Wachstum, Verbrauch an S_i und O_2, Bildung von P_j, CO_2 und ΔH_V. Die jeweiligen Geschwindigkeiten sind also von Interesse. Zur Formulierung dieser Geschwindigkeitsgleichungen sei darauf verwiesen, daß die Definitionsgleichung für eine Prozeßgeschwindigkeit stark davon beeinflußt wird, in welchem Reaktorsystem die Kinetik, d. h. die Geschwindigkeit der biologisch-biochemischen Reaktion gemessen wird. Die einzig mögliche, allgemeingültige Formulierung

20 2 Die Bioprozeßtechnik und ihre Arbeitsprinzipien

für Reaktionsgeschwindigkeiten kann daher nur vom Erhaltungssatz für Masse abgeleitet bzw. definiert werden, da allein dieses Gesetz die in jedem Prozeß gegebene Kopplung zwischen Reaktionen und Transporten beschreibt. Dieser Erhaltungssatz (*Prozeßkinetik*) beinhaltet demnach 2 Terme:

1. Die „Senke" oder „Quelle", wo eine Komponente *i* durch die Reaktion verbraucht oder gebildet wird und
2. den molaren Flux n'_i [mol/cm² · s] der Komponenten *i* durch die Fläche des betrachteten Volumenelementes, z. B. in Richtung z im 1-dimensionalen Fall. Dieser Stoffstrom $n'_i = \frac{d}{dt}\left(\frac{N}{A}\right)$ kann durch verschiedenste Transportmechanismen hervorgerufen und beschrieben werden (z. B. Konvektion durch Strömungsgeschwindigkeit v, Konduktion durch einen Gradienten, d. h. Diffusion D bzw. Dispersion, Interphasenstofftransport, vgl. Abb. 2.4).

Eine Änderung der Konzentration c_i mit der Zeit wird also durch Gl. 2.2 ausgedrückt werden.

Allgemein läßt sich die Gleichung unter Verwendung eines Vektoroperators ∇ (nabla = partielle Änderung mit Koordinatenrichtungen) wie folgt anschreiben:

$$\frac{\partial c_i}{\partial t} = - \nabla n'_i \pm r_i \qquad (2.2a)$$

die, unter Auftrennung in die verschiedenen Transportterme mit $n'_i = c_i \cdot v$ und $v = F/A$, in Vektorschreibweise nachfolgende Form annimmt:

$$\frac{\partial c_i}{\partial t} = [-\text{div}(c_i v) + \text{div}(D \text{ grad } c_i) + k_{TR} \cdot \Delta c_i] \pm r_i \qquad (2.2b)$$

und im 1-dimensionalen Fall (z. B. für Rohrreaktoren, vgl. Gl. 3.4)

$$\frac{\partial c_i}{\partial t} = - v_z \frac{\partial c_i}{\partial z} + D \frac{\partial^2 c_i}{\partial z^2} + k_{TR} \Delta c_i \pm r_i. \qquad (2.2c)$$

Die Bildungs- bzw. Verbrauchsgeschwindigkeiten der *i*-ten Komponente r_i sind intensive Größen [mol/l · h] und unterscheiden sich voneinander durch das Vorzeichen.

Im Falle des diskontinuierlichen Reaktors mit V_R = konstant und konstanten Bedingungen (gutes Mischen und T = konstant) wird der Flux gleich null und Gl. 2.2c reduziert sich zu Gl. 2.2d für die Bildungs- bzw. Verbrauchsgeschwindigkeit r_i

$$\frac{dc_i}{dt} = \pm r_i \qquad (2.2d)$$

Diese Gleichung war auch die historisch erste, die fälschlicherweise zur Definition einer *„echten" Reaktionsgeschwindigkeit* herangezogen wurde. Es sei jedoch vermerkt, daß Gl. 2.2d nur im Falle des diskontinuierlichen Reaktors mit V_R = konstant und T = konstant ausschließlich die Bildungs- bzw. Verbrauchsgeschwindigkeit wiedergibt. In diesem einfachen Fall ist die Konzentration nur von der Zeit abhängig. In allen anderen Fällen von Reaktorkonfigurationen, die in Kapitel 3 diskutiert werden, wird durch einen Transportterm eine komplizierte

2.2 Grundbegriffe zur Quantifizierung von Bioprozessen

Formulierung auftauchen. Der Vorteil der allgemeingültigen Formulierung nach Gl. 2.2a und b ist, daß sie als Ausgangspunkt für die Ableitung der Geschwindigkeit bei allen anderen Reaktoren dient (vgl. Kapitel 3).

Nunmehr können die Geschwindigkeiten der Prozeßäußerungen aus Abb. 2.5 für den Fall des diskontinuierlichen Reaktors mit V_R = konstant und T = konstant formuliert werden.

Die Wachstumsgeschwindigkeit

$$r_X = \frac{dX}{dt}. \tag{2.3a}$$

Die Verbrauchsgeschwindigkeiten an S und O_2

$$r_S = -\frac{dS}{dt} \quad \text{und} \quad r_O = -\frac{dO}{dt}. \tag{2.3b}$$

Die Bildungsgeschwindigkeiten für P, CO_2 und ΔH_V

$$r_P = \frac{dP}{dt}, \quad r_c = \frac{dC}{dt} \quad \text{und} \quad r_{\Delta H} = \frac{d\Delta H_V}{dt}. \tag{2.3c}$$

Diese Geschwindigkeiten haben die Dimension [g/l·h] bzw. [kcal/l·h] und sind als *intensive* Größen direkt an die Bilanzgleichungen einsetzbar. Andererseits können diese absoluten Geschwindigkeiten jeden beliebigen Zahlenwert annehmen, so daß sie nicht systemcharakteristisch sind. Vergleichbare, repräsentative Größen sind erst die sogenannten *spezifischen Geschwindigkeiten der Bildung bzw. des Verbrauches*, die auf die katalytisch aktive Masse bezogen (als Maß dafür wird in erster Näherung X als ZTS herangezogen) werden. Somit gelten für die Definition der spezifischen bzw. bezogenen Geschwindigkeit von Bioprozessen die Gl. 2.4a–f, wobei die jeweiligen spezifischen Geschwindigkeiten alle die Dimension $[h^{-1}]$ aufweisen.

Für das Wachstum ist μ = spezifische Wachstumsgeschwindigkeit:

$$\frac{1}{X} \cdot \frac{dX}{dt} = \mu \; [h^{-1}] \tag{2.4a}$$

bzw.

$$\frac{1}{N} \cdot \frac{dN}{dt} = \nu \; [h^{-1}] \tag{2.4b}$$

Für Verbrauchsgeschwindigkeiten von Substraten ist σ = spezifische Verbrauchsgeschwindigkeit

$$\sigma = -\frac{1}{X} \cdot \frac{dS}{dt} \; [h^{-1}] \tag{2.4c}$$

und für

$$O_2: \sigma_O = -\frac{1}{X} \cdot \frac{dO}{dt} \; [h^{-1}]. \tag{2.4d}$$

Für Bildungsgeschwindigkeiten von Produkten ist

π = spezifische Produktbildungsgeschwindigkeit

$$\pi = \frac{1}{X} \cdot \frac{dP}{dt} \; [h^{-1}] \tag{2.4e}$$

für CO_2:
$$\pi_C = \frac{1}{X} \cdot \frac{dC}{dt} \quad [h^{-1}] \tag{2.4f}$$

und für ΔH_V:
$$\pi_{\Delta H} = \frac{1}{X} \cdot \frac{d \Delta H_V}{dt} \quad [kcal/g \cdot h]. \tag{2.4g}$$

Diese Definitionen der spezifischen Geschwindigkeiten von Bioprozessen (Fermentationen) stellen nun eine Analogie zur Definition der bezogenen Geschwindigkeiten r_i^* in der chemischen Kinetik dar. Dabei werden als Bezugsgrößen z. B. die Masse des aktiven Katalysators M_K im Falle chemisch-heterogener Katalysen

$$r_i^* = \frac{1}{M_K} \cdot \frac{dN_i}{dt} \tag{2.4h}$$

oder z. B. das Reaktorvolumen $V_R (V)$ im Falle homogener Reaktionen verwendet

$$r_i^* = \frac{1}{V} \cdot \frac{dN_i}{dt}. \tag{2.4i}$$

Auch andere Bezugsgrößen sind fallweise sinnvoll, z. B. die äußere Katalysatorfläche oder das Volumen der Festphase.

Die in Gl. 2.4h und i verwendete Größe N_i stellt die Molzahl der Komponente i dar, die nach Gl. 2.4j mit der Konzentration zusammenhängt

$$c_i = N_i/V. \tag{2.4j}$$

Die Beziehung zwischen den Definitionen nach Gl. 2.4i und Gl. 2.3 kann nun unter Einsetzen der Gl. 2.4j hergestellt werden:
Gl. 2.4k ist für den Fall $V =$ konstant identisch mit Gl. 2.2d!

$$r_i^* = \frac{1}{V} \cdot \frac{d}{dt}(c_i \cdot V) = \frac{dc_i}{dt} + \left(\frac{c_i}{V} \cdot \frac{dV}{dt}\right). \tag{2.4k}$$

Zur Vollständigkeit sei erwähnt, daß Gl. 2.4i oft als Ansatz für die Definition der Reaktionsgeschwindigkeit in der chemischen Kinetik genommen wird. Die „echte" Reaktionsgeschwindigkeit r hängt jedoch mit den bisher abgeleiteten und verwendeten Bildungs- bzw. Verbrauchsgeschwindigkeiten r_i bzw. r_i^* über die stöchiometrischen Koeffizienten a_i zusammen:

$$r = \pm r_i / \pm a_i. \tag{2.5}$$

Für Verbrauchsreaktionen ist $a_i < 0$ und $a_i > 0$ für Bildungsgeschwindigkeiten. Klarerweise kann eine Komponente keine Reaktionsgeschwindigkeit haben. Eine solche kann nur bei Umsetzungen, an denen umgesetzte und gebildete Komponenten beteiligt sind, nach Gl. 2.5 gebildet werden.

Im Falle von Bioprozessen sind zur Zeit stöchiometrische Koeffizienten selten bekannt (Cooney et al., 1977), so daß eine Reaktionsgeschwindigkeit im strengen Sinn nach Gl. 2.5 nicht angewendet werden kann und man Auslangen mit den Verbrauchs- bzw. Bildungsgeschwindigkeiten vom Typ der Gl. 2.4a–g findet.

2.2 Grundbegriffe zur Quantifizierung von Bioprozessen

Der autokatalytische Charakter von Fermentationen kann mit Gl. 2.6 beschrieben werden

$$r_X = \mu \cdot X. \tag{2.6}$$

Stöchiometrie

Die in der chemischen Kinetik üblichen Reaktionsgleichungen nehmen für Fermentation nach Gl. 2.1 die Form der Gl. 2.7 an

$$a_1 S_1 + a_2 O \xrightarrow{X} a_3 X + a_4 P + a_5 C. \tag{2.7}$$

Aufgrund der komplexen Stoffwechselwege sind die stöchiometrischen Koeffizienten a_i selten bekannt (Cooney et al., 1977).

Als Ersatz für Bioprozesse wird das Konzept der „*Ertragskoeffizienten* $Y_{i/j}$" verwendet. Ein Ertragskoeffizient korreliert die Geschwindigkeit zweier Komponenten i und j (vgl. „Selektivität" bei komplexen chemischen Reaktionen). In erster Linie ist $Y_{i/j}$ für die Beziehung zwischen einer Verbrauchs- und einer Bildungsgeschwindigkeit gedacht („Ertrag"), z. B. Ertrag von Zellmasse aus einer bestimmten Substratmenge S (Reaktion $S \to X$)

$$-r_S = \frac{1}{Y_{X/S}} \cdot r_X. \tag{2.8a}$$

Dasselbe Konzept wird jedoch logisch auf die Relation zwischen zwei gleichartigen Geschwindigkeiten übertragen, wobei nur das Vorzeichen sich ändert, z. B. Reaktion $S \to X + \Delta H$:

$$r_X = \frac{1}{Y_{\Delta H/X}} \cdot r_{\Delta H} \equiv Y_{X/\Delta H} \cdot r_{\Delta H}. \tag{2.8b}$$

Es ist daher bei der Anwendung immer auf die Definition bzw. Indizierung von Y zu achten, bevor der Zahlenwert in eine Gleichung eingesetzt wird.

Grundkonzept einer einheitlichen Nomenklatur der Bioprozeßkinetik

Dieses Konzept läßt sich mit einigen Sätzen umreißen (vgl. Tab. 2.2 und 2.3):

1. Die spezifischen bzw. bezogenen Geschwindigkeiten der Bildung (π) und des Verbrauches (σ) werden in Analogie zur Bezeichnung der spezifischen Wachstumsgeschwindigkeit μ, die in der Literatur sehr stark verankert ist, mit griechischen Symbolen benannt. Dabei wird eine Unterscheidung zwischen Verbrauchs- und Bildungsreaktionen aus praktischen Gründen gemacht. Häufig verwendete Alternativen der Literatur sind in Tab. 2.3 angeführt. Der Vorteil der vereinheitlichenden Nomenklatur ist erstens die einheitliche Dimension [h^{-1}] und der Umstand, daß am Symbol zwischen z. B. O_2-Verbrauch und O_2-Bildung unterschieden wird. Beide Vorteile sind sehr praktisch beim Arbeiten mit mathematischen Modellen.

2. Es wird in den Symbolen zwischen den absoluten Geschwindigkeiten der Reaktion (r_i), des Transportes von Stoffen (n_i) und Wärme (q) unterschieden. Aus Analogiegründen werden Kleinbuchstaben, und zwar ohne die strenggenommen notwendige Kennzeichnung einer ersten Ableitung (z. B. $\dot{n}$) genommen.

3. Die Geschwindigkeitskonstanten sind immer mit k zu benennen, und zwar einheitlich für Reaktionen und Transporte. Unterschieden werden diese in der

Indizierung (k bzw. k_r oder k_{TR} mit k_L, k_S, k_G, $k_{\Delta H}$). Für Reaktionen gilt (mit n = Reaktionsordnung):

$$r_i = k_r \cdot c_j^n. \tag{2.9a}$$

Für Stofftransporte (mit Δc = Konzentrationsgradient):

$$n_i = k_{TR} \cdot \Delta c \tag{2.9b}$$

und für Wärmetransporte (ΔT = Temperaturgradient):

$$q = k_w \cdot \Delta T, \tag{2.9c}$$

wobei z. B. $k_{TR} = k_L \cdot a_{G/L}$ im Falle des G/L-Stofftransportes mit k_L = flüssigseitiger Stofftransportkoeffizient [cm/h] oder $k_w = k_{\Delta H} \cdot a_{\Delta H}$ im Falle von Wärmetransport mit $k_{\Delta H}$ = Wärmetransportkoeffizient [kcal/m²·h·°C]. Die Dimension der Reaktionsgeschwindigkeitskonstanten k_r ist von der Reaktionsordnung abhängig: k_r [t^{-1} (mol/V)$^{1-n}$].

Tabelle 2.2. *Grundkonzept einer einheitlichen Nomenklatur der Bioprozeßkinetik* (Moser, 1977a)

	Kinetik	Transporte Stoff	Wärme
(1) Geschwindigkeiten			
1.1 absolute (z. B. in dkRK)	$r_i = \pm \dfrac{dc_i}{dt}$	$n_i = \dfrac{dc_i}{dt}$	$q = \dfrac{d\Delta H_v}{dt}$
	(g/l·h)	(g/l·h)	(kcal/l·h)
	$r_X, -r_S, r_P, -r_O, r_{\Delta H}$	n_O, n_C	
1.2 relative, spezifische (auf Zellmasse X bzw. Katalysator bezogen)	$\dfrac{dc_i}{dt} \cdot \dfrac{1}{X}$		
	(h^{-1})		
	$\mu, \sigma, \pi, \epsilon, \nu$		
(2) Geschwindigkeitskonstanten, -koeffizienten $r_i = k \cdot (c_j)^{n_j}$	k k_r, k_P, k_d	k_{TR} $k_L, k_S, k_G, k_{ges.}$ (ok_{L1}…)	$k_{\Delta H}$
(3) Ertragskoeffizienten $r_i = \pm \dfrac{1}{Y_{j/i}} \cdot r_j$	Y $Y_{X/S}, Y_{P/X}, Y_{\Delta H/X}$		
(4) Konstanten für Gleichgewichte oder Sättigung	K (g/l) K_m, K_S, K_I		
(5) Stöchiometrische Koeffizienten $aX + bS \to cP$	a_i bzw. a, b, c, d		

2.2 Grundbegriffe zur Quantifizierung von Bioprozessen

Tabelle 2.3. *Zusammenstellung der Symbole für die Geschwindigkeiten der Reaktion und Transporte der einzelnen Komponenten, die für eine formalkinetische Modellbildung interessant sind* (Moser, 1977a)

Größe	Konzentration	Konzentrationsänderung	spezifische Geschwindigkeiten		Pirt, 1975	IUPAC-Vorschlag
Enzym	E	r_E	π_E		k_d	
Zellmasse	X	r_X	μ		k_d $\quad \mu$	μ
Zellzahl	N	r_N	ν			
Substrate	S_i	r_S	σ (σ_S)	σ_e $(\sigma_{S,e})$	q_S (m)	Ψ
O_2	$O(O_2)$	$r_O(r_{O_2})$	σ_O	$\sigma_{O,e}$	q_{O_2}	Ψ_{O_2}
Produkte	P_j	r_P	π	π_e	q_P	ν
CO_2	$C(CO_2)$	$r_C(r_{CO_2})$	π_C	$\pi_{C,e}$	q_{CO_2}	ν_{CO_2}
Enthalpie bzw. Wärme	ΔH ΔH_v	$r_{\Delta H}$	$\pi_{\Delta H}$	$\pi_{\Delta H,e}$		

4. Das Symbol Y ist für Ertragskoeffizienten vorgesehen (vgl. Gl. 2.8a und b).

5. Stöchiometrische Koeffizienten sind nach Gl. 2.7 mit a_i oder auch a, b, c, d usw. zu benennen.

6. Die Konzentrationen der Stoffe sind mit großen Buchstaben bezeichnet. In der Literatur (Pirt, 1975) werden oft Kleinbuchstaben herangezogen, was durchaus sinnvoll und in Übereinstimmung mit der Enzymnomenklatur ist. Aus schreibtechnischen Gründen zur eindeutigen Unterscheidung werden in diesem Text die Großbuchstaben vorgezogen. Die Symbole für die Stoffmengen, wofür Pirt (1975) die Großbuchstaben verwendet, sind in diesem Text dann zusammengesetzter Natur, nämlich das Produkt aus Konzentration und Volumen (z. B. $X \cdot V$ für kg Zellmasse).

7. Das Symbol K ist nur für die Gleichgewichts-, Sättigungs- und Inhibitions-Konstanten der kinetischen Gleichungen vorgesehen. Treten summarische (Reaktions-, Transport-) Geschwindigkeitskonstanten auf, so sind diese nicht mit K, sondern mit k_{ges} zu bezeichnen.

8. Der Index e steht für den Erhaltungsstoffwechsel (endogener Metabolismus).

In Tab. 2.2 und 2.3 erfolgt eine detaillierte Zusammenstellung der verwendeten Symbole. Zum Vergleich mit anderen wesentlichen Literaturen ist eine Spalte beigefügt.

Produktivität

Die Produktivität Pr eines Prozesses allgemein ist definiert als die Masse eines Produktes, die während einer Zeiteinheit pro Volumseinheit gebildet wird und hat die Dimension [kg/m³ · h]. Um diesen Begriff deutlich zu machen, kann am Beispiel diskontinuierlicher Prozesse, deren typischer Verlauf in Abb. 2.5 gezeigt wurde, die graphische Ermittlung der Pr in Abb. 2.6 demonstriert werden. Bei der diskontinuierlichen Prozeßführung wird eine bestimmte Zeitspanne für das

26 2 Die Bioprozeßtechnik und ihre Arbeitsprinzipien

Ernten und Leeren, Reinigen, Neufüllen und die Lag-Zeit zwischen den Produktionen gebraucht werden (Totzeit t_0). Dieser Wert wird auf die negative Zeitachse aufgetragen. Von diesem Punkt aus legt man die Tangente an die Konzentrations/Zeit-Kurve und erhält im Berührungspunkt (Punkt 2) die Werte der Produktkonzentrationen, die in der Zeitspanne der gesamten Produktionszeit ($t_{ges} = t_0 + t_r$) erreicht wurde. Die maximale Produktivität eines diskontinuierlichen Prozesses errechnet sich demnach mit

$$Pr_{dk,max} = \frac{c_{max,i} - c_0}{t_0 + t_r}. \tag{2.10}$$

Der absolute Wert des Produktgewichtes in diesem Punkt wird oft zur Definition der sogenannten *Raum-Zeit-Ausbeute* herangezogen. Diese drückt das Gewicht aus, das im gesamten Volumen des Reaktors in der gesamten Prozeßzeit hergestellt wurde.

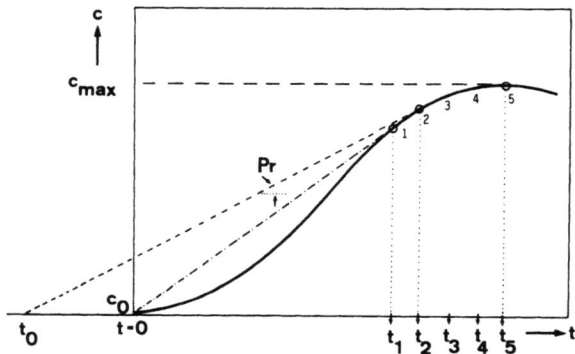

Abb. 2.6. Schematische Darstellung der Arbeitspunkte eines Prozesses für unterschiedliche Kriterien einer Wirtschaftlichkeitsoptimierung. Die Produktivität Pr ergibt sich aus der Steigung der Tangente. Reaktionszeiten t: *1* Maximale Produktivität im kontinuierlichen Prozeß, *2* maximale Produktivität im diskontinuierlichen Prozeß mit t_0 = Totzeit, *3* maximaler Profit, *4* minimale Kosten, *5* maximaler Umsatz, maximale Produktkonzentration bei $S \rightarrow 0$

Gleichzeitig ist in Abb. 2.6 der Arbeitspunkt 1 eingetragen, der vergleichsweise die maximale Produktivität eines kontinuierlichen Prozesses wiedergibt. Nachdem eine kontinuierliche Prozeßführung keine Totzeit aufweist, wird die Steigung der Tangente und damit Pr_{max} höher als im diskontinuierlichen Prozeß sein (vgl. Kapitel 6.1).

Weiters wird Abb. 2.6 dazu verwendet, um andere Arbeitspunkte prinzipiell anzuzeigen, die für eine wirtschaftliche Optimierung in Frage kommen.

Die maximale Produktkonzentration im Punkt 5 weist freilich eine unendlich kleine Produktivität auf, mag aber in Fällen interessant sein, wo sehr teure Substrate verwendet werden und aus diesem Grund der Prozeß bis zu restlosem Abbau, d. h. 100%igen Umsatz gefahren wird.

2.2 Grundbegriffe zur Quantifizierung von Bioprozessen

Der *Umsatz* U ist nach Gl. 2.11 definiert (V = konst.)

$$U_i = \frac{c_{i,0} - c_{i,t}}{c_{i,0}} \tag{2.11a}$$

und kann als relativer Umsatz angegeben werden

$$U_{rel} = \frac{U}{U_{max}}. \tag{2.11b}$$

Die *Ausbeute* A kann nach Gl. 2.12 angegeben werden (V = konst.)

$$A_j = \frac{c_{j,t} - c_{j,0}}{c_{i,0}} \tag{2.12a}$$

mit $\quad A_{rel} = \dfrac{A}{A_{max}}. \tag{2.12b}$

Die sogenannte „*Leistung*" L eines Reaktors mit der Dimension [„tato" = Tagestonnen] ergibt sich aus der Beziehung

$$L = U \cdot n_i \quad \text{bzw.} \quad A \cdot n_i, \tag{2.13}$$

wobei n_i = Stoffstrom der Komponente i [tato] ist. Für den Fall $U \to 1$ bzw. $A \to 1$ wird $L = n_i$.

Der Arbeitspunkt 4 in Abb. 2.6 repräsentiert den Zeitpunkt, wo für den Prozeß die *minimalen Kosten* entstehen. Die Kostenbilanz zu einem Zeitpunkt kann allgemein nach Gl. 2.14 formuliert werden (Richards, 1968a,b)

$$K_{ges/kg} = \frac{K_E}{G} + \frac{K_B}{G}. \tag{2.14}$$

Demnach bilden sich die Gesamtkosten aus der Summe der Einsatzkosten K_E für Einsatzmaterial, Sterilisation (die „Batchkosten", die unabhängig von der Menge sind) und der Betriebskosten K_B für den Leistungsbedarf für Rühren und Be-

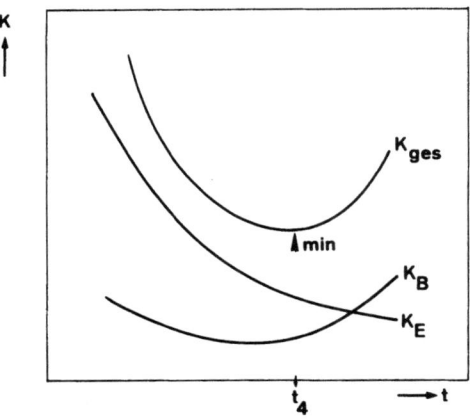

Abb. 2.7. Typisches Bild des Zeitverlaufes der Kosten (K_{ges} = Gesamtkosten, K_E = Einsatzkosten, K_B = Betriebskosten) während eines diskontinuierlichen Prozesses (nach Richards, 1969a, b). Minimum der Gesamtkosten bei t_4 (vgl. Abb. 2.6)

28 2 Die Bioprozeßtechnik und ihre Arbeitsprinzipien

lüften usw., G = Gewicht des Produktes. Ein typischer Zeitverlauf der Kosten für eine diskontinuierliche Fermentation ist in Abb. 2.7 (nach Richards, 1968) dargestellt. Damit ist der Zeitpunkt der minimalen Kosten ermittelbar (t_4).

Als letzter Arbeitspunkt ist der zu nennen, der entsteht, wenn man als Kriterium für eine optimale Gestaltung des Prozesses den *maximalen Profit* wählt. Dieser Arbeitspunkt (Punkt 3) liegt erfahrungsgemäß zwischen dem Zeitpunkt für maximale Produktivität des diskontinuierlichen Prozesses und dem Zeitpunkt der minimalen Kosten.

Der Profit wird nach Gl. 2.15 berechnet (Geysen und Grey, 1972)

$$\text{Profit [öS/t]} = G (\text{Preis} - K_{P,e}) - K_B \cdot t - (K_E + K_e). \tag{2.15}$$

$K_{P,e}$ sind die Extraktionskosten für die Produktisolierung und K_e die laufenden Extraktionskosten, die unabhängig von der Produktionsmenge sind. Der maximale Profit kann entsprechend Gl. 2.15 graphisch ermittelt werden.
In Abb. 2.8 erkennt man, daß der maximale Profit aus der Steigung der Tangente von Punkt A aus an die Kostenkurve bestimmt werden kann.

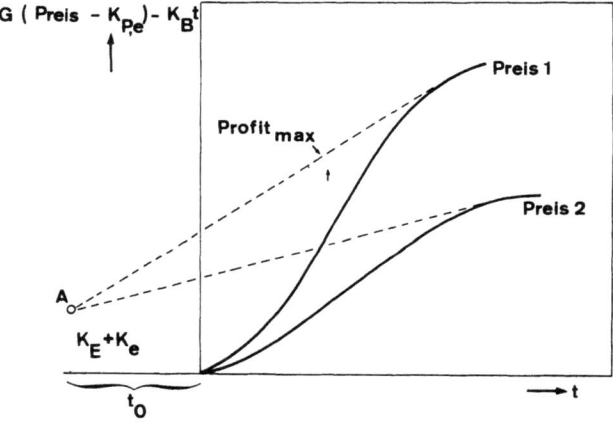

Abb. 2.8. Graphische Ermittlung des maximalen Profites bei gegebenem Verkaufspreis und Ausgangspunkt A (Einsatzkosten $K_E + K_e$ bei Totzeit t_0). (Geyson und Gray, 1972)

2.3 Arbeitsprinzipien der Bioprozeßtechnik

Im Kapitel über die verschiedenen Situationen der Prozeßentwicklung wurde bereits festgestellt, daß allen momentanen Wegen einer Prozeßentwicklung, unabhängig ob mit oder ohne mathematische Modelle gearbeitet wird, gewisse Arbeitsschritte gemeinsam sind. Im Vergleich zu Abb. 2.3, wo die Vorgangsweise ohne Verwendung mathematischer Modelle demonstriert wurde, ist in Abb. 2.9 ein Überblick über den Arbeitsfluß einer *systematischen Prozeßentwicklung*, die mit mathematischer Modellierung operiert, gegeben (Moser, 1977b). Es sei an dieser Stelle betont, daß ganz allgemein jeder der Bereiche, die in Abb. 1.3 angeführt sind, zu einer Prozeßentwicklung beitragen kann. Der hier diskutierte prozeßtechnische Bereich, der in Abb. 2.9 näher betrachtet wird, beginnt nach der ersten Vorabschätzung der Kosten bzw. des Profits, die auf Basis der Vorversuche im mikrobiologischen Labor Aufschluß über die grundsätzliche Durchführbarkeit bringen. Bei wenig Aussicht auf Rentabilität des Verfahrens wird die Entwicklung abgebrochen.

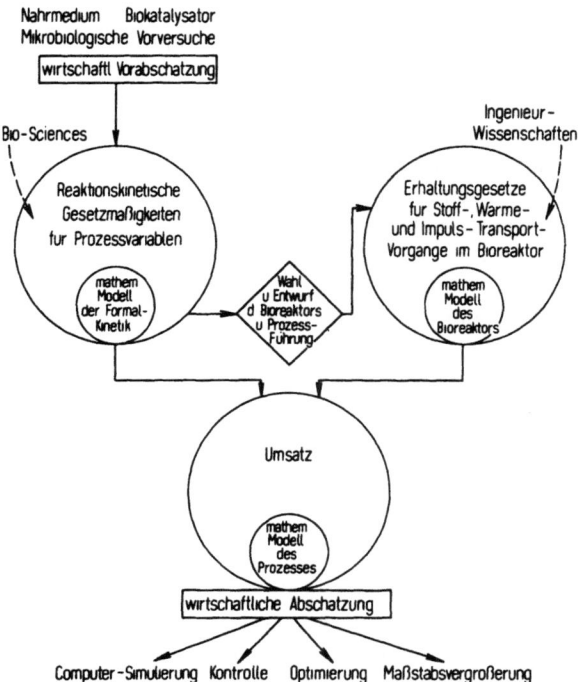

Abb. 2.9. Schematische Darstellung des Arbeitsflusses einer systematischen Prozeßentwicklung unter Verwendung mathematischer Modelle (Moser, 1977b)

Der weitere Arbeitsfluß der Abb. 2.9 läßt drei Hauptbereiche der Aktivitäten erkennen: Bioreaktor, Kinetik und Umsatz. Dieselbe Gliederung wird auch in diesem Text eingehalten. Kapitel 3 befaßt sich mit den grundlegenden Konzepten für Bioreaktoren. Kapitel 5 beinhaltet die Grundtypen mathematischer Modelle der Formalkinetik und Kapitel 6 diskutiert die Synthese aus Kinetik und Transportvorgängen in den Bioreaktoren in Umsatzermittlungen. Kapitel 4 ist eine Ergänzung, mit der beabsichtigt ist, auf die Problematik einer Analyse der Prozeßkinetik hinzuweisen, die durch die Koppelung von Kinetik und Transporten verursacht wird.

Aus Abb. 2.9 erkennt man auch, daß das letzte Ziel in allen 3 Hauptbereichen die Erstellung eines mathematischen Modelles ist. In Übereinstimmung mit dem für dieses Buch gewählten Schwerpunkt (vgl. Kapitel 1.2) wird das Hauptaugenmerk auf der sorgfältigen Formulierung der Kinetik biologisch-biochemischer Reaktionen liegen. Zur Bewältigung dieser Aufgabe werden die Arbeitsprinzipien ihre Brauchbarkeit erweisen. Von entscheidender Bedeutung dabei ist das angestrebte Ziel, welches für Grundlagenforschung und technologische Entwicklungsarbeiten durchaus unterschiedlich sein wird. Sind nämlich die Grundlagenwissenschaften in erster Linie an der Klärung von Mechanismen interessiert, also an der Frage warum ein Prozeß in der Art abläuft („know why"), so muß sich eine technologische Forschung vordringlich mit der Frage des „know how" beschäftigen, d. h. mit der Frage, wie ein Prozeß abläuft und wie man diesen beeinflussen kann, daß er optimal vor sich geht.

In Abb. 2.10 ist diese Diskrepanz der Startsituation für Grundlagen- und angewandte Wissenschaften angedeutet. In den biochemischen und biologischen Grundlagenforschungen werden feinste Analysenmethoden zur Erfassung einzelner Reaktionsschritte bzw. Komponenten unter idealisierten Bedingungen herangezogen und auch kleine Reaktionsgefäße im ml-Bereich gewählt werden, um Transportproblemen aus dem Weg zu gehen. Technologische Experimente dagegen werden so schnell wie möglich in großen Behältern durchgeführt und es wird unbedingt damit zu rechnen sein, daß die ermittelte Kinetik der Reaktionen durch Transportvorgänge in den Reaktoren beeinflußt und verfälscht wird. Prinzipiell wird jede Messung, in welchem Maßstab auch immer, eine sogenannte *Makrokinetik* verkörpern, in der die Reaktionskinetik mit Transportphänomenen gekoppelt zur Messung gelangt, und es wird primär nicht vom Maßstab, sondern von den Maßnahmen abhängen, ob die gemessenen Werte eine Makrokinetik wiedergeben oder nicht, je nachdem, ob Transporteinflüsse wirksam sind oder nicht.

Unter *Mikrokinetik* wird man dann also diejenige Reaktionskinetik verstehen, die von Transportvorgängen nicht verfälscht ist und die sich mit den einzelnen Reaktionsschritten befaßt. Zur Untersuchung von Stoffwechselreaktionen müssen zu diesem Zweck idealisierte Bedingungen gewählt werden, die oft nicht mehr den realen Bedingungen technischer Prozesse entsprechen. Diese Tatsache erschwert die Übertragung mikrokinetischer Daten auf technische Prozesse. Hier hat sich leider in den letzten Jahrzehnten eine Kluft zwischen Grundlagen- und angewandten Wissenschaften gebildet, die fast zu einer getrennten Entwicklung beider Gebiete geführt hat. Erst langsam kann eine Brücke geschlagen werden. Es soll jedoch wiederum betont werden, daß es für eine technologisch orientierte Forschung eindeutig genügt, das Wie des Prozesses quantitativ zu erfassen, ohne das Warum zu klären, um einen Prozeß zur technischen Reife zu entwickeln. Man denke z. B. an die NH_3-Synthese, die seit fast einem Jahrhundert großtechnisch in Betrieb ist, obwohl noch keine Klarheit über den „wahren" Reaktionsmechanismus besteht, über den alle Jahre neue Vorstellungen aufgestellt werden. Für eine formale Erfassung der Kinetik fällt das nicht ins Gewicht.

Aus der dargestellten Problematik heraus läßt sich ein grundlegendes Bekenntnis zur sogenannten *Formalkinetik* ablegen. Der technologisch orientierte Wissenschaftler muß den Mut und die Verantwortung für Vereinfachungen aufbringen. Als weitere Rechtfertigung könnte noch die Tatsache genannt werden, daß zur Zeit starke Einschränkungen in der meßtechnischen Erfassung vieler Prozeßvariablen, die als wichtig erachtet werden, bestehen. Vor allem aber besteht die Forderung, eine mathematische Formulierung zur Hand zu haben, die die Kinetik wohl zweckentsprechend „gut" wiedergibt, die aber so einfach wie möglich sein und so wenig Parameter wie möglich beinhalten soll. Auch wenn heutzutage elektronische Rechenanlagen den Rechenaufwand stark reduzieren, bleibt doch das Kriterium der Einfachheit bestehen.

Nunmehr können die Arbeitsprinzipien genannt werden, die für eine systematische Prozeßentwicklung unersetzlich sind:

1. Vereinfachen
2. Quantifizieren
3. Trennen
4. Modellieren.

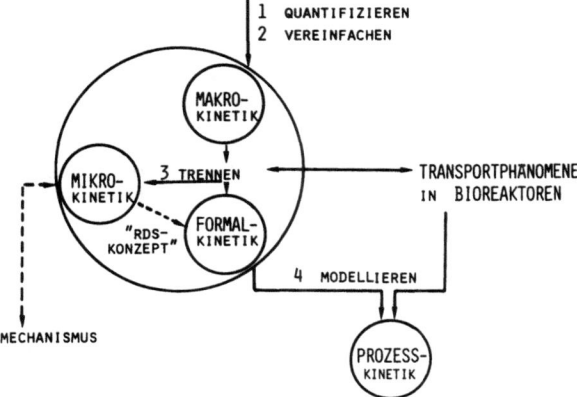

Abb. 2.10. Die Strategie der Bioprozeßtechnik zur prozeßkinetischen Analyse unter Verwendung von vier Arbeitsprinzipien *1–4*. Erklärung der Begriffe s. Text (Moser, 1978b)

Prinzip des Vereinfachens

Wie schon diskutiert, hat der planende Ingenieur immer zwischen Aufwand und Nutzen abzuwägen und außerdem nur bestimmte Meßmethoden für eine eingeschränkte Anzahl von Prozeßvariablen zur Verfügung (vgl. Abb. 2.5). Ohne Zweifel wird jede Modellierung, die zu einem späteren Zeitpunkt vorgenommen werden wird, durch die Zahl der Variablen und die dafür angewendeten Meßmethoden im Charakter mitbestimmt, d. h. die Aussagekraft wird darauf beschränkt bleiben.

Als allgemeine Richtlinie für das erste Arbeitsprinzip kann folgender Satz dienen: *„Vereinfachen umfaßt die Verdichtung der komplexen Strukturen des Prozesses auf die als signifikant erachteten bzw. meßbaren Prozeßäußerungen, wobei die experimentellen und auch theoretischen Untersuchungen auf einen erforderlichen Grad an Genauigkeit beschränkt bleiben können".*

Obwohl bei einer Anwendung der Arbeitsprinzipien die Reihenfolge nicht streng getrennt sein wird und speziell das Vereinfachen mit dem Schritt des Quantifizierens Hand in Hand gehen wird, ist als erstes Prinzip das Vereinfachen genannt. Der Autor vertritt nämlich die Ansicht, daß vor Beginn jeder experimentellen oder theoretischen Arbeit die Problemstellung durch eine Hypothese ausgesprochen und ein einfaches Denkmodell formuliert sein soll (vgl. Vorgangsweise zur Erstellung mathematischer Modelle, Kapitel 2.4).

Prinzip des Quantifizierens

Die quantitative Erfassung ist als Basis jeder modernen und effektiven Technologie weitgehend akzeptiert. Die Grundbegriffe dazu wurden in Kapitel 2.2 dargelegt. Analytische Methoden zur Messung von Prozeßvariablen fehlen noch vielfach, andererseits ist auch hier der Aufwand gegen den Nutzen abzuwägen und eine bestimmte Genauigkeit genügt. Viel ausschlaggebender im allgemeinen und speziell für die Wertschätzung der gebildeten mathematischen Modelle ist jedoch die Frage, welche Kausalität in den gemessenen Variablen verborgen liegt, z. B. in der Messung der Zelltrockensubstanz ZTS als Maß für die katalytisch aktive Zellmasse oder z. B. der biologische O_2-Bedarf BSB als Maß für die Verschmutzung in der Abwassertechnologie.

Von besonderer Bedeutung ist auch die Handhabung der Methoden zur Quantifizierung im Zusammenhang mit dem Schritt der Vereinfachung. Wie in Abb. 2.10 angedeutet und bei der mathematischen Modellierung näher besprochen, kann die Formulierung einer für reaktionstechnische Berechnungen verwendbaren Kinetik, ausgehend von der Makrokinetik, verschiedene Wege gehen. Bevor das Erstellen von Modellen erörtert wird, soll aus didaktischen Gründen das Arbeitsprinzip des Trennens behandelt werden, wiewohl beide Prinzipien stark miteinander verknüpft sind.

Prinzip des Trennens

Dieses bezieht sich auf eine gezielte Versuchsführung, die es erlauben soll, die biologisch-biochemischen Phänomene des Prozesses getrennt von allen physikalischen Phänomenen der Transportvorgänge in Bioreaktoren zu erfassen.

Die Makrokinetik in Abb. 2.10 kann ja nicht das Ende allen Bemühens sein, da diese bei einer Maßstabsvergrößerung große Fehler produzieren würde und in ihr die Kinetik durch Transportvorgänge verfälscht ist. Es kann ja nicht damit spekuliert werden, daß das Ausmaß der Verfälschung bei Änderung der Reaktorgröße konstant bleibt.

Die Anstrengungen zur Trennung der biologischen Phänomene von den physikalischen umfassen eine im Vergleich zur rein empirischen Prozeßentwicklung nach Kapitel 2.1 erhöhte Anzahl experimenteller Untersuchungen sowohl der Kinetik als auch der Bioreaktoren. Dieser ersten Phase der Analyse hat dann eine Phase der Synthese zu folgen, d. h. eine Vereinigung der mathematischen Modelle der Kinetik und des Bioreaktors. Diese unterschiedliche Ideologie ist aus einem Vergleich der Abb. 2.3 mit Abb. 2.11 zu erkennen. Natürlich muß dieser vermehrte Aufwand früher oder später durch wirtschaftliche Vorteile gerechtfertigt werden.

Alle einzelnen Anstrengungen zur Trennung der biologischen und physikalischen Faktoren sind in der Strategie zusammengefaßt, die im Zusammenhang mit dem Begriff des „Perfekt-Bioreaktors" und der „Pseudohomogenität" stehen (vgl. Kapitel 4.2).

Wie später beim Arbeiten mit mathematischen Modellen noch deutlich werden wird, bildet das Prinzip des Trennens eine wesentliche Voraussetzung für die sinnvolle Anwendung mathematischer Modelle. Andererseits kann die Trennung schneller und sicherer durchgeführt werden, wenn mit mathematischen Modellen „gedacht" wird.

2.3 Arbeitsprinzipien der Bioprozeßtechnik

Prinzip des mathematischen Modellierens

Entsprechend Abb. 2.10 kann eine Modellierung verschiedene Wege gehen:
1. Ableitung einer Gleichung vom Reaktionsmechanismus der Mikrokinetik mit Hilfe des sogenannten geschwindigkeitsbestimmenden Schrittes.
2. Kurvenbeschreibung der Experimente mittels numerischer Ansätze rein mathematischer Natur.
3. Erstellung von quantitativen Formulierungen mit Hilfe des „Denkens in Analogien".

ad 1 (Mikrokinetik): Ein möglicher Weg führt über die Mikrokinetik. Prinzipiell ist es denkbar und in manchen Fällen sind auch gute Ansätze in der Literatur zu finden (z. B. Moreira et al., 1979), daß die biochemischen Mechanismen der Stoffwechselwege (Enzyminduktion, metabolische Repression) in Betracht gezogen und untersucht werden. Davon ausgehend ist dann eine mathematische Funktion formuliert, die so flexibel ist, daß sie durchaus in Übereinstimmung mit experimentellen Tatsachen (z. B. diauxisches Wachstum) gebracht werden kann. In den meisten Fällen existieren aber noch immer zu wenig gute Vorstellungen über die biochemischen Stoffwechselregulationen, so daß keine genauen Werte für die Modellparameter, sondern nur Schätzwerte oft aus Fremdliteratur genommen werden können. Andererseits wäre es für den Zweck der prozeßtechnischen Vorausberechnung des Umsatzes bzw. der Wahl der optimalen Prozeßführung (Reaktortyp) gar nicht erforderlich oder zweckmäßig, derartige mathematische Modelle zu formulieren. Diese aufwendigen Vorstellungen sind für einen anderen Zweck vorteilhaft, und zwar, wie schon erwähnt, für Prozeßkontrolle und spezielle Prozeßoptimierungen (Calam et al., 1971). Dazu werden natürlich spezielle Analysenmethoden vorhanden sein müssen.

Es wird jedoch zweifelsohne diese Mikrokinetik in Zukunft einen wichtigen Beitrag zur Formulierung der Formalkinetik leisten können, der nicht als Utopie zu bezeichnen ist. Es handelt sich dabei um die Benutzung des Konzeptes eines *reaktionsgeschwindigkeitsbestimmenden Schrittes* („rate-determining-step-concept", auch „bottle-neck-principle" genannt), das in der chemischen Kinetik schon lange verwendet wird. Dieses Konzept ermöglicht und erlaubt eine starke Reduzierung der Gleichungssysteme des gesamten Stoffwechsels auf einen einzigen oder ein paar wenige Reaktionsschritte, von denen angenommen oder bewiesen werden kann, daß diese die Gesamtreaktion dominieren, da ihre Geschwindigkeiten die langsamsten sind. Die Vorgangsweise bei der Anwendung dieses Konzeptes sei zur Anschaulichkeit dargelegt.

Als Beispiel wird die *Ableitung einer kinetischen Gleichung* für enzymkatalysierte Reaktionen nach einem Briggs-Haldane-Mechanismus demonstriert. Der postulierte Mechanismus lautet

$$E + S \underset{k_{-1}}{\overset{k_{+1}}{\rightleftarrows}} \{ES\} \overset{k_{+2}}{\longrightarrow} E + P \qquad (2.16a)$$

und beinhaltet einen aktivierten Komplex $\{ES\}$, der die Zwischenstufe für die Reaktion darstellt. Für die beteiligten Einzelreaktionen nehmen die Geschwindigkeitsgleichungen unter Berücksichtigung einer Bilanz der Enzymkonzentration folgende Form ein

34   2 Die Bioprozeßtechnik und ihre Arbeitsprinzipien

$$r_{+1} = k_{+1} \cdot S \cdot (E - \{ES\}) \tag{2.16b}$$

$$r_{-1} = k_{-1} \cdot \{ES\} \tag{2.16c}$$

$$r_{+2} = k_{+2} \cdot \{ES\} \tag{2.16d}$$

Mit gewisser Berechtigung kann nun angenommen werden, daß die Reaktion mit k_{+2} am langsamsten, also geschwindigkeitsbestimmend ist. Für die Gesamtreaktionsgeschwindigkeit r_{ges} (vgl. Gl. 2.3b) ergibt sich also Gl. 2.16e

$$r_{ges} = r_S = k_{+2} \cdot \{ES\} \tag{2.16e}$$

in der jedoch die Konzentration des Komplexes nicht bekannt und auch schwer meßbar ist. In dieser Situation behilft man sich mit dem Konzept des sogenannten „*quasi-stationären Gleichgewichtes*", d. h. man setzt die Summe aus Bildungs- und Zerfallsgeschwindigkeiten des aktiven Komplexes gleich null:

$$\frac{d\{ES\}}{dt} = k_{+1} \cdot S(E - \{ES\}) - k_{-1} \cdot \{ES\} - k_{+2} \cdot \{ES\} = 0. \tag{2.16f}$$

Damit kann man die unbekannte Konzentration des Komplexes durch die meßbaren Werte der anderen Komponenten ausdrücken:

$$\{ES\} = \frac{E \cdot S}{\dfrac{k_{-1} + k_{+2}}{k_{+1}} + S} \tag{2.16g}$$

und in Gl. 2.16e einsetzen. Das ergibt mit

$$r_{max} = k_{+2} \cdot E \quad \text{und} \quad K_m = \frac{k_{-1} + k_{+2}}{k_{+1}} \tag{2.16h,i}$$

eine Endgleichung für die Gesamtreaktionsgeschwindigkeit

$$r_S = r_{max} \cdot \frac{S}{K_m + S} . \tag{2.17}$$

Gl. 2.17 ist die Grundgleichung, die in der Enzymkinetik zur Beschreibung der Anfangskonzentration verwendet wird ($k_{-2} = 0$). Sie ist das Resultat der Anwendung kinetischer Arbeitsprinzipien, die allgemein für Ableitungen von Geschwindigkeitsgleichungen verschiedener Mechanismen eingesetzt werden. In dem Zusammenhang wird auf die Querverbindung zwischen Enzymkinetik und Kinetik heterogen-chemischer Katalysen verwiesen. Der Grundmechanismus derartiger Reaktionen formuliert sich nämlich in Erweiterung der Gl. 2.16a aus folgendem Schema:

$$E + S \underset{k_{-1}}{\overset{k_{+1}}{\rightleftarrows}} \{ES\} \underset{k_{-2}}{\overset{k_{+2}}{\rightleftarrows}} \{EP\} \underset{k_{-3}}{\overset{k_{+3}}{\rightleftarrows}} E + P. \tag{2.18}$$

Dieser Mechanismus beinhaltet also reversible Schritte der Adsorption ($k_{\pm 1}$), Reaktion ($k_{\pm 2}$) und Desorption ($k_{\pm 3}$) und findet mit $k_{-2} = 0$ seinen Ausgangspunkt für die bekannte *Langmuir-Hinshelwood-Kinetik*. Der Fall $k_{-2} > 0$ beinhaltet demnach den reaktionstechnisch bedeutsamen Fall, wo das gebildete

2.3 Arbeitsprinzipien der Bioprozeßtechnik

Produkt auf die Reaktion einwirkt. Dieser Fall der Produktinhibition wird in Kapitel 5.2 näher erörtert werden. Die Gleichung der Kinetik dieser heterogen-chemischen Katalyse nach Langmuir-Hinshelwood lautet

$$r = r_{max} \frac{K \cdot S}{1 + K \cdot S + K_{des} \cdot P} \quad . \tag{2.19}$$

Um einen Vergleich mit Gl. 2.17 machen zu können, muß die Desorption (K_{des}) vernachlässigt werden. Dabei zeigt sich die Tatsache, daß die Gleichgewichtskonstante der Enzymkinetik K_m bzw. K_S zur Adsorptions-Konstante der Langmuirkinetik K umgekehrt proportional ist

$$K_S = \frac{1}{K} \quad . \tag{2.20}$$

Alle diese kinetischen Gleichungen der Mikrokinetik können als Modellansätze der Formalkinetik dienen.

ad 2 (Numerische Ansätze): Der zweite Weg der Formulierung einer handhabbaren Kinetik für prozeßtechnische Auslegungen ist die Anwendung rein mathematischer Methoden zur Kurvenbeschreibung. Dieses „curve fitting" erfolgt mittels einfacher numerischer Ansätze. In Gl. 2.21a ist eine Funktion mit einer e-Potenz und einem Polynom angeführt, die speziell für die Wiedergabe der Zeitabhängigkeit der Wachstumskurve in diskontinuierlicher Kultur gut geeignet ist (Knowles et al., 1965), da die Funktion sehr flexibel ist.

Typ 1: $r_i^* = f(t)$

z. B.:
$$r_i^* = \frac{K}{1 + \exp(\alpha_0 + \alpha_1 t + \alpha_2 t^2 + \ldots)} \tag{2.21a}$$

mit $r_i^* = \mu$, $K = X_{max}$, $\alpha_0 = X_{max}/X_0$ und $\alpha_1 = \mu_{max}$.

Der Nachteil, den üblicherweise derartige „anonyme" Funktionen aufweisen, ist, daß die Parameter meist ohne biologische Bedeutsamkeit sind.

Auch andere einfache Funktionen werden für die Kurvenbeschreibung der Zeitabhängigkeit herangezogen, z. B.:

$$r_i = k \cdot \exp[-\alpha_1 (t - t_0)]. \tag{2.21b}$$

In komplizierten Fällen von Bioprozessen kann man sich durchaus mit einer einfachen graphischen Wiedergabe des Typs 1 begnügen oder eben mittels einer einfachen Funktion den experimentellen Befund beschreiben. Dies erlaubt zwar schwerlich Extrapolationen auf andere Bedingungen, ist aber sicher für singuläre Prozesse gut brauchbar (z. B. Grm et al., 1980).

Dieselbe Denkweise läßt sich auch für eine Kurvenbeschreibung der Konzentrationsabhängigkeit anwenden bzw. für $r = f(T)$. Im Prinzip können dieselben Funktionen wie in Gl. 2.21c herangezogen oder es kann z. B. ein einfaches Polynom genommen werden.

Typ 2: $r_i^* = f(c)$

z. B.:
$$r_i^* = \alpha_0 + \alpha_1 c + \alpha_2 c^2 \ldots \tag{2.21c}$$

Die Einschränkungen, die für derartige numerische Ansätze gelten, reduzieren nicht ihren Wert. Ihre Anwendung wird auf sehr unübersichtliche Prozesse und auf die Anfangsphase einer Prozeßentwicklung beschränkt bleiben. Sobald wirtschaftlicher Anreiz gegeben ist, wird das Arbeiten mit mathematischen Modellen, die mit biologisch deutbaren Parametern operieren, früher oder später unausbleiblich sein.

ad 3 (Formalkinetik): Der dritte mögliche Weg führt von der Makrokinetik direkt zur sogenannten Formalkinetik. Hier zeigt sich das „Denken in Analogien" als fundamentales Prinzip, das für den Zweck der Prozeßentwicklung sehr brauchbar ist, aber auch Gefahren beinhaltet.

Die Formalkinetik beinhaltet also auf Analogien zu anderen, bekannten Vorgängen basierenden mathematischen Formulierungen, die eine einfache und daher brauchbare Wiedergabe des als signifikant erachteten Prozeßgeschehens ermöglichen. Mit der Formalkinetik wird also wohl verborgen und „unbewußt" ein kausaler Zusammenhang mit mechanistischen Vorstellungen verbunden und vermutet, der jedoch nicht ausgesprochen und auf den ja dem Zweck entsprechend primär nicht unbedingt Wert gelegt wird. Es ist aber anzunehmen, daß sich die Mikrokinetik in der Formalkinetik widerspiegelt.

Die Gefahr bei dieser Art von kinetischen Modellen ist, daß sie meist nicht sehr geeignet sein wird, biologische Phänomene zu deuten (oder z. B. zwischen zwei Mechanismen zu unterscheiden). Dafür ist sie allerdings auch nicht „erfunden".

Die *Formalkinetik* stellt eine mathematische Struktur der Bioprozesse dar, wobei Parameter verwendet werden, denen eine experimentelle Interpretation zuzuschreiben ist. Die mathematischen Formulierungen sind prinzipiell jederzeit durch andere Ansätze ersetzbar, wie dies in Kapitel 5.3 noch deutlich werden wird. Mit Hilfe der Analogiebetrachtungen wird ein formales Gerüst in Form von Modellgleichungen gebildet, bei denen die Werte der Parameter aus den experimentellen Ergebnissen entnommen werden, also sogenannte „Anpassungsparameter" darstellen. Für die Wahl einer passenden Funktion ist oft das Minimum an Parametern ein Kriterium, das eine Konsequenz des Prinzips des Vereinfachens darstellt. Es können immer „bessere" Funktionen gefunden werden, die die experimentellen Befunde genauer wiedergeben, jedoch mehrere Parameter verwenden. Dies führt jedoch auch bei der Bestimmung der Parameter aus experimentellen Daten wegen der höheren Dimension des Problems zu Schwierigkeiten. Es gibt Fälle, wo mit Hilfe des Konzeptes vom geschwindigkeitsbestimmenden Schritt Gleichungen für die Gesamtreaktionsgeschwindigkeit abgeleitet werden können. Dabei zeigt es sich freilich, daß ausgehend von verschiedenen, postulierten Mechanismen es zwar zu einer Reihe recht unterschiedlicher Reaktionsgeschwindigkeitsgleichungen kommt, von denen aber viele im Rahmen der Meßgenauigkeit nicht voneinander unterschieden werden können, da sie alle eine zufriedenstellende Beschreibung der Experimente geben. Eine sogenannte „Modelldiskriminierung" ist nicht möglich. Diese Aussagen tragen vielleicht zum Verständnis und Akzeptieren des erfolgreichen Arbeitens mit Analogien zur Erstellung einer Formalkinetik bei.

Eine weitaus größere Bedeutung als der Wahl des „besten" Modells kommt der Wahl der signifikanten Prozeßvariablen zu. Wie erwähnt, ist zur Zeit die

2.3 Arbeitsprinzipien der Bioprozeßtechnik

Erfassung von „Schlüsselvariablen" eines Prozesses durch mangelnde sichere und rasche Analysenmethoden beschränkt. Ein Fortschritt der Meßwerterfassung wird sicher die Erstellung zuverläßlicher Modelle der Formalkinetik fördern. Zur Zeit steht für die Quantifizierung und Modellierung nur eine kleine Zahl von Variablen zur Verfügung. In Tabelle 2.4 findet sich eine abschließende Zusammenstellung der meßbaren und als signifikant erachteten Prozeßvariablen. Gleichzeitig manifestieren sich in dieser Tabelle die genannten Arbeitsprinzipien: Vereinfachen des Prozeßgeschehens auf einige wenige Variablen, deren Geschwindigkeit als beobachtbare bzw. abgeleitete Größen quantifiziert werden und separate Angabe der Transportvorgänge in Bioreaktoren wie z. B. die Transportgeschwindigkeit von O_2 (OTR) und CO_2 (CTR) und auch Wärme (Δ HTR), die Mischzeit der Flüssigphase (t_m) sowie die Verweilzeitverteilung bei kontinuierlichen Reaktoren (VZV) und Dicke der biokatalytischen Masse (d). Erst in der letzten Spalte sind einige Parameter genannt, die im Falle einer mathematischen Modellierung aller genannten Variablen der Kinetik und Transportvorgänge in den Modellen enthalten sind. Die Erklärung der einzelnen Begriffe und Symbole wird im Kapitel 3 für die Transportvorgänge und im Kapitel 5 für die Kinetik noch ausführlich gebracht.

Wie in Abb. 2.10 dargestellt, findet diese Prozeßentwicklung ihr Ende mit der Kombination der mathematischen Modelle der Kinetik und der Transportvorgänge im Reaktor. Diese Synthese der Modelle muß jedoch keine Übereinstimmung im ersten Arbeitsgang bringen. Eine sogenannte *Prozeßkinetik* besteht oft nicht nur aus einer reinen Kombination zwischen Kinetik und Transporten, sondern auch aus Wechselwirkungen beider Einzelphänomene. Der Vorgang der Erstellung der Prozeßkinetik ist erst abgeschlossen, wenn die Modifizierung des Modells so lange wiederholt und mit den Experimenten verglichen wird, bis Übereinstimmung herrscht. Diese iterative Natur einer adäquaten Modellbildung ist wesentlich und wird in Kapitel 2.4 ausführlicher besprochen.

Die *Prozeßkinetik* ist im Unterschied zur Makrokinetik nicht mehr durch Transportvorgänge verfälscht, da diese ebenfalls mathematisch formuliert und im Modell inkorporiert sind, so daß deren Einfluß im Modell nachvollzogen werden kann. Damit ist die Prozeßkinetik vom Maßstab unabhängig und kann als sichere Basis für eine Maßstabsvergrößerung dienen. Die im Vergleich dazu bei der rein empirischen Prozeßentwicklung genannten Kriterien einer Maßstabsvergrößerung sind sicher einfacher in der Anwendung, sind aber auch mit vielen Einschränkungen behaftet. Andererseits ist der Gebrauch der Prozeßkinetik als Basis für eine scale-up sehr aufwendig und nur selten verwendet (Ovaskainen et al., 1976; Reuß et al., 1980).

Die Aufeinanderfolge der Arbeitsschritte von Analyse und Synthese kennzeichnet den Arbeitsfluß der systematischen Prozeßentwicklung, der in Abb. 2.11 schematisch dargestellt ist. Man unterscheidet drei Stufen dieser Prozeßentwicklung:
- Die Grundlagenforschung in Kleinst-Laborreaktoren (Schüttelkolben)
- Die prozeßkinetische Analyse in Laborreaktoren
- Der Prozeßentwurf in Pilot-Reaktoren.

Die *prozeßkinetische Analyse* wird, da sie sich aus Untersuchungen der Kinetik der Reaktion und der Transportvorgänge in Bioreaktoren zusammensetzt, auch getrennt in zwei verschieden gearteten Reaktoren durchzuführen sein. Der

2 Die Bioprozeßtechnik und ihre Arbeitsprinzipien

Tabelle 2.4. *Signifikante und makroskopisch beobachtbare Phänomene bei technischen Bioprozessen und ihre Quantifizierung und Modellierung im pseudohomogenen Fall* (Moser, 1979a, 1980a). Erklärung der Symbole s. Nomenklatur

Makroskopische Phänomene bei Bioprozessen	Größe beobachtet	abgeleitet	Modellparameter
Kinetik			
Wachstum	X	r_X, μ	μ_{max}, K_S
S-Abbau	S	r_S, σ	σ_{max}
O_2-Verbrauch	O	r_O, σ_O	$\sigma_{O,max}, K_O$
Bildung von Produkten	P	r_P, π	$\pi_{max}, k_P, Y_{P/X}$
CO_2	C	r_C, π_C	
Wärme	$T(\Delta H_V)$	$r_{\Delta H}, \pi_{\Delta H}$	k_∞, E_a
Erhaltungsstoffwechsel	$X, S, O, P, C, \Delta H_V$	k_d, σ_e	$k_d, \sigma_e, \mu_{d,max}$
Ertragskoeffizienten	$X, S, O, P, C, \Delta H_V$	$Y_{i/j}$	$Y_{X/S}, Y_{X/O}, \ldots$
Transportvorgänge			
1. L-Phase			
O_2	O	OTR	$_O k_L a$
CO_2	C	CTR	$_C k_L a$
Wärme	$T(\Delta H_V)$	Δ HTR	$k_{\Delta H} a_{\Delta H}$
Mischzeit	Konzentrationen	t_m	t_m, m, J
Verweilzeitverteilung	Konzentrationen	$\bar{t}, s^2$	$Bo_L, N(D_L)$
2. S-Phase	d bzw. V/A	d_{krit}	$\bar{d}(D_S$ bzw. $D_{eff})$

sogenannte *„Perfekt-Bioreaktor"* dient zur unverfälschten Messung der Kinetik und muß daher gewissen Ansprüchen an alle möglicherweise beteiligten Transporte in diesem Laborreaktor erfüllen (vgl. Kapitel 4.2). Das sogenannte *„Bioreaktor-Modell"* ist ein gegenüber dem Produktionsreaktor und der Pilot-Anlage maßstabsverkleinerter Reaktor, in dem vorerst ohne biologische Reaktion die prozeßbestimmenden Transportvorgänge quantitativ erfaßt werden können (vgl. Kapitel 3.3).

Beide Reaktortypen dienen also zum Quantifizieren des Bioprozesses und zur Erstellung der mathematischen Modelle der Kinetik und der Transporte.

Die *Pilot-Anlage* erfüllt einen mehrfachen Zweck.

1. Test des erstellten Prozeßmodells (Prozeßkinetik) und eventuell auch Test des Modells der Formalkinetik und des für den Bioreaktor erstellten Modells.

2. Quantifizieren verschiedener Faktoren, die für die Wirtschaftlichkeit von Bedeutung sind. Dazu zählen: Elektrischer Leistungsaufwand für Mischung und Belüften, Wärmebildung und -austausch usw. sowie Auswahl des zweckentsprechendsten Kriteriums für eine Maßstabsvergrößerung (Hockenhull, 1975).

3. Ernten einer ausreichenden Menge des Produktes, um die Qualität zu prüfen bzw. die Weiterverarbeitungsmethoden zu studieren (z. B. Produktisolierung nach Zellaufschluß).

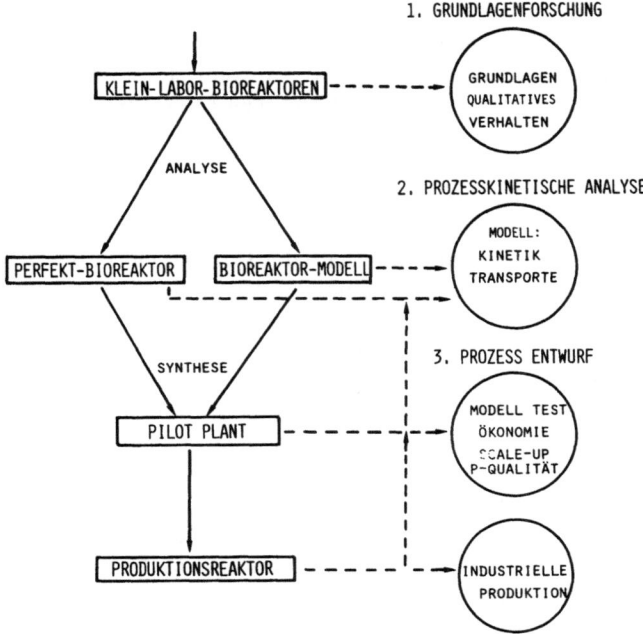

Abb. 2.11. Bioreaktoren verschiedenen Maßstabes und deren Verwendung zur Ermittlung prozeßtechnischer Daten im Laufe der Prozeßentwicklung (Stufe 1–3). Erklärung der Begriffe s. Text (Moser, 1978b)

Letzten Endes wird aus Sicherheitsgründen eine Regel zu befolgen sein. Die Kinetik soll immer in zwei verschiedenen Reaktoren gemessen werden, um eventuell noch unbekannte Variablen oder Parameter zu identifizieren. Neben dem Experiment im Perfekt-Bioreaktor ist die Kinetik von einem Versuch z. B. in der Pilot-Anlage auszuwerten. Als Ersatz kann fallweise auch das Bioreaktormodell verwendet werden. Diese Maßnahme hat neben der genannten Absicht noch eine andere, die mit dem Stichwort „*kinetische Ähnlichkeit*" benannt sei (Moser, 1978b). Die Komplexität der Bioprozesse ist zumindest in manchen realen Fällen, z. B. biologischer Abwasserreinigung, so groß, daß geänderte Strömungsbedingungen auch eine Änderung der Stoffkonzentrationen und damit eine Änderung des Stoffwechsels und auch der Zusetzung der Mischpopulation (Biozoenose) bringen kann. Die Forderung der „kinetischen Ähnlichkeit" ist also als Maßnahme gegen einen fallweise im Modell nicht berücksichtigten Faktor gedacht und wird mit Fortschreiten der Sicherheit der Modellbildung überflüssig werden.

2.4 Mathematische Modelle

Aufgrund der zentralen Bedeutung des Arbeitens mit mathematischen Modellen werden die allgemeine Natur, der Sinn und Zweck und die Erstellung mathematischer Modelle diskutiert.

In der Literatur finden sich mehrere Klassifizierungsmöglichkeiten für die verschiedenen Arten von Modellen (z. B. Roels und Kossen, 1978). Im vorliegenden Text wird vom prozeßtechnischen Standpunkt aus die Einteilung nach mathematischen Modellen der Makro-, Mikro-, Formal- und Prozeßkinetik getroffen (vgl. Abb. 2.10). Die formalkinetischen Modelle, die in Kapitel 5 im einzelnen dargelegt werden, lassen sich mit den Begriffen der bisherigen Literatur als vorherrschend „unsegregierte" und „unstrukturierte" Modelle benennen, die „beschreibenden" und „voraussagenden" Charakter haben.

Diese Klassifikation mit den Begriffen Segregation und Strukturierung (Tsuphiya et al., 1966) ist im Gebiet der Mikrokinetik dominierend, doch sicher auch für eine weitergehende Unterscheidung innerhalb der Formalkinetik brauchbar. Als *unsegregiert* bezeichnet man solche Systeme, bei denen die Biomasse in allen einzelnen Zellen als physiologisch, morphologisch und genetisch identisch betrachtet wird. Bei den meisten Fermentationen mit technischer Bedeutung ist die Anzahl der Zellen sehr groß, so daß das makroskopisch beobachtbare Verhalten im Rahmen der für technische Prozesse gewünschten Genauigkeit als konstant anzusehen ist, da es einem mittleren Wert aller Organismen entspricht.

Unstrukturierte Modelle andererseits vernachlässigen, daß die Zellmasse aus verschiedenen Komponenten besteht, die sich während des Prozesses in ihrem kinetischen Verhalten als unterschiedlich zeigen. Ohne Zweifel ist dieses Problem von größerer Bedeutung für die prozeßtechnische Berechnung, da die meisten technischen Prozesse diskontinuierlich betrieben werden. Unter diesen Bedingungen erfolgt kein sogenanntes „balanziertes" Wachstum, d. h. es kommt zu Veränderungen der Zellzusammensetzung. Auch im Fall der semi-kontinuierlichen und semi-diskontinuierlichen Betriebsweisen (vgl. Kapitel 3.4) sowie bei Störungen einer kontinuierlichen Prozeßführung wie sie in der biologischen Abwassertechnik vorkommen, ist prinzipiell in Frage zu stellen, ob einfache formalkinetische Modelle zutreffen können (Roels und Kossen, 1978). Es entspricht der in diesem Text verfolgten Strategie, daß von vornherein kein Grundmodell als vollgültig für einen realen Fall anzusehen ist, sondern daß die Modellbildung für den jeweiligen Prozeß ein adaptiver Vorgang ist, der so lange wiederholt werden muß, bis die Modifikation bzw. Erweiterung des Grundmodells zu einem adäquaten Modell (Prozeßkinetik) führt (vgl. Abb. 2.13). Es sollte vermehrt Wert darauf gelegt werden, bei Verwendung von Modellen, die Gültigkeitsgrenzen der mathematischen Funktion sowie deren Parameter in konkreten Fällen der Praxis anzugeben (Moser und Lafferty, 1976).

In diesem Zusammenhang muß darauf hingewiesen werden, daß bereits einfache Strukturierungen wie z. B. die Differenzierung zwischen Proteinen und genetischem Material zu einer stattlichen Anzahl nicht zugänglicher Parameter führen (Reuß, 1977). Dies kann zwar einen bedeutenden Beitrag zum Verständnis des intrazellulären Geschehens liefern, für prozeßtechnische Berechnungen muß jedoch primär die Forderung nach Einfachheit erfüllt sein.

Mit dieser Feststellung soll der Beitrag, den die Entwicklung segregierter und/oder strukturierter Modelle der Mikrokinetik in der Zukunft liefern werden, nicht unterschätzt werden. Es ist immer zwischen Aufwand und Nutzen abzuwägen. Wie erwähnt, ist eine Modelldiskriminierung vielfach im Bereich der gegebenen Meßgenauigkeit zur Zeit unmöglich (Boyle und Berthouex, 1974).

Mit dem vorliegenden Buch verbindet der Autor weniger die Absicht, einen vollständigen Überblick über alle in der Literatur vorhandenen Wege der Modellbildung zu referieren. Das hauptsächliche Ziel ist vielmehr, die Gesamtheit der Probleme einer Prozeßentwicklung herauszuarbeiten und dabei vor allem die Wechselwirkungen und Verknüpftheit der Kinetik mit den Transportvorgängen zu zeigen. Auf die Art soll eine bessere Koordination und Synthese der verschiedenen Wissenszweige, die in diesem interdisziplinären Bereich wirksam sind, erreicht werden.

Als wichtige Eigenschaften formalkinetischer Modelle sind zu nennen:

1. Ein Modell stellt eine Vereinfachung der komplexen Struktur eines Prozesses auf einige als signifikant erachtete Prozeßäußerungen dar (Schlüsselvariablen).

2. Ein Modell ist für einen bestimmten Zweck vom Menschen „erfunden".

3. Ein Modell stellt einen „Brückenschlag" über die breite Kluft zwischen Mikro- und Makrogeschehen dar. Es ist gerade dann notwendig, wenn die wirkliche Struktur so komplex ist, daß diese einer exakten wissenschaftlichen Bearbeitung zu viele Hindernisse entgegenstellt!

4. Ein Modell muß daher erst „verifiziert" oder „identifiziert" werden, d. h. mit Experimenten verglichen und an diese angepaßt werden.

5. Ein Modell ist entsprechend des gewählten Zweckes und der getroffenen Annahmen bzw. Meßmethoden nur in einem abgegrenzten Bereich gültig. Ein Modell kann also nie „besser" als die experimentellen Daten sein.

6. Modelle können Experimente niemals ganz ersetzen. Modelle können aber beitragen, Zeit und Kosten für Experimente zu sparen, indem die Experimente mit Hilfe der Modelle sorgfältig geplant werden können.

7. Man sollte eingedenk sein, daß alle wissenschaftlichen Vorstellungen Modelle sind oder auf Modellen aufbauen.

Wozu werden Modelle gebraucht?

1. Zur Vorausberechnung des Umsatzes, der in verschiedenen Reaktoren bei verschiedenen Bedingungen und Operationsweisen zu erwarten ist.

2. Zur Vorausberechnung des Betriebsverhaltens bei Variation von Bedingungen und des Gültigkeitsbereiches und zur Feststellung, wie weit diese Gültigkeit extrapoliert werden kann.

3. Für Verallgemeinerungen auf andere Situationen im Rahmen der Gültigkeitsgrenzen.

4. Als mathematisch manipulierbare Formulierungen für Optimierungen.

5. Dasselbe für Computersimulierungen.

6. Zur Identifizierung von unbekannten und bisher vernachlässigten Prozeßvariablen und -parametern, die sich im Laufe der prozeßkinetischen Analyse als signifikant erweisen.

7. Zur Kontrolle, ob die Trennung der biologischen und physiologischen Phänomene voneinander wirklich effektiv erreicht wurde.

8. Als indirekter Beitrag, mögliche Reaktionsmechanismen klären zu helfen.

Modellbildung

Die mathematischen Ausdrücke in Gl. 2.21 stellten rein numerische Ansätze zur Wiedergabe der Kinetik dar. Die allgemeine Form eines mathematischen Modells zeigt Gl. 2.22a:

$$r = f(x, k). \tag{2.22a}$$

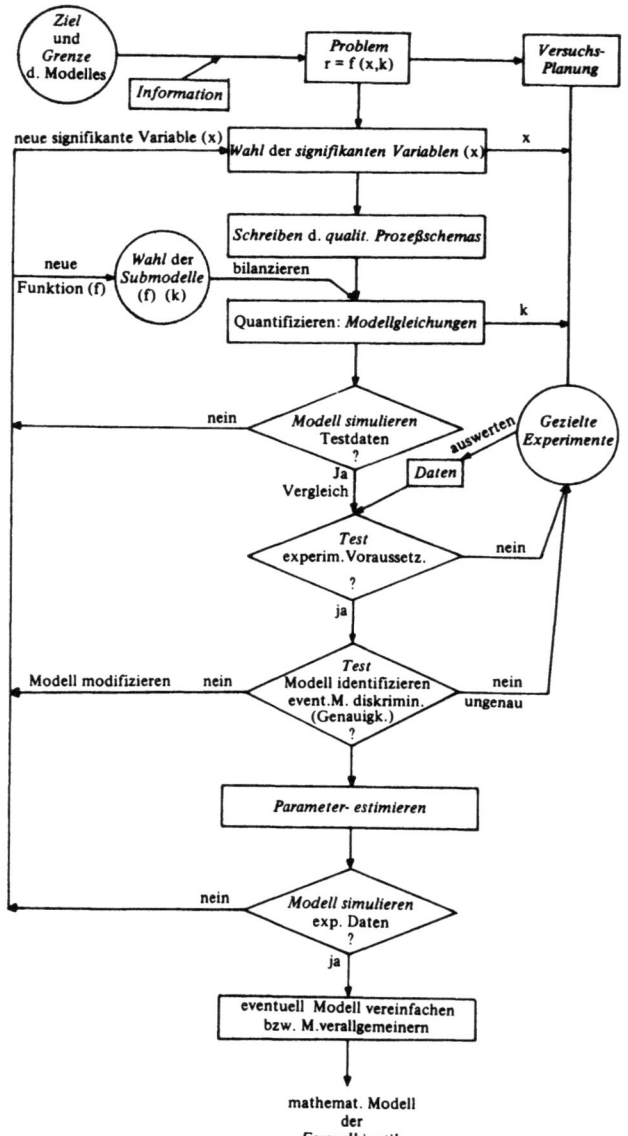

Abb. 2.12. Vorgangsweise der Bildung eines mathematischen Modelles der Formalkinetik von Bioprozessen. Erklärung der Begriffe s. Text (Moser, 1977c)

Darin wird auf Basis der signifikanten Prozeßvariablen x mit Hilfe einer auszuwählenden mathematischen Modellfunktion f, die Modellparameter k enthält, die Reaktionsgeschwindigkeit r erfaßt. In Übereinstimmung mit Theorie und Praxis kann die Abhängigkeit von der Temperatur T und Konzentration der Variablen (c_x) getrennt werden. Gl. 2.22a kann also wie folgt umgeschrieben werden

$$r = k(T) \cdot f(c_x). \tag{2.22b}$$

2.4 Mathematische Modelle 43

Diese allgemeine Formulierung ist auch die Startsituation für eine prozeßkinetische Analyse (vgl. Kapitel 4).

Eine Modellbildung wird sich also mit der Erstellung dieses Gleichungstyps beschäftigen. Die wichtigsten Arbeitsschritte dabei sind:
- Die Wahl der signifikanten Prozeßvariablen x
- Die Wahl geeigneter mathematischer Funktionen f für das Modell mit den Anpassungsparametern k
- Vergleich des ersten Modells mit Experimenten und fallweise Erweiterung bzw. Modifizierung der Modellfunktion.

Der vollständige Arbeitsfluß dieser Vorgangsweise ist in Abb. 2.12 dargestellt (Moser, 1977c). Als Startpunkt ist immer eine Idee vorhanden, die dem Ziel des Modells entspricht. Mittels einiger Grundinformationen aus der Literatur und/oder eigenen Vorversuchen kann dann, nicht ganz ohne Intuition freilich, das Problem erkannt und eine Hypothese mathematisch formuliert werden. Diese sogenannte deduktive Methode der wissenschaftlichen Arbeit nach Popper (1976) unterscheidet sich von der althergebrachten induktiven Methode nach Bacon dadurch, daß vor jeder experimentellen Arbeit eine Hypothese erstellt wird. Danach wird die sogenannte „Modellauswahl" vorgenommen, die zuerst die signifikanten Prozeßvariablen wählt und dann ein qualitatives Strukturdiagramm in Form eines vereinfachten Prozeßschemas erstellt. Weiters werden durch Wahl bestimmter „Submodelle" einzelne prozeßbestimmende Einflüsse quantifiziert. Auf diese Weise wird das Gesamtmodell zusammengefügt und die Modellgleichungen können formuliert werden.

Die nächste Arbeitsphase kann mit „Modelltesten" bzw. Verifizieren umschrieben werden. Diese beinhaltet eine mathematische Lösung des Gleichungssystems unter Verwendung von geschätzten Daten (Testdaten), um zu kontrollieren, ob das Modell prinzipiell geeignet scheint, das Prozeßgeschehen wiederzugeben. Danach kann der Vergleich mit den gezielt geplanten und durchgeführten Experimenten vollzogen werden, wobei meist mittels graphischer Linearisierungen bzw. nichtlinearer Regressionen die Modellidentifizierung erfolgen kann. Erst nach Kontrolle, ob das gewählte Modell die Linearisierung im gewünschten Genauigkeitsbereich erfüllt, kann die Bestimmung der Werte der Modellparameter vorgenommen werden (Parameterestimierung). Diese Kontrolle sollte z. B. nicht allein dem Computer überlassen bleiben, der mittels vorgegebener Kriterien blind vorgeht, sondern der Bearbeiter sollte mit kritischer Denkweise kontrollieren, ob die vorliegenden Abweichungen nicht irgend eine „logisch akzeptierbare" systematische Tendenz aufweisen. Dies wäre nämlich gleichzeitig der Hinweis auf einen bisher nicht erkannten Einfluß, der ins Modell aufgenommen werden sollte.

Um einen einwandfreien Vergleich mit den Experimenten machen zu können, müssen diese getestet werden, ob keine Transporteinflüsse wirksam sind (vgl. Kapitel 4.2). Abschließend kann mit Hilfe der ermittelten Parameterwerte eine Modellsimulierung wiederholt werden.

Als zusätzlicher Schritt kann, wenn gewünscht, eine Vereinfachung des Modells vorgenommen werden, wenn nur ein bestimmter Bereich von Interesse ist. Anderenfalls sollte der Gültigkeitsbereich mathematischer Modelle so breit wie möglich gestaltet werden. Um die Grenzen der Gültigkeit zu testen, kann eine Modellverallgemeinerung versucht werden. Es werden Experimente mit extremen Bedingungen zu planen und durchzuführen sein, die zeigen sollen, ob eine Extrapolation des Modells auf diese Bedingungen („to put the model in jeopardy") in Übereinstimmung ist. Da dieser Schritt sehr aufwendig ist, wird er meist unterlassen.

Die Wichtigkeit der Parameterestimierung, die mit der Modellidentifizierung eng verknüpft ist, wird, wie schon erwähnt, in ihrer Bedeutung noch von der Modellbildung übertroffen. Es sind 3 Gruppen von Fehlerquellen bei der Erstellung von Modellen denkbar (Moser, 1978c):

1. Nicht berücksichtigte Prozeßvariablen, z. B. nicht erkannter Einfluß von O_2, CO_2, Viskosität, T, pH.

2. Wahl unadäquater Submodelle zur Erfassung von kinetischen Phänomenen, z. B. nicht erkannter Einfluß von endogenem Stoffwechsel, Inhibitionen, homogenen statt heterogenen Modellansätzen, Multi-Substrat-Limitierungen.

3. Nicht erfüllte experimentelle Voraussetzungen hinsichtlich Transportvorgängen, z. B. Mischverhalten der Flüssig- und Gasphase, Abweichungen vom idealen Verweilzeitverteilungsverhalten, überkritische Flockengröße bzw. Filmdicke der Zellmasse, Trägheit der p_{O_2}-Elektrode usw.

Alle diese Fälle werden indirekt wenigstens offensichtlich, wenn eine *Modellidentifizierung* Schwierigkeiten bietet, d. h. keine Übereinstimmung mit den einfachen Modellen erreicht wird. Die Fehlersuche erfolgt meist intuitiv, wobei Beobachtungen während der Experimente und gute Protokollführung Hinweise darauf geben können, welcher Einfluß vielleicht vernachlässigt wurde. Die Modellbildung ist also zu wiederholen. Die iterative Natur dieser *„adaptiven" Modellbildung* ist von besonderer Wichtigkeit nicht nur für eine effektive Parameterbestimmung (Johnson und Berthouex, 1975a, b), sondern für die gesamte Denk- und Arbeitsweise mit mathematischen Modellen der Formalkinetik.

Es ist kaum zu erwarten, daß ein einziges Submodell zur Erfassung einer Einflußgröße allein genügt, um ein mathematisches Modell eines Bioprozesses zu erstellen. Es werden ja immer mehrere Einflüsse wirksam sein. Als Beispiel wird eine typische diskontinuierliche Fermentation genannt, wo nicht nur Stimulierung des Wachstums durch Substrate und spätere Limitierung erfolgt, sondern wo zu Beginn meist eine Lag-Zeit, oft S-Inhibition und später endogener Stoffwechsel und P-Inhibition wirksam ist. Das Gesamtmodell der Formalkinetik dieses Prozesses wird also Submodelle für alle diese Einflüsse beinhalten müssen.

Der Vorgang dieser experimentell aufwendigen und mühsamen Arbeitsweise ist in Abb. 2.13 als *Strategie der systematischen Prozeßentwicklung* verdeutlicht (Moser, 1978b). Die Arbeitsschritte sind: Hypothese – Planen – Experimente – Analyse, d. h. Auswertung der Experimente und Vergleich mit der Hypothese. Dieselbe Vorgangsweise muß getrennt für die Modellierung der Kinetik und der Transportvorgänge durchgemacht werden, um eine sinnvolle Analyse und sichere Synthese zu erzielen. Dieser Schritt der Synthese, der Rekombination, erfolgt mit Hilfe von Experimenten in der Pilot-Anlage durch Messen des Umsatzes und Vergleich mit der Vorhersage des Prozeßmodells.

Besondere Schwierigkeiten bei dieser Arbeitsweise entstehen durch Wechselwirkungen zwischen Kinetik und Transporten. Die Prozeßkinetik ist nicht nur eine einfache Kombination der mathematischen Modelle der prozeßbestimmen-

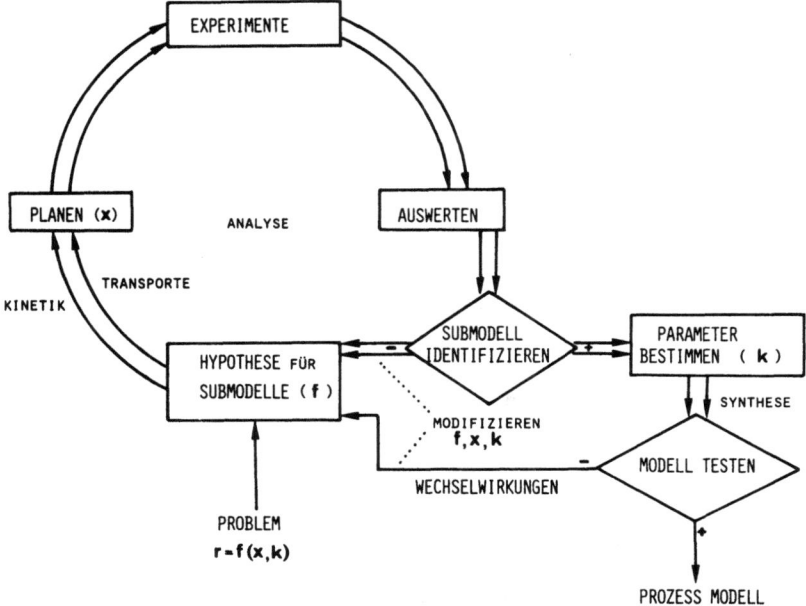

Abb. 2.13. Arbeitsstufen der adaptiven Modellbildung in Labor- und halbtechnischen Bioreaktoren für eine systematische Prozeßentwicklung (Moser, 1978b)

den Vorgänge der Kinetik und der Transportvorgänge, sondern eben in manchen Fällen auch eine Interaktion (z. B. Theorie des Stofftransportes mit gleichzeitiger Reaktion, vgl. Kapitel 4.4).

Statistische Methoden

Nach dieser Schilderung der „Philosophie" technologischer Untersuchungen zur Prozeßentwicklung, die von einer Hypothese über die Logik zur Mathematik und zum Modell führt, werden die statistischen Methoden dargestellt, die bei der Modellierung wertvolle Hilfen sind. Für ein tieferes Studium wird der Leser auf die Spezialliteratur verwiesen (z. B. Sachs, 1972). An dieser Stelle erfolgt nur eine verständliche, kurze Darstellung der gebräuchlichsten statistischen Prüfverfahren, die die Differenz z. B. zwischen Mittelwerten mit Hilfe statistisch gesicherter („signifikanter") Unterschiede testen. Zu diesen statistischen Testverfahren zählen

1. Der mittlere relative Fehler.
2. Die Methode des Minimums der Summe der Abweichungsquadrate (SAQ).
3. Der t-Test.
4. Der F-Test.
5. Die Varianzanalyse.

Die Korrelationstheorie bzw. Regressionsanalyse versucht, im Unterschied zu den bisher genannten Prüfverfahren, die Gesetzmäßigkeit und wechselseitige Abhängigkeit zweier (lineare Regression) oder mehrerer Variablen (multiple Regression) zu erforschen. Dabei wird die Güte der Übereinstimmung durch den sogenannten Korrelationskoeffizienten angegeben, der einen Test auf Basis der SAQ darstellt.

46 2 Die Bioprozeßtechnik und ihre Arbeitsprinzipien

Statistische Grundbegriffe und Berechnungsgleichungen
Mittelwert (arithmetisches Mittel): Wiederholte Messungen der Anzahl n liegen aufgrund zufälliger Experimentfehler meist eng um einen Mittelwert $\bar{x}$ gestreut. Der Mittelwert berechnet sich aus den einzelnen Meßwerten x_i mit

$$\bar{x} = \frac{1}{n} \sum_{i=1}^{n} n_i \cdot x_i. \tag{2.23}$$

Summe der Abweichungsquadrate (SAQ) = *Varianz* s^2: Ein Maß dafür, wie stark die Beobachtungen durchschnittlich von ihrem Mittelwert abweichen, sind die SAQ (= Varianz s^2)

Definition: $\quad s^2 = \dfrac{1}{n-1} \sum_{i=1}^{n} (x_i - \bar{x})^2 \tag{2.24a}$

Berechnung: $\quad s^2 = \dfrac{1}{n-1} \left[\sum_{i=1}^{n} n_i \cdot x_i^2 - \dfrac{(\sum_{i}^{n} n_i x_i)^2}{n} \right] \tag{2.24b}$

Standardabweichung (Streuung) s: Diese ist die positive Wurzel aus der Varianz

$$s = \sqrt{s^2} = \sqrt{\frac{\sum_{i}^{n} (x_i - \bar{x})^2}{n}}. \tag{2.25}$$

Die Standard-Fehlereinschätzung hat analoge Eigenschaften wie s, bezieht sich aber nicht auf den Mittelwert $\bar{x}$, sondern auf einen mit Hilfe einer Regression „geschätzten" Wert x_{sch} (vgl. Gl. 2.25).

Konfidenzintervall
Die Streuung eines Mittelwertes kann durch das sogenannte Konfidenzintervall (Vertrauensintervall) wiedergegeben werden, die Streuung der Einzelwerte durch das sogenannte Toleranzintervall. Es wird dabei der Bereich angegeben, in dem z. B. mit 95% Vertrauenswahrscheinlichkeit die Meßdaten liegen.
Der *mittlere, relative Fehler* (f_{rel}) dient als Streuungsmaß für den Fall, daß man nur wenige Meßpunkte vorliegen hat und deshalb kein statistisches Prüfverfahren anwendbar ist. Die Berechnung erfolgt nach

$$f_{rel} = 100 \, \frac{1}{n} \sum_{i=1}^{n} \frac{x_{ber} - x_{exp}}{x_{exp}}. \tag{2.26}$$

Die Güte der Übereinstimmung kann zwischen 0 und 100% liegen.

Methode des Minimums der SAQ
Diese Methode ist für Parameterestimierungen auch im Falle nicht-linearer Modelle anwendbar und ist grundsätzlich auch für alle später zu besprechenden Korrelations- und Regressionsanalysen brauchbar. Das Kriterium der besten Überein-

stimmung zwischen Experiment und Berechnung ist durch folgende Gleichung gegeben

$$\sum_{i=1}^{n} s_i^2 \approx \sum_{i=1}^{n} (x_{\exp,i} - x_{\text{ber},i})^2 \to \min. \tag{2.27}$$

Der *t-Test* vergleicht Mittelwerte und stellt mittels Gl. 2.28 fest, ob eine Differenz signifikant ist („Signifikanztest"):

$$t = \frac{\bar{x}_1 - \bar{x}_2}{\sqrt{s_1^2 + s_2^2}} . \tag{2.28}$$

Die Differenz aus den Mittelwerten $\bar{x}_1$ und $\bar{x}_2$ wird mit der einzelnen Standardabweichung innerhalb der Versuchsdaten der 2 Meßserien verglichen. Im Fall, der

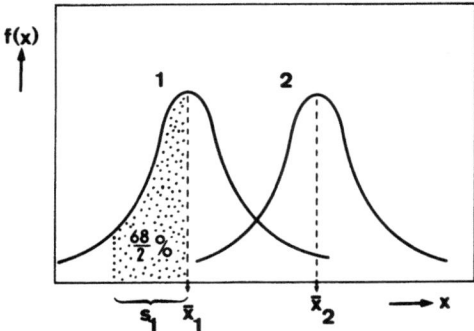

Abb. 2.14. Häufigkeitsverteilung von zwei Serien von Meßpunkten um die Mittelwerte $\bar{x}_i$ mit Angabe der Streuungsbreite s

in Abb. 2.14 skizziert ist, wird der Unterschied als signifikant zu bezeichnen sein, da er größer als die zufällige Streuung ist.

Der *F*-Test dagegen vergleicht Varianzen z. B. aus 2 Meßserien mit n_1 und n_2 Meßdaten, die jeweils normalverteilt seien. Ist $s_{\text{ber/exp}}$ die Streuung der errechneten Werte im Vergleich zu den experimentellen Werten und $s_{\exp}$ die Streuung der Meßpunkte, so errechnet sich der *F*-Wert nach

$$F = \frac{s_{\text{ber/exp}}^2}{s_{\exp}^2} . \tag{2.29}$$

In all diesen Fällen muß $s_{\text{ber/exp}}^2 > s_{\exp}^2$ sein. Der *F*-Test stellt also mit Hilfe der SAQ die Abweichung der experimentellen Werte vom Modell im Verhältnis zur Streuung der experimentellen Werte untereinander dar. Als Voraussetzung für einen *F*-Test muß demnach also $s_{\exp}^2$ bekannt, d. h. eine große Zahl von Versuchen durchgeführt sein.

Die Prüfung auf einen signifikanten Unterschied kann man mit diesem *F*-Test durchführen. Man prüft dadurch, ob das Verhältnis *F* einen bestimmten Wert überschreitet oder nicht. Dieser bestimmte Schwellenwert findet sich tabelliert in Lehr- und Tabellenwerken der Statistik und ist von der Anzahl der Versuche abhängig. Überschreitet der so berechnete *F*-Wert den tabellierten Wert für zu-

48 2 Die Bioprozeßtechnik und ihre Arbeitsprinzipien

fällige Versuchsfehler, so ist die Differenz signifikant und gilt als Hinweis, daß eine Einflußgröße wirksam ist.

Beim Vergleich von mehreren Modellen untereinander (*Modelldiskriminierung*) ist das „beste" also gefunden, wenn ein minimaler F-Wert vorliegt.

Bei allen bisherigen Testverfahren wurde die Differenz zwischen 2 Mittelwerten bzw. Meßserien nur durch einen einzigen Faktor hervorgerufen. Die gleichzeitige Abhängigkeit von zwei unabhängigen Variablen kann mit Hilfe der sogenannten *Varianzanalyse* (2-Weg-Analyse) geklärt werden. Durch diese wird die Gesamtvarianz eines Versuchs in Einzelvarianzen zerlegt.

Regressionsanalyse

Am häufigsten, aber nicht ausschließlich, wird mit linearen Regressionen gearbeitet. Linearisierungen werden in der Kinetik oft verwendet (vgl. Kapitel 5). So wird z. B. die an und für sich nicht-lineare Gleichung der Enzymkinetik (vgl. Gl. 2.17), die als Analogie auch für die Beschreibung mikrobiellen Wachstums herangezogen wird (Monod-Gleichung mit μ_{max} und K_S), in eine lineare

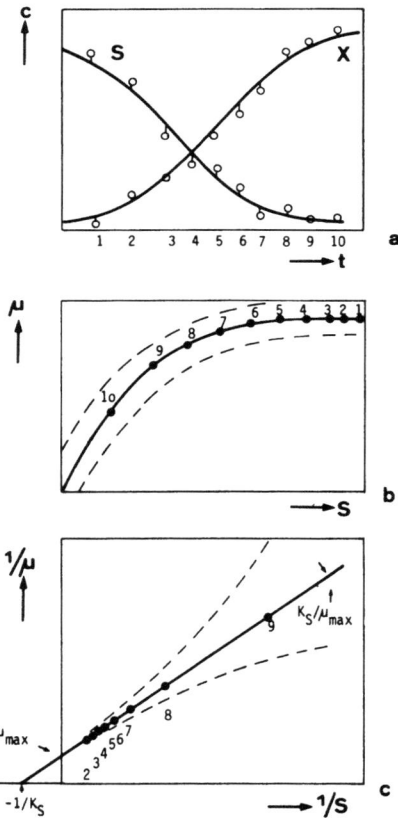

Abb. 2.15. Wachstums- und Substratverbrauchs/Zeitläufe in diskontinuierlichem Prozeß mit Meßpunkten *1–10* (a) unter Angabe des 95% Konfidenzintervalles (5% Fehler) und die Auswirkungen auf die Auswertung in einem Monod-Diagramm (b) sowie in einer doppelt reziproken Darstellung von Lineweaver-Burk (1934) in (c)

Form transformiert, um die Parameter leicht ablesen zu können. Der Vorgang ist in Abb. 2.15 detailliert angeführt. Während des Prozesses werden zu verschiedenen Zeiten (vgl. Punkte 1–10 in Bild a) die Werte für Substrat S und Zellmasse X abgelesen. Die Berechnung der spezifischen Wachstumsgeschwindigkeit wird mit Hilfe der Gl. 2.4a vorgenommen werden können, so daß die kinetische Modellfunktion, nämlich $\mu = \mu(S)$, in Bild b) gezeichnet werden kann. Die Linearisierung ist in Bild c) gezeigt. Es handelt sich um eine doppelt-reziproke Form in der Art nach Lineweaver und Burk in Analogie zur Enzymkinetik. Bevor jedoch die transformierte Gleichung an Meßdaten angepaßt wird, ist zu überlegen, ob die Transformierung nicht auch zu einer Verzerrung der Fehlergrenzen führt. In Abb. 2.15b wird ein zufälliger Fehler von $\mu \pm 0,05$ als strichlierte Linien eingezeichnet (Topiwala, 1972). Dieser 95%-Konfidenzbereich erhält in der transformierten, linearisierenden Auftragung eine starke Verzerrung (vgl. Bild c). Im Bereich kleiner S-Konzentrationen wird der Fehlerbereich gespreizt, so daß die Legung einer Geraden durch die Meßpunkte in diesem Bereich sehr fehlerbehaftet ist. Gleichzeitig erkennt man, daß die Mehrzahl der Meßpunkte bei dieser doppelt-reziproken Auftragung sich in einen engen Bereich zusammendrängt und die Geradenlegung wiederum unsicher gestaltet. Um die „beste" Gerade zu bestimmen, kommt den Versuchspunkten bei niederen Konzentrationen große Wichtigkeit zu.

Die Anwendung der linearen Regression wird nun am Beispiel der Auswertung der Parameter μ_{max} und K_S der Monod-Kinetik demonstriert. Die linearisierte Form der Gl. 2.17, entsprechend Abb. 2.15c, lautet

$$\frac{1}{\mu} = \frac{K_S}{\mu_{max}} \cdot \frac{1}{S} + \frac{1}{\mu_{max}} \tag{2.30}$$

und hat die allgemeine Form einer Geraden

$$y = kx + d, \tag{2.31}$$

wobei y die Ordinate $(1/\mu)$, x die Abszisse $(1/S)$, k die Steigung (K_S/μ_{max}) und d den Achsenabschnitt $1/\mu_{max}$ darstellt (vgl. Abb. 2.15c).

Ist s_i die vertikale Abweichung der einzelnen Meßpunkte i von der Geraden $s_i = y_i - k x_i - d$ (Abb. 2.16), so ist die SAQ gegeben durch $\sum\limits_i s_i^2$.

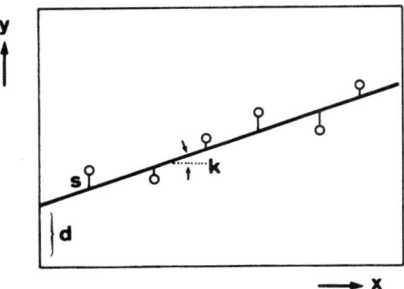

Abb. 2.16. Einfache lineare Regression am Beispiel einer Geraden $y = kx + d$ mit Angabe der Abweichungen s_i der experimentellen Punkte von der Modellgleichung zur Ermittlung der Parameter k und d

50   2 Die Bioprozeßtechnik und ihre Arbeitsprinzipien

Verwendet man das Kriterium des Minimums der SAQ als Gütemaß für die Geradenlegung, so muß zur Minimisierung der SAQ gelten

$$\left(\frac{d\,\mathrm{SAQ}}{dk}\right)_d = 0 \quad \text{und} \quad \left(\frac{d\,\mathrm{SAQ}}{dd}\right)_k = 0, \tag{2.32}$$

d. h. die Ableitung der SAQ nach k bei konstantem d und umgekehrt muß null werden.

Die Gleichungen können gelöst werden, um die Werte für k und d zu ermitteln

$$k = \frac{n\,\Sigma\,x_i \cdot y_i - \Sigma\,x_i\,\Sigma\,y_i}{n\,\Sigma\,x_i^2 - (\Sigma\,y_i)^2} \tag{2.33a}$$

$$d = \frac{\Sigma\,x_i^2\,\Sigma\,y_i - \Sigma\,x_i\,y_i\,\Sigma\,x_i}{n\,\Sigma\,x_i^2 - (\Sigma\,x_i)^2} = \frac{\Sigma\,y_i}{n} - k\,\frac{\Sigma\,x_i}{n}. \tag{2.33b}$$

Eine händische Berechnung von k und d kann heutzutage durch Verwendung von Minicomputern ersetzt werden, die ein entsprechendes Rechenprogramm beinhalten.

Im Falle der für die Gl. 2.17 vorteilhaften Linearisierung in Form einer Eadie-Hofstee-Darstellung, die keine derartige Verzerrung der Fehlergrenzen wie die dargestellte doppelt-reziproke aufweist (vgl. Abb. 4.14), wird die Gl. 2.17 in die einfach-reziproke Form der Gl. 2.34 überführt

$$\frac{\mu}{S} = \frac{\mu_{\max}}{K_S} - \frac{1}{K_S} \cdot \mu. \tag{2.34}$$

Die Methode der kleinsten Fehlerquadrate führt zu folgenden Bestimmungsgleichungen für $\mu_{\max}$ und K_S

$$\mu_{\max} = \frac{\Sigma\,\mu^2 \cdot \Sigma\,(\mu/S) - \Sigma\,\mu \cdot \Sigma\,(\mu^2/S)}{n\,\Sigma\,(\mu^2/S) - \Sigma\,\mu\,\Sigma\,(\mu/S)} \tag{2.35a}$$

und

$$K_S = \frac{n\,\Sigma\,\mu^2 - (\Sigma\,\mu)^2}{n\,\Sigma\,(\mu^2/S) - \Sigma\,\mu \cdot \Sigma\,(\mu/S)}. \tag{2.35b}$$

Als *Regressionskoeffizient* wird oft k (bzw. auch d) bezeichnet (vgl. Gl. 2.33). Der *Korrelationskoeffizient* r, der als Maß für die Güte der Übereinstimmung bei Korrelationen wie z. B. der Regression verwendet wird, ist nach Gl. 2.36a definiert

$$r = \pm\,\sqrt{\frac{\Sigma\,(x_{\mathrm{sch}} - \bar{x})^2}{\Sigma\,(x_i - \bar{x})^2}} \tag{2.36a}$$

und kann im einfachsten Fall der linearen Regression nach Gl. 2.36b berechnet werden:

$$r = \pm\,\sqrt{\frac{\left[\Sigma\,x_i y_i - \dfrac{\Sigma\,x_i\,\Sigma\,y_i}{n}\right]^2}{\left[\Sigma\,x_i^2 - \dfrac{(\Sigma\,x_i)^2}{n}\right]\left[\Sigma\,y_i^2 - \dfrac{(\Sigma\,y_i)^2}{n}\right]}} \tag{2.36b}$$

Das Vorzeichen richtet sich nach der Neigung der Regressionsgeraden. Der Korrelationskoeffizient hat keine Dimension und die beste Übereinstimmung wird durch einen Wert von $r = \pm 1$ angezeigt.

Abschließend wird noch kurz die *„kombinierte Analyse" (multi-response-analysis)* als Methode angeführt. Diese erreicht durch gleichzeitiges „Fitten" von 2 unabhängigen Parametern wie z. B. μ_{max} und K_S einen extrem kleinen Konfidenzbereich im Vergleich zur einzelnen, getrennt durchgeführten Parameterestimierung (Johnson und Berthouex, 1975b).

Als Kriterium für derartige simultane Bestimmungen dient wiederum die Methode der kleinsten SAQ, und zwar in der modifizierten Form der „kombinierten SAQ" der Zellmassekonzentration X und Substratkonzentration S. In Abb. 2.15a ist diese kombinierte Analyse mit seinem Grundprinzip am Beispiel von Konzentrationskurven einer diskontinuierlichen Fermentation skizziert. Die kombinierte SAQ errechnet sich demnach mittels Gl. 2.37:

$$\sum_{i=1}^{n} [(X_{exp,i} - X_{ber,i})^2 + (S_{exp,i} - S_{ber,i})^2] \to \min. \qquad (2.37)$$

Diese genauen Methoden der Parameterestimierung sind meist ein Teil einer Versuchsplanung mit statistischen Hilfsmitteln. Die Vorgangsweise dieser Versuchsplanung ist in der Literatur gut beschrieben (Hill et al., 1968; Hunter et al., 1965; Box et al., 1965; Hofmann, 1975).

Literatur

Aiba, S., Humphrey, A. E., Millis, N. F. (1973): In: Biochemical Engineering, S. 222. New York: Academic Press.
Boyle, W. C., Berthouex, P. M. (1974): Biotechnol. Bioeng. *16*, 1139.
Box, G. E. P., Hunter, W. G. (1965): Technometrics *7*, 23.
Calam, C. T., Ellis, S. H., McCann, M. J. (1971): J. Appl. Chem. Biotechnol. *21*, 181.
Cooney, Ch. L., Wang, H. Y., Wang, D. I. C. (1977): Biotechnol. Bioeng. *19*, 55.
Dostalek, M., Häggström, L., Molin, N., Terui, G. (1972): In: Ferm. Technol. Today, S. 497. Osaka, Japan.
Geyson, H. M., Gray, P. (1972): Biotechnol. Bioeng. *14*, 857.
Grm, B., Mele, M., Kremser, M. (1980): Biotechnol. Bioeng. *22*, 255.
Häggström, L. (1977): Appl. Environ. Microbiol. *33*, 555.
Hill, W. K., Hunter, W. G., Wichern, D. W. (1968): Technometrics *10*, 145.
Hockenhull, D. J. M. (1971): In: Progr. Ind. Microb. *9*, 133.
– (1975): In: Appl. Microbiol. *19*, 187.
Hofmann, H. (1975): Chimia *29*, 159.
Humphrey, A. E. (1977): Chem. Engng. Progress, Mai, 85.
Hunter, W. G. (1967): Ind. Eng. Chem. Fundam. *6*, 461.
Johnson, D. B., Berthouex, P. M. (1975a): Biotechnol. Bioeng. *17*, 557.
– (1975b): Biotechnol. Bioeng. *17*, 571.
Knowles, G., Downing, A. L., Barrett, M. J. (1965): J. Gen. Microb. *38*, 263.
Kobayashi, T. (1972): Group Training Course, Osaka University, Osaka.
Kuhn, H., Friedrich, U., Fiechter, A. (1979): Europ. J. Appl. Microbiol. Biotechnol. *6*, 341.
Mateles, R., Battat, E. (1974): Appl. Microbiol. *105*, 51.

Metz, H. (1971): Chem. Ing. Techn. *43*, 60.
Moser, A., Lafferty, R. M. (1976b): 5th Int. Ferm. Symp. Berlin.
— (1977a): Habilitationsschrift, T. U. Graz.
— (1977b): Chem. Ing. Techn. *49*, 612.
— (1977c): Chimia *31*, 32.
— (1978b): 1st Europ. Congress on Biotechnology, Interlaken, Schweiz, Part I, S. 88.
— (1978c): Gas-Wasserfach, Wasser/Abwasser *119*, 242.
Moreira, A. R., van Dedem, G., Moo-Young, M. (1979): Biotechnol. Bioeng. Symp. *9*, 179.
Ovaskainen, P., Lundell, R., Laiho, P. (1976): Proc. Bioch. *10*, Mai, 37.
Pickett, A. M., Topiwala, H. H., Bazin, M. J. (1979): Proc. Bioch. *13*, November, 10.
Pirt, S. J. (1974): Principles of Microbial and Cell Cultivation. Oxford: Blackwell Sci. Publ.
Popper, K. R. (1976): Logik der Forschung, 6. Aufl. Mohr Studienausgabe.
Reuß, M. (1977): In: Fortschritte der Verfahrenstechnik *15*F, 549.
— et al. (1980): 6th Internat. Ferm. Symp., London/Ontario, Canada.
Richards, J. W. (1968a): Proc. Bioch. *3*, Mai, 28.
— (1968b): Proc. Bioch. *3*, Juni, 56.
Roels, J. A., Kossen, N. W. F. (1978): In: Progr. Ind. Microb. *14* (Bull, M. J., ed.), S. 95. Amsterdam: Elsevier.
Sachs, L. (1972): Statistische Methoden. Berlin-Heidelberg-New York: Springer.
Swartz, R. W. (1979): In: Ann. Rep. Ferm. Processes *3*, 75.
Topiwala, H. H. (1973): In: Methods of Microbiology (Norris, J. R., Ribbons, D. W., eds.), *8*, S. 35. London-New York: Academic Press.
Tsuchiya, H. M., Fredrickson, A. G., Aris, R. (1966): In: Adv. Chem. Engng. *6*, 125.
Tsuchiya, Y., Nishio, N., Nagai, S. (1980): Europ. J. Appl. Microbiol. Biotechn. *9*, 211.
Wingard, L. (ed.) (1972): Enzyme Engineering. Biotechnol. Bioeng. Symp. *3*.
— Katchalski-Katzir, E., Goldstein, E. (eds.) (1976): Immobilized Enzyme Principles. New York: Academic Press.
Zaborsky, O. (1973 : Immobilized Enzymes. Cleveland, Ohio: CRS Press.

3 Bioreaktoren

3.1 Überblick: Industrielle Reaktoren

Bioreaktoren im allgemeinen dienen zur „Zähmung" der Biosysteme im technischen Maßstab in den verschiedenen Gebieten (vgl. Abb. 1.1) und sollen für die Bedürfnisse der Bioprozesse optimale Bedingungen schaffen (vgl. Abb. 2.4).

In der enormen Vielzahl der industriellen Verfahren (Rehm, 1980) finden sich auch die verschiedensten Konstruktionen von Reaktoren. Einige überblicksmäßige Zusammenstellungen und eine Vielzahl von detaillierten Besprechungen sind in der Literatur und auch in ziemlich allen Symposia über Biotechnologie zu finden (Atkinson, 1974; Atkinson und Kossen, 1978; Fiechter, 1978; Ghose und Mukhopadhyay, 1979; Reuß und Wagner, 1972; Schügerl, 1979; Sittig, 1977; Sittig und Heine, 1977; Rehm, 1980). An dieser Stelle erfolgt eine Aufzählung der wichtigsten Typen.

Mikrobiologische Reaktoren (Fermenter und Abwasseranlagen)

Die enorme Anzahl unterschiedlichster Bauarten in der Fermentations-, Lebensmittel-, Abwasser- und Abfalltechnologie lassen sich nach praktischen Gesichtspunkten und äußeren Kennzeichen wie z. B. Einsatzgebiet in verschiedenen Technologien, Rühr- und Belüftungssystem, Phasenzustand des Hauptsubstrates, besondere Eigenheiten u.a.m. einigermaßen übersichtlich darstellen. Nachdem hier nur eine knappe Übersicht über die Reaktorbauarten gegeben wird, werden die Unterschiede der mikrobiologischen Reaktoren bei der Durchführung von Fermentationen in den verschiedenen Technologien (Fermentations-, Lebensmittel-, Abwasser- und Abfalltechnologie) nicht herausgearbeitet.

Die Grundtypen von verschiedenen Systemen zur Belüftung, nach denen die Aufzählung vorgenommen wird, sind:
 1. Submerse Blasenbelüfter
 2. Oberflächenbelüfter
 3. Filmreaktoren.

Von den Bauten einfachster Reaktionsbehälter ohne ausgeprägte bewegliche Rühr- und Belüftungssysteme ist der einfache Bottich oder Kessel für die Durchführung anaerober Flüssiggärungen z. B. in der Bierbrauerei geeignet. Behälter mit variierten Formen (eiförmig, zylindrisch mit kegeligem Ober- und Unterteil) sind strömungsmäßig günstiger und finden zusammen mit horizontalen, geneigten Gärbehältern bzw. Gärkanälen mit zusätzlich schwimmenden Abdeckungen Einsatz für die Gewinnung von Biogas (CH_4) in landwirtschaftlichen Anlagen oder auch in kommunalen Klärschlammanlagen in großem Maßstab.

Kleinanlagen sind technisch nicht sehr aufwendig aus glasfaserverstärktem Polyesterharz, Beton oder Stahl gebaut. Eine Variante ist z. B. ein Faulturm mit Gasbehälter (Baader et al., 1978). In dieser Gruppe könnte man noch eine rotierende horizontale Trommel nennen, die für die Fest-Substrat-Fermentationen (tierischer Abfallverwertung, Getreidekörner-Fermentation zur Antibiotika-Produktion) geeignet ist und in der Art eines Zementmischers wirkt (Hesseltine, 1977a, b). Ähnliche Bauarten werden z. B. bei der Yoghurt-Produktion eingesetzt (Driessen et al., 1977).

Diese primitiven Bauarten wurden für anspruchsvollere Prozesse technisch weiterentwickelt und mit mechanischen Rührwerken und/oder Vorrichtungen zur Zwangsbelüftung ausgestattet („*Submers-Systeme*"). Der belüftete Rührkessel kann als Standardreaktor bezeichnet werden, der mit verschiedenen Rührwerken ausgerüstet (Zlokarnik, 1972) allgemein verwendbar ist. Durch den Einbau von Leitblechen wird eine zusätzliche Umwälzung der Flüssigkeit bewirkt. Echte Umwurfsysteme erreichen eine feine Zerteilung der Flüssigkeit durch das Durchpressen durch Lochplatten und wurden für die Kohlenwasserstofffermentation zur Erzeugung von Öl/Wasser-Emulsionen entwickelt. Eine neue Entwicklung ist der sogenannte Total-gefüllte-Bioreaktor (Karrer, 1978; Puhar et al., 1978).

Mehrfach-Rührwerke dienen vorteilhaft zur Mischung höherviskoser Medien wie z. B. Myzelfermentationen (Antibiotikaproduktion). Kolonnenbauarten mit Mehrfachrührwerken und Siebbodenplatten sind „hochgezüchtete" Reaktoren, die energieaufwendig sind und nur bei Spezialproblemen (z. B. Öl/Wasser-Emulsionen) gerechtfertigt sind. Die Rührkesselkaskade wird naturgemäß nur in der kontinuierlichen Prozeßführung verwendet und ist reaktionstechnisch als Ersatz für echte Rohrreaktoren (mindestens 5 Rührkessel in Serie) anzusehen. Der sogenannte Schaufelradreaktor ist ein horizontal gelagerter Behälter mit guter Belüftungswirksamkeit, aber begrenzter Baugröße (Zlokarnik, 1975). Die Systeme mit selbstansaugendem Belüfter kommen durch die Verwendung von Luft mit niedrigem Vordruck auf günstige Energieverbrauchszahlen, sind aber auf niedrigviskose Medien beschränkt. Eine Neuentwicklung stellt das submerse Turmsystem mit Injektorbelüftung („Turmbiologie", Leistner et al., 1979) dar, auch Bio-Hoch-Reaktor genannt, bei dem durch lange Steigwege der Gasblasen ein hoher O_2-Ausnutzungsgrad erzielt wird. Ein im Vergleich dazu schon lange in der Abwasserreinigung verwendetes System ist das Längsbecken, das auf verschiedene Arten belüftet werden kann. Als neuartiges System ist noch der „Belüftete Rohrreaktor" (Moser, 1973b; Moser, 1977) erwähnenswert, der als abgeschlossenes Röhrensystem vorteilhaft z. B. zur Abwasserreinigung herangezogen wird und in hohem Maße Pfropfenströmungscharakter aufweist.

In nahem Verhältnis zu den Submerssystemen stehen die Systeme mit *Oberflächenbelüftung*, die mit vielen Varianten von Bürsten- und Kreiselbelüftern bzw. auch Flüssigkeitsstrahlen z. B. in der biologischen Abwasserreinigung eingesetzt werden. Im Unterschied zu den *mechanischen* Systemen können Reaktoren auch *pneumatisch* belüftet und gemischt werden, oder es sorgt eine Pumpe auf *hydrodynamische* Art für Mischung und Belüftung.

Viel Interesse wird der Blasensäule mit ihren zahlreichen Bauvarianten entgegengebracht, da sie keine beweglichen Teile enthält und energieverbrauchsarm ist (Deckwer, 1977; Schügerl et al., 1977, 1978). Der Air-lift-Fermenter ist im Prinzip ebenso eine Blasensäule, die jedoch durch Anbringung von Leitblechen eine Umwälzung der Flüssigkeit bewirkt (Wang und Humphrey, 1969). Dieselbe Wirkung der Gegenstrom-Blasensäule wird auch im sogenannten „WB-Submers-Reaktor" (Waagner-Biro AG, Wien) durch eine Flüssigkeitspumpe erreicht (Katinger, 1978). Der sogenannte „pressure-cycle-fermenter" der Firma ICI (Cow et al., 1975) bzw. der „deep-shaft-reactor" (Hines et al., 1975) stellen den Typ von Reaktoren dar, bei dem durch die aufsteigenden Gasblasen die Flüssigkeit in Zirkulation gebracht wird. Sie weisen damit das Kennzeichen von Schlaufenreaktoren auf, von denen eine Vielzahl von Abarten mit externem oder internem Kreislauf meist mit Düsen als Belüftungssystem existieren (Blenke, 1979; Ziegler et al., 1977; Läderach et al., 1978; Dawson, 1974). Eine weitere Spezialkonstruktion stellt der sogenannte Tauchstrahl-Reaktor, der von der Firma Vogelbusch/Wien in Zusammenarbeit mit dem Ingenieurzentrum Böhlen/DDR entwickelt wurde und mit einer 2-Phasen-Pumpe arbeitet, die ein schaumähnliches G/L-Gemisch und damit intensivsten Stoffaustausch aufrechterhält (Schreier, 1975).

Fast alle diese Reaktoren wurden oder werden zur Durchführung von Fermentationen in dis- und kontinuierlicher Fahrweise besonders zur Produktion von Biomasse (Futterhefen aus Melasse, Methanol usw.) oder zur biologischen Abwasserreinigung herangezogen, wobei die Entwicklung nicht in allen Fällen abgeschlossen ist.

Ein letzter Typ von Bioreaktoren nach dem praktischen Gesichtspunkt sind die *Reaktoren mit dünnen Schichten bzw. Filmen.* Hier wird die Flüssigkeit und/oder Festphase in dünnen Schichten erzeugt, wodurch wiederum der Stoffaustausch begünstigt wird. Die Unterteilung erfolgt nach Flocken- und Filmbioreaktoren, wobei sich die Bauarten des Dünnschicht-, gerührten Rohr-, horizontal rotary-fermenters bzw. Adhäsivfermenters als auch Arten wie Biodisk, Tropfkörper, Gärtassen und Wirbelschichtreaktoren einordnen lassen (Moser, 1977b). Von diesen Bauarten befinden sich die meisten noch in der wissenschaftlichen Ausarbeitung im Labormaßstab. Gärtassen werden seit langem schon für die Gewebekulturen verwendet, der Tropfkörper für die Essigsäureherstellung und ebenso wie der Biodisk in der biologischen Abwasserreinigung. Für Gewebekulturen, die allgemein sehr empfindlich gegenüber Scherkräften sind, bieten sich Blasensäulen und Air-lift-Typen an (Katinger et al., 1979). Abschließend sind noch photobiologische Reaktoren zu erwähnen, die die hohe Aktivität von Algen zur Photosynthese nützen (Märkl und Vortmeyer, 1973; Pirt, 1980).

Enzymreaktoren

Die die Umsetzung bewirkenden Biokatalysatoren können in „löslicher", d. h. dispergierter oder *„trägergebundener"* Form eingesetzt werden. Dazu ist natürlich die Herstellung der Enzyme durch mikrobielle Wachstumsprozesse nötig. Durch den Reinigungsvorgang und den Aktivitätsverlust der Enzyme sind diese Verfahren zur Zeit noch spärlich eingeführt, auch wenn die Trägerfixierung vielversprechende Aspekte hinsichtlich Aktivitätsverlust und Wiedergewinnung aufzeigt (Pitcher, 1978). Technische Verfahren arbeiten demnach vorherrschend mit trägergebundenen Enzymen oder auch trägerfixierten Zellen.

Gängige Bauarten des Labor- und technischen Maßstabes sind besonders Füllkörperkolonnen, Wirbelschicht-Reaktoren sowie Membran-Reaktoren (Ultrafiltrations-Reaktoren, Hohlfasermembran-Reaktoren, Rohrreaktor mit aufgerollter Katalysatormembran), die fast alle Rohrströmungscharakter aufweisen. Daneben haben natürlich Rührkessel in dis- und kontinuierlichem Betrieb und auch Multi-stage-Systeme ihren Platz. Auch Kreislaufreaktoren werden angewendet. Der sogenannte „spinning-basket-reactor" ist eine Analogie zur Chemie-Reaktoren, wo Katalysatoren direkt am Rührwerk fixiert werden (Carberry, 1964). Enzymreaktoren werden zur Zeit großtechnisch z. B. für die Produktion von Aminosäuren (Trennen der d- von der l-Form, Chibata et al., 1972) eingesetzt und werden in Zukunft sicher eine größere Rolle spielen (Nelböck und Wandrey, 1978; Wang et al., 1979).

Abschließend werden die Probleme des Arbeitens mit trägergebundenen Enzymen bzw. Zellen den sogenannten Flocken-Bioreaktoren in Tab. 3.1 gegenübergestellt.

Tabelle 3.1. *Film-Bioreaktoren bzw. Reaktoren mit trägergebundenen Zellen oder Enzymen im Vergleich zu Flocken-Bioreaktoren*

Vergleichskriterium	Flocken-Bioreaktoren	Bioreaktoren mit mikrobiellen Filmen bzw. trägergebundenen Zellen	Enzymreaktoren (trägergebundene)
Operationsweise	diskontinuierlich und kontinuierlich Auswaschen!	kontinuierlich kein Auswaschen	kontinuierlich kein Auswaschen
Produktaufarbeitung	aufwendig	nicht aufwendig, da keine Zellseparation	leichte Separation (Membrantechniken)
Prozeßkontrolle	vielfach	einfacher	einfacher
Kinetik	homogen und heterogen	heterogen pseudohomogen	heterogen
Transportprobleme	OTR (k_{L1}) Mischen	k_{L2} S_STR	S_STR
Kontrolle von d_{krit}	schwer Größenverteilung!	schwer bei unkontrollierter Filmdicke	leicht konstante Größe

Durch die gegebenen Vorteile der „heterogenen" Systeme in trägergebundener Form besteht großes Interesse an industriellem Einsatz z. B. für die Alkoholproduktion mit trägergebundenen Zellen und z. B. für die Verwendung von trägergebundenen Enzymen in Wirbelschichtreaktoren (Coughlin et al., 1975).

Sterilisatoren

Werden in den bisher behandelten Reaktoren (Fermenter und Enzymreaktoren) Umsetzungen unter Zuhilfenahme des biologischen Materials durchgeführt, so dienen die hier kurz erläuterten Reaktoren zur Abtötung von biologischem Material im allgemeinen. Vielfach sind derartige „Sterilisatoren" auch nötig, um sterile Nährmedien, frei von Infektionen, herzustellen, die dann zur Durchführung der Bioprozesse mit Hilfe gezielt angezüchteter Organismenkulturen (Inocolum) dienen.

Die verschiedenen Bauarten von Sterilisatoren werden dis- oder kontinuierlich betrieben. Technische Verfahren arbeiten meist aus wirtschaftlichen Gründen mit Hitze, d. h. Wasserdampf, jedoch existieren auch chemische und physikalische Verfahren (Aiba et al., 1976; Richards, 1968).

Die Rührkesselverfahren unterscheiden sich untereinander durch die Art der Wärmeübertragung, sind jedoch für den kontinuierlichen Betrieb den Rohr-Sterilisatoren weit unterlegen, da die Kinetik des Sterilisationsvorganges formal nach erster Ordnung abläuft (vgl. Kapitel 5). Kontinuierliche Sterilisatoren finden z. B. schon lange in der Lebensmitteltechnologie (z. B. Milch) Anwendung.

3.2 Systematisierung der Bioreaktoren

Auch wenn die zur Aufzählung der verschiedenen Reaktortypen herangezogenen Gesichtspunkte eine gewisse übersichtliche Einteilung treffen halfen, so sind diese für eine prozeßtechnische Systematisierung wenig geeignet. Eine solche kann besser mit Hilfe folgender Kriterien vorgenommen werden:

1. Geometrie, d. h. Verteilungsart der katalytischen Masse im Reaktorvolumen: *„Flocken-Bioreaktoren"* oder *„Film-Bioreaktoren"*. Im Zusammenhang steht die Frage, ob die Reaktoren als *„homogene"* oder *„heterogene"* Systeme zu betrachten sind.

2. Operationsweise des Reaktors: d. h. diskontinuierliche, vollkontinuierliche, semikontinuierliche bzw. semi-diskontinuierliche Prozeßführung

3. „Mischungszustand" des Reaktors, d. h. Reaktoren mit gleichverteilten (*„lumped parameters"*) oder ungleichmäßig verteilten Eigenschaften (*„distributed parameters"*). Im Zusammenhang damit steht die Frage, ob die Reaktoren als maximal gemischt (maximum mixedness, mm) oder total segregiert (total segregated, ts), d. h. als ideale Rührkessel (idRK) oder ideale Rohrströmungsreaktoren (idRR) zu betrachten sind.

Homogene bzw. heterogene Systeme

In Abb. 3.1 sind die grundsätzlichen Situationen, die bei Bioprozessen auftreten können, schematisch dargestellt und mit Beispielen belegt (Moser, 1977a). Die dabei zur Systematisierung verwendeten Begriffe homogen bzw. heterogen richten sich nach dem Verhältnis der Ausdehnung bzw. Größe der Feststoffmasse (S-Phase) zur Ausdehnung der Reaktionsphase (L-Phase).

Echte homogene Reaktionen werden also höchstens im Fall der Verwendung von Enzymen in „löslicher" Form auftreten. Dabei kann tatsächlich angenommen werden, daß der Prozeß nur in einer Phase, nämlich der L-Phase abläuft. Die

58   3 Bioreaktoren

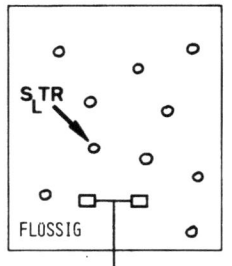

Homogene Prozesse:
z. B.:
Enzymtechnik
mit löslichen Enzymen

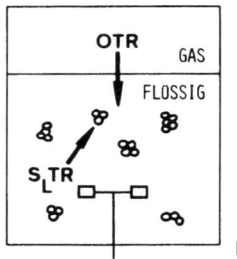

Pseudohomogene
Prozesse:
z. B.:
Fermentationstechnik
mit biologischen
Flocken
Enzymtechnik mit
flockenförmigen,
trägergebundenen
Enzymen

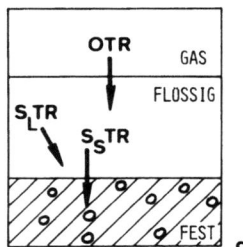

Heterogene Prozesse:
z. B.:
Fermentationstechnik
mit biologischen Filmen bzw.
trägerfixierten
Zellen oder festen
Substraten
Enzymtechnik
mit trägerfixierten,
filmförmigen Enzymen

Abb. 3.1. Einteilung der Bioprozesse in Typen nach reaktionstechnischen Kriterien (homogen, pseudohomogen und heterogen) unter Angabe von Beispielen aus der Biotechnologie (Moser, 1977a)

Enzyme sind zwar im Vergleich zu chemischen Molekülen bedeutend größer, die Reaktion an den aktiven Zentren ist jedoch bei einigermaßen guter Mischung keinen Transportlimitierungen ($S_L TR$) unterworfen (vgl. Bild a).

Die „normale" Situation der Fermentationstechnologie ist in Bild b) der Abb. 3.1 skizziert. Durch die Anwesenheit der biologischen Zellen in der Flüssigphase ist prinzipiell wohl eine zweite Phase, nämlich eine S-Phase, vorhanden, so daß eigentlich ein heterogenes System vorliegt, nämlich durch die dispergierte Form der S-Phase in der L-Phase („Flocken"). Jedoch kann wiederum bei einigermaßen guter Mischung angenommen werden, daß keine Transportlimitierungen in und zwischen den Phasen (OTR, $S_L TR$) wirksam sind. Dieser Fall kann als *pseudohomogen* betrachtet werden, wenn die erwähnten Transporte gewisse Bedingungen erfüllen. Ein quantitativer Test auf sogenannte „Pseudohomogenität" eines Prozesses ist in Kapitel 4.2 angegeben.

Nimmt der Flockendurchmesser zu oder liegt die katalytische S-Phase in Form von Filmen vor, die meist rasch an Dicke anwachsen, dann kann man das

System nur mehr als heterogen betrachten (Bild c), d. h. die Transportphänomene in und zwischen den Reaktionsphasen sind zu berücksichtigen und die entsprechenden Differentialgleichungen müssen formuliert werden. Dabei entstehen umfangreiche Gleichungssysteme, die nur mit einigem mathematischen Aufwand zu handhaben sind. Aus diesem Grund ist der Bearbeiter oft in Versuchung geführt oder begeht absichtlich bzw. unwissentlich den Fehler, in homogenen Vorstellungen einfacher zu denken und auch zu arbeiten. Diesen Tatsachen wird im vorliegenden Text insofern Rechnung getragen, als gezeigt wird, unter welchen Voraussetzungen und mit welchen Einschränkungen auch für heterogene Systeme mit pseudohomogenen Ansätzen gearbeitet werden kann. Wichtig dabei ist zu erkennen, daß die Gefahr in der Entstehung sogenannter „*pseudokinetischer*" Parameter liegt, die für Extrapolationen nur mit Vorsicht herangezogen werden sollen. Heterogene Modellansätze sind für die Reaktoren in Kapitel 3.5 und für die Kinetik in Kapitel 4.4 bzw. Kapitel 5.5 dargelegt.

Operationsweisen

Dieser Begriff bedarf keiner theoretischen Betrachtung, so daß die verschiedenen Arten der Prozeßführung direkt in Kapitel 3.4 behandelt werden.

Mischungszustand der Reaktoren

Als drittes Kriterium einer prozeßtechnischen Systematisierung von Bioreaktoren wird in erster Linie der Mischungszustand der Hauptreaktionsphase (L-Phase) herangezogen. Als Denk- und Arbeitsmodell wird dafür ein sogenannter

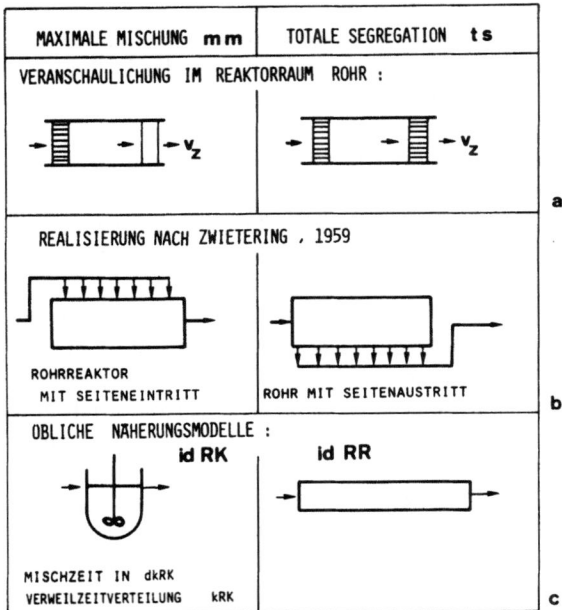

Abb. 3.2. Schematische Illustration der Grenzfälle des Segregationsgrades von Reaktoren zur Erfassung des Mischzustandes (maximale Mischung und totale Segregation) am Beispiel der L-Phase

Segregationsgrad benützt (Danckwerts, 1958). Die beiden Grenzzustände darin sind *maximale Mischung* (mm) und *totale Segregation* (ts). Zu deren Veranschaulichung kann Abb. 3.2 herangezogen werden.

Es wird ein bestimmter Reaktorraum betrachtet, z. B. ein Rohr, in dem eine Strömungsgschwindigkeit v_z in Richtung z vorhanden ist. Die einströmende Flüssigkeit sei in getrennten Schichten gedacht und deren Schicksal beim Durchströmen des Reaktorraumes beobachtet. Im Falle mm erfolgt vollständige Vermischung der Schichten über den Rohrquerschnitt, im Falle ts verlassen die Schichten unverändert den Reaktorraum. Diese Grenzfälle sind in den Reaktor-Konstellationen der Bilder b) in Abb. 3.2 realisierbar (Zwietering, 1959). In den Bildern c) dieser Darstellung sind die Denk- und Arbeitsmodelle dieser Grenzfälle skizziert, die üblicherweise verwendet werden, nämlich der idRK mit mm und der idRR mit ts.

Im Falle von Reaktoren vom Typ des RK wird in der Praxis die Größe der sogenannten Mischzeit t_m verwendet, deren experimentelle Messung in Kapitel 3.3 näher beschrieben wird. Daß diese 1-dimensionale Größe den eigentlich 3-dimensionalen Zeitablauf des Mischens wiedergeben kann, ist nur dem Zustand mm zuzuschreiben, der in allen 3 Ortskoordinaten gleichmäßig abläuft („lumped" Parameter in Rührkesseltypen!).

Daraus ergibt sich, daß der Mischzustand im Falle von Reaktoren mit Konzentrationsprofilen (kRR, Reaktoren mit externem und internem Kreislauf) experimentell viel schwerer erfaßbar ist (Hiby, 1972; Hartung und Hiby, 1973) und vielfach daher noch nicht untersucht ist.

Wichtig zum Verständnis des dargestellten, allgemeinen Konzeptes des Mischungszustandes von Reaktoren im Zusammenhang damit ist, zu erkennen, daß der Mischungszustand in zwei Komponenten gleichermaßen zutage tritt:

1. In der *„Mikro-Mischung"*, d. h. im Mischungszustand z. B. der L-Phase im Reaktor, der z. B. durch die Mischzeit in Reaktoren vom RK-Typ angegeben wird (sogenanntes „micro-mixing").

2. In der *„Makro-Mischung"*, d. h. im Verweilzeitverteilungsverhalten von kontinuierlichen Reaktoren (sogenanntes „macro-mixing").

Dabei wird z. B. die L-Phase am Austritt des Reaktors mit der einströmenden Konzentrationsverteilung verglichen. Der Reaktor wird also als „blackbox" betrachtet.

Die beiden charakteristischen Größen des Mikro- und Makromischens werden meist getrennt betrachtet, obwohl wie in Abb. 3.2 gezeigt, beide miteinander gekoppelt sind. Darum ist es auch durchaus gerechtfertigt, den Mischungszustand von Reaktoren mit Hilfe des einfachsten Denk-Modells des idRK bzw. idRR zu beschreiben. Durch diese Vereinfachung jedoch ist dieses Modell nicht geeignet, Übergangszustände zufriedenstellend zu deuten.

Es zeigt sich, daß der Mischungszustand besonders gut in *Kreislaufreaktoren* studiert werden kann, da hier deutlicher Zwischenzustände auftreten. Als Gründe für diesen Umstand sind zu nennen:

a) Durch die definierten Strömungsverhältnisse in gegebener Richtung treten streng periodische Meßkurven auf.

b) Durch die im Vergleich zum RK geänderte Geometrie (Kreislauf mit gerichteter Strömung in der Art eines Rohres) entsteht eine „gestreckte" Zeitachse.

(Rippin, 1967; Fu et al., 1971; Lehnert, 1972; Moser und Steiner, 1974a; 1975 a, b.)

Aufgrund der auf den RK-Typ beschränkten Anwendbarkeit des Mischzeitkonzeptes sind Alternativen gesucht, die einen Mischzustand allgemeiner charakterisieren. Der schon genannte Segregationsgrad, auch *Inhomogenität J* genannt (Danckwerts, 1958; Zwietering, 1959) ist nach Gl. 3.1 definiert

$$J = \frac{\text{var } \alpha_p}{\text{var } \alpha} = 1 - \frac{\text{var } \alpha_i}{\text{var } \alpha} \tag{3.1}$$

und hat einen Bereich von

$$0 \leqslant J \leqslant 1$$

mit den Grenzfällen

$$J = 0 \text{ für mm}$$
$$J = 1 \text{ für ts}$$

Die in Gl. 3.1 angeführten Größen var α_i, var α_p und var α sind die Varianzen (d. h. SAQ, vgl. Kapitel 2.4) der Altersverteilung innerhalb eines „Punktes" (α_i), zwischen zwei „Punkten" (α_p) und des Gesamtsystems (α). Der Begriff des *„Punktes"* (Danckwerts, 1958) definiert sich als Volumenelement, das wohl klein ist im Vergleich zum Reaktorvolumen, aber doch groß genug, um etliche Moleküle zu beinhalten. In diesem „Punkt" kann nun der Vorgang des Mischens mit seinen beiden Extremen entsprechend Bild a) der Abb. 3.2 ablaufend gedacht werden. Die Schwierigkeit dieses Konzeptes besteht darin, daß die Größe J experimentell kaum zugängig ist. Trotzdem kann es als Denk- und Arbeitsmodell verwendet werden. Diese Literaturstellen zeigen auch die Tatsache, daß sowohl der Zustand des Mikro- als auch des Makromischens vom sogenannten Rückflußverhältnis in Kreislaufreaktoren direkt abhängt (Dohan und Weinstein, 1973; Rudkin, 1967; Moser und Steiner, 1975a). Demnach geht das Verhalten von Schlaufenreaktoren, das bei niederen Werten des Recycleverhältnisses oft dem Zustand des RR mit ts entsprechen, bei hohem Rücklaufverhältnis in das Verhalten des RK mit mm über. Diese Aussage is z. B. für die Verwendung von Kreislaufreaktoren zur Ermittlung kinetischer Daten bedeutsam (vgl. Kapitel 4.3), ist aber natürlich gleichermaßen für die optimale Gestaltung von Reaktoren wichtig.

Dasselbe Modell der Inhomogenität wurde auch für Modellierungen des Umsatzes in verschiedenen Reaktorkombinationen verwendet (Tsai et al., 1969, 1971; Wen und Fan, 1975; vgl. Kapitel 6).

Im Falle heterogener Systeme sind für jede der beteiligten Reaktionsphasen entsprechende Überlegungen des Mischungszustandes anzustellen.

Abschließend kann nun die Systematisierung der verschiedenen Bioreaktorarten mittels dieser Kriterien vorgenommen werden (vgl. Abb. 3.3). Verständlicherweise ist eine strenge Zuordnung in der Praxis nicht möglich, da Übergangszustände vor allem im Mischungszustand (Mikro- und Makromischung) oft dominieren. Auch haben Betriebsgrößen einen starken Einfluß, so daß eine eindeutige Zuordnung nur grob möglich ist (Moser, 1977b).

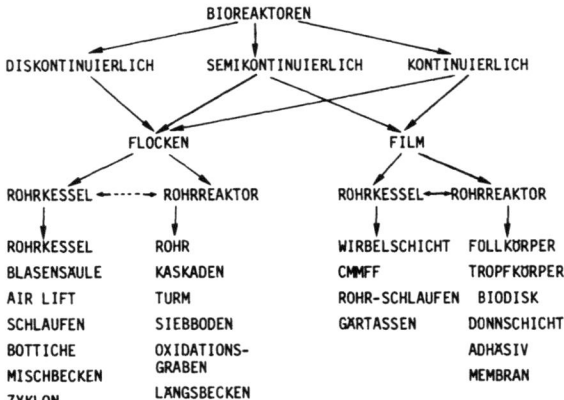

Abb. 3.3. Systematisierung der Bioreaktoren in Typen nach prozeßtechnischen Gesichtspunkten (dis-, semi-, kontinuierliche; Flocken-, Filmreaktoren mit Rührkessel- oder Rohrreaktorverhalten) unter Zuordnung bekannter Bioreaktorbauarten (Moser, 1977b)

3.3 Quantifizierungsmethoden

Von den Kriterien zur Systematisierung der Bioreaktoren lassen sich die Größen ableiten, die für eine Charakterisierung und Quantifizierung geeignet sind. Die entsprechenden Methoden zur Messung und Auswertung werden kurz erklärt.

Mischzeit t_m und Mischgüte m

Die experimentelle Meßanordnung sowie ein typisches Meßergebnis sind in Abb. 3.4 zusammengestellt.

In einem Reaktor wird eine Meßstelle installiert, die auf die Änderung einer Eigenschaft anspricht, die man durch z. B. Einspritzen eines Konzentrationsstoßes erreicht. Als geeignete Methoden sind folgende bekannt: Leitfähigkeit, pH, Farben, optische Dichte (optische Schlieren-Methode), O_2, T, Radioaktivität (Käppel, 1976; Zlokarnik, 1967; Einsele, 1976b). Die bei der Messung auftretende „Antwortfunktion" zeigt oft das typische Aussehen des Bildes a) in Abb. 3.4. Zur Festlegung der *Mischzeit* t_m, also der Zeit zum Erreichen eines bestimmten minimalen Konzentrationsunterschiedes über den gesamten Reaktorinhalt, bedarf es der Festlegung dieser minimalen Konzentrationsdifferenz, der sogenannten *Mischgüte m*. Ist die im Unendlichen erreichte Konzentration c_∞ (Mischkonzentration), so ist die Mischgüte nach Gl. 3.2 definiert

$$m = \frac{c - c_\infty}{c_\infty - c_0} \cdot 100 \qquad (3.2)$$

und repräsentiert also die restliche Abweichung von der Mischkonzentration in %. Meist wird m mit ± 5% bzw. 1% angegeben, d. h. mit einem Wert von 95% bzw. 99% der Mischkonzentration. Damit ist die Mischzeit eine Funktion der Mischgüte. Bei Angabe der Mischzeit ist demnach immer die Mischgüte zu nennen.

3.3 Quantifizierungsmethoden

MESSANORDNUNG

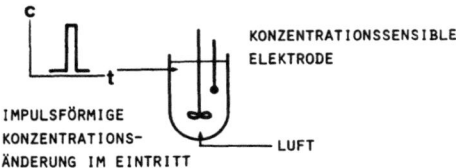

TYPISCHE MESSKURVE

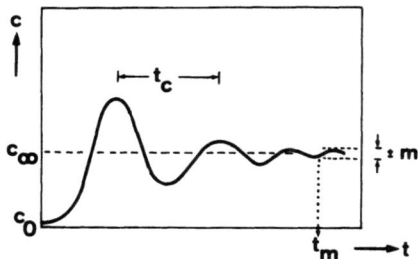

Abb. 3.4. Messung und Auswertung der Mischzeit t_m der L-Phase in Reaktoren vom Typ des dkRK unter Festlegung einer Mischgüte m nach Gl. 3.2. In Reaktoren mit regelmäßiger Zirkulation (Kreislaufreaktoren) kann die Zirkulationszeit t_c ermittelt werden

Die primär für den diskontinuierlichen RK bzw. Reaktoren dieses Typs gedachte Größe der Mischzeit kann auch im Fall der Schlaufenreaktoren angewendet werden. Dabei ist allerdings, wie schon in Kapitel 3.2 erwähnt, zu berücksichtigen, daß im Fall der Kreislaufreaktoren der Vorgang in allen 3 Ortskoordinaten nicht mehr gleichmäßig wie im RK ist, so daß auch die Interpretation nicht mehr gleich für alle 3 Richtungen gelten kann. Die dabei auftretenden Kurvenverläufe sind in Abb. 3.5 gezeigt. Je nach Schlankheitsgrad der Grundreaktorform dominiert als Ausgangssituation mehr der Zustand der teilweisen Segregation wie in Bild a) oder der Zustand mehr oder weniger guter Mischung (Bild b). Wie in Bild a) eingezeichnet, kann die Abweichung von c_∞ als direktes Maß für die Definition einer Inhomogenität J genommen werden (Lehnert, 1972). Damit kann das Misch-Verhalten von Schlaufenreaktoren charakterisiert werden.

Im Falle kontinuierlich betriebener *Kreislaufreaktoren* ist ebenfalls noch in einem weiten Bereich die Anwendung des Mischzeitkonzeptes möglich. Abb. 3.6 bringt eine Gegenüberstellung der verschiedenen auftretenden Antwortkurven (Moser und Steiner, 1975 a, b), die durch eine Überlagerung des Mischens, gleich wie in einem geschlossenen (diskontinuierlichen) System und des Auswaschvorganges im offenen (kontinuierlichen) System entstehen. Die verschiedenen Kurven der Bilder a–c) entstehen durch ein unterschiedliches Rücklaufverhältnis $r (r = F_r/F)$, wobei gleichzeitig das Verhältnis der Werte der mittleren Verweilzeit $\bar{t}$ zur Mischzeit t_m verschieden ist (vgl. Bilder a–c). Die Reaktorbetriebsweise nach Bild a) nähert sich dem Mischungszustand eines RK mit mm, Bild c) entspricht dem Mischverhalten eines RR mit annähernd ts, wo eine Mischzeit

64 3 Bioreaktoren

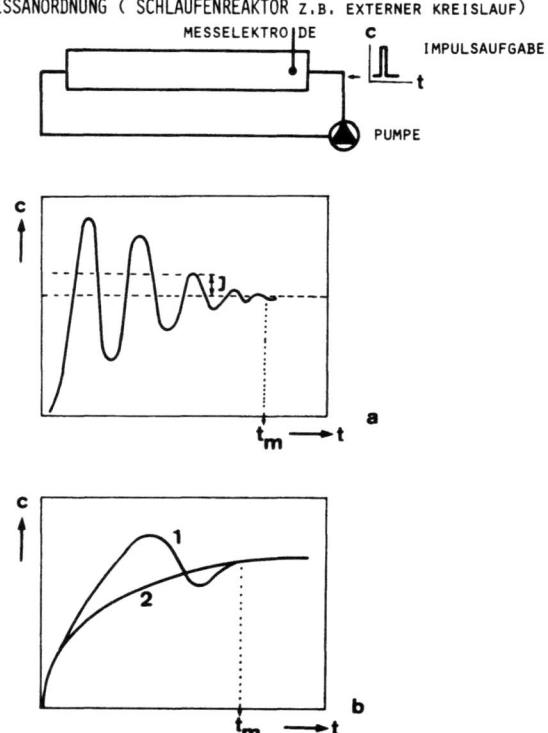

Abb. 3.5. Ermittlung der Mischzeit t_m in diskontinuierlichen Kreislauf- (Schlaufen-) Reaktoren: Typische Meßkurven für schlanke Bauarten mit einem Mischungszustand „segregiert" (a) und für Reaktorbauarten mit annähernd „maximaler Mischung" (b). Kurve 1 und 2 in b) entstehen im Unterschied zu a) bei höheren Werten der Recyclestromstärke F_r (Moser, 1977a). In Bild a) ist noch die Ermittlung der Inhomogenität J dargestellt

nicht mehr definierbar und meßbar ist. Bild b) ist der Typ von Kurven, der bei allen Übergängen auftritt, die für Kreislaufreaktoren typisch sind. Wie in Abb. 3.6b eingezeichnet, können zur Ermittlung der Mischzeit die Einhüllenden herangezogen werden. Diese qualitativen Aussagen können quantitativ belegt werden. Dies erfolgt anschließend zusammen mit der Quantifizierung der Verweilzeitverteilung.

Verweilzeitverteilung (VZV)

Die experimentelle Meßanordnung und typischen Meßkurven in kontinuierlichen Reaktoren mit verschiedener VZV sind in Abb. 3.7 zusammengefaßt. Dieselben Eigenschaften wie zur Mischzeitbestimmung sind auch zur Ermittlung der VZV geeignet. Die „Störung" in Form einer Impuls-, Stufen- oder periodischen Funktion erfolgt im Zufluß und die Messung der „Antwort" im Ausfluß.

Die Form der Kurve als Antwort auf eine Impulsfunktion $f(t)$ ist in Abb. 3.7a für verschiedene VZV dargestellt. In Bild b) finden sich die Antwortkurven $F(t)$ für den Fall einer stufenförmigen Störung. Die Grenzfälle des idRK bzw. idRR

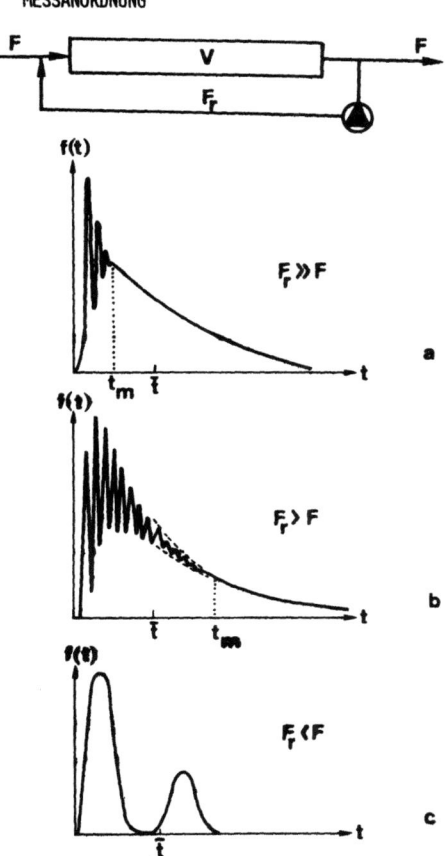

Abb. 3.6. Meßanordnung und Bestimmung der Mischzeit t_m und Inhomogenität J in kontinuierlichen Schlaufenreaktoren mit verschiedenem Mischzustand als Funktion der Recyclestromstärke F_r: RK_{mm}-Verhalten mit $t_m < \bar{t}$ (a), RR_{ts}-Verhalten mit $t_m \gg \bar{t}$ (c) und Übergangsfall mit $t_m \sim \bar{t}$ (nach Moser und Steiner, 1975b)

sind in Bild a) und b) eingezeichnet. Zur Quantifizierung der VZV-Kurven werden grundsätzlich zwei unterschiedliche Ansätze herangezogen:

1. Das sogenannte (1-dimensionale) Dispersionsmodell, das primär für den Bereich der Pfropfenströmung in RR gedacht ist.
2. Das sogenannte Zellenmodell („Tank-in Serie-Modell"), das in erster Linie für Reaktoren vom Typ des Rührkessels bzw. der Kaskade gedacht ist.

1-d-Dispersionsmodell

Diese Modellvorstellung nimmt den 1-dimensionalen Vorgang in einem Strömungsrohr (Pfropfenströmung) als Ansatzpunkt. In Richtung z erfolgt eine Strömungsgeschwindigkeit v_z, die im Idealfall über den Reaktorquerschnitt d konstant ist. Durch molekulare Diffusion, turbulente Konvektion und durch das durch Randreibung (Rauhheit ϵ) bewirkte parabolische Geschwindigkeitsprofil wird es zu größeren Abweichungen von der gleichmäßigen Strömungsfront

66   3 Bioreaktoren

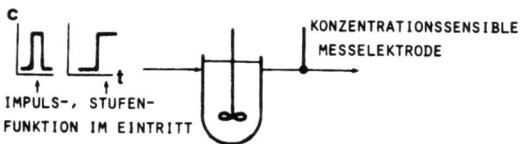

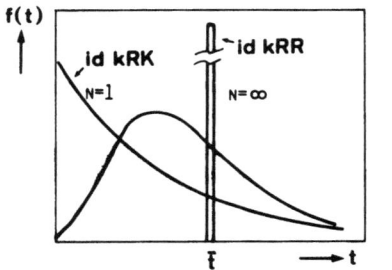

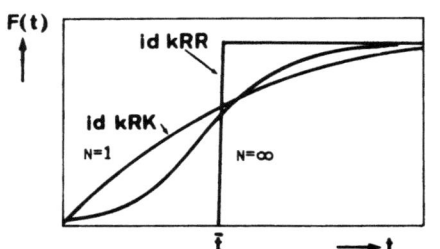

Abb. 3.7. Meßanordnung und Charakterisierung des Verweilzeitverhaltens von kontinuierlichen Reaktoren am Beispiel der Flüssigkeitsphase nach der Impulsmethode mit Impulsfunktion $f(t)$ in a) und nach der Stufenmethode mit Stufenfunktion $F(t)$ in b)

kommen. Als Größe zur Erfassung dieser Effekte wird der longitudinale (effektive) Dispersionskoeffizient D_L (D_{eff}) verwendet, der eine Analogie zu einem echten Diffusionskoeffizienten darstellt

$$D_L = f(v, D, d, \rho, \nu, \epsilon). \tag{3.3}$$

Die Ansatzgleichung für das 1-d-Dispersionsmodell unter Verwendung der Gl. 2.2 lautet

$$\frac{\partial c}{\partial t} = -v_z \frac{\partial c}{\partial z} + D_L \frac{\partial^2 c}{\partial z^2} \tag{3.4a}$$

und wird, um eine Lösung zu erleichtern, in dimensionsloser Form angeschrieben. Für den stationären Fall entsteht dann

$$\frac{\partial c/c_0}{\partial t/\bar{t}} = -\frac{\partial c/c_0}{\partial z/L} + \left(\frac{D_L}{v_z \cdot L}\right) \frac{\partial^2 c/c_0}{\partial (z/L)^2} = 0. \tag{3.4b}$$

Darin ist eine dimensionslose Kenngröße enthalten, nämlich die sogenannte *Bodenstein-Zahl*

$$\text{Bo} = \frac{v_z \cdot L}{D_L}, \tag{3.4c}$$

die mit einer „charakteristischen Länge" L des Reaktors definiert ist. Die exakte Lösung der Gl. 3.4b mit den entsprechenden Randbedingungen lautet (Levenspiel und Smith, 1957)

$$f(\tau) = \bar{t} \cdot f(t) = \sqrt{\frac{Bo}{4\pi\tau}} \cdot \exp\left[-(1-\tau)^2 \frac{Bo}{4\tau}\right]. \tag{3.5}$$

Darin ist $\tau = t/\bar{t}$ mit $\bar{t}$ = mittlere Verweilzeit = V/F. Die Bo-Zahl ist demnach der Parameter dieses Dispersionsmodelles zur Quantifizierung der VZV und kann mittels Gl. 3.6 aus den experimentellen Kurven ermittelt werden:

$$\frac{1}{Bo} = \frac{1}{8}(\sqrt{8\,s^2/\bar{t}^{\,2} + 1} - 1). \tag{3.6}$$

Dabei ist $s^2/\bar{t}^{\,2}$ die Gesamtvarianz der Verteilungsfunktion nach Bild a) der Abb. 3.7 und steht mit der Streuungsbreite s^2 (das sogenannte zweite Moment, vgl. Kapitel 2.4) in Verbindung, die direkt aus den Meßwerten $f(t)/t$ bestimmbar ist, wenn Gl. 3.7 mit allen Summenbildungen (Σ) angewendet wird

$$s^2 = \frac{\Sigma\, t^2 \cdot f(t)}{\Sigma\, f(t)} - \left(\frac{\Sigma\, t \cdot f(t)}{\Sigma\, f(t)}\right)^2. \tag{3.7}$$

Der zweite Term der rechten Seite der Gl. 3.7 ist identisch mit der mittleren Verweilzeit $\bar{t}$ (erstes Moment der Verteilungskurve, Mittelwert).

Der Zahlenwert der Bo-Zahl kann prinzipiell zwischen ∞ für den idRR und 0 für den idRK variieren, doch wird daran erinnert, daß das Dispersionsmodell in erster Linie für den Bereich der Rohrströmung gedacht ist. Obwohl das Modell prinzipiell auf Bo = 0 extrapoliert werden kann, ist die Auswertung von VZV-Kurven im Bereich des RK-Verhaltens nach dem Bo-Konzept nur mit großen Abweichungen möglich. Es wird empfohlen, in diesem Bereich nach dem Zellenmodell vorzugehen.

Die Grenze des VZV-Verhaltens zwischen einer Rohrströmung und dem RK-Verhalten wird mit Bo = 7 festgesetzt. Dieser Wert scheint auf den ersten Blick eine willkürliche Grenze zu sein, doch zeigen Umsatzberechnungen bzw. Messungen, daß bei Werten Bo $\geqslant$ 7 eine gute Annäherung der Pfropfenströmung tatsächlich gegeben ist. Das ist der Fall, wenn 5 Rührkessel in einer Serie geschaltet werden ($N \geqslant 5$).

Die besprochene Auswertung von VZV-Kurven bezieht sich auf Fälle, bei denen Impulsfunktionen als Störgröße eingegeben wurden. Die Meßmethode mit Stufenfunktionen (vgl. Abb. 3.7b) ergibt Antwortkurven, die mit $F(t)$ bezeichnet sind und logischerweise folgenden Zusammenhang mit $f(t)$-Kurven aufweisen:

$$F(t) = \int_0^t f(t) \cdot dt \tag{3.8}$$

Tank-in-Serie-Modell

Im Bereich des VZV-Verhaltens eines RK bzw. von RK-Kaskaden (NkRK) wird, wie erwähnt, günstiger das Zellen-Modell anzuwenden sein, das von der

Massenbilanzgleichung für eine RK-Kaskade mit i-Kessel ($1 \leq i \leq N$) ausgeht und als Modellparameter die Anzahl der Tanks in Serie N beinhaltet (Äquivalentstufenzahl)

$$\frac{1}{N} \frac{dc_i}{dt} = \frac{1}{\bar{t}}(c_{i-1} - c_i). \tag{3.9}$$

Die allgemeine Lösung für diesen Fall einer RK-Kaskade mit N-Tanks in Serie lautet (Levenspiel, 1972)

$$f(t) = \frac{N^N \cdot t^{N-1}}{(N-1)! \, \bar{t}^N} \cdot e^{-N \cdot t/\bar{t}}. \tag{3.10}$$

Diese Gleichung reduziert sich für den Fall eines idRK ($N = 1$) zu

$$f(t) = \frac{1}{\bar{t}} \cdot e^{-t/\bar{t}} = D \cdot e^{-Dt} \tag{3.11}$$

mit D = Verdünnungsgeschwindigkeit, die umgekehrt proportional $\bar{t}$ ist.

Die Auswertung des Modellparameters N erfolgt analog zu Gl. 3.6 aus der Streuungsbreite der experimentell gemessenen Verteilungsfunktion s^2 nach Gl. 3.12

$$N = \bar{t}^2/s^2. \tag{3.12}$$

Für die Umrechnung der in beiden Modellen verwendeten Parameter Bo und N existiert eine Beziehung in der Art der Gl. 3.13 (Pawlowski, 1962), wonach

$$N = 1 + \frac{1}{2}\sqrt{Bo^2 + 1}. \tag{3.13}$$

Der Gültigkeitsbereich dieser Umrechnungsgleichung ist durch den Gültigkeitsbereich beider Modellvorstellungen vorgegeben.

Für die Quantifizierung des Misch- und VZV-Verhaltens von *Schlaufenreaktoren*, wie bereits in Kapitel 3.2 erwähnt wurde, ist ein analoger Ansatz möglich. Die experimentell ermittelten Kurven z. B. der Art der Bilder a–c) in Abb. 3.6 können quantitativ durch folgende Gleichung erfaßt werden (Moser und Steiner, 1975a, b)

$$f(\tau) = \sum_{i=1}^{i_{end}} f_{E,i}(\tau) = \sum \left(\frac{1}{r+1}\right)\left(\frac{r}{r+1}\right)^{i-1} \sqrt{\left(\frac{Bo_E}{4\pi t/\bar{t}}\right)} \times$$

$$\times \exp\left[-(i - t/\bar{t})^2 \frac{Bo_E}{4 t/\bar{t}}\right]. \tag{3.14}$$

Die mathematische Funktion derartiger Impulsausbreitungen zeigt sich also als Summe einer gewissen Anzahl (i_{end}) von Einzelfunktionen $f_{E,i}(t)$, die die einzelnen Umläufe von i bis i_{end} darstellen, wobei die Amplitude durch den Auswascheffekt zusätzlich zum Mischvorgang abnimmt. Der Faktor vor dem Term mit der Bo_E-Zahl berücksichtigt diese Verdünnung mit ($r = F_r/F$). Die mathematische Beschreibung der Einzelfunktionen verwendet das Konzept der Bo-Zahl nach Gl. 3.5 mit Bo_E. Das erste und zweite Moment der Gesamtverteilungsfunktion (= VZV + Mischverhalten) läßt sich gleichermaßen nach Gl. 3.6 und 3.7 vornehmen, nachdem auch diese zusammengesetzte Funktion die Voraussetzungen normaler Verteilungsfunktionen erfüllt. Die mittlere Verweilzeit des Gesamtsystems $\bar{t}_{ges}$ berechnet sich nach

$$\bar{t}_{ges} = \frac{V}{F}, \qquad (3.15a)$$

während die mittlere Verweilzeit einer Einzelimpulsfunktion sich nach Gl. 3.15b ergibt

$$\bar{t} = \frac{V}{F + F_r} = \frac{\bar{t}_{ges}}{1 + r}. \qquad (3.15b)$$

Das zweite Moment der Gesamtverteilungsfunktion ist die Bo-Zahl Bo_{ges}, die die VZV des Gesamtreaktorsystems repräsentiert und im Falle von Kreislaufreaktoren vom Rücklaufverhältnis r abhängt. Wie in Abb. 3.8 dargestellt, geht der Charakter der Pfropfenströmung, der zu Beginn das System prägt, mit zunehmender Rücklaufstärke F_r schnell verloren und es erfolgt der Übergang in das VZV-Verhalten eines RK. In Abb. 3.8 werden experimentelle Auswertungen (Moser und Steiner, 1975a) einer theoretisch abgeleiteten Gleichung (Fu et al., 1971) für die Varianz des Gesamtsystems gegenübergestellt:

$$s^2_{ges}/\bar{t}^2_{ges} = \frac{1 + N \cdot r}{N(1 + r)}. \qquad (3.15c)$$

Gleichzeitig mit dem VZV-Verhalten verschiebt sich der Mischungszustand in Richtung maximaler Mischung. Dies kann rein optisch in der Form der Kurven in Abb. 3.6, Bild a—c) nachvollzogen werden. Bei der Auswertung der VZV von kontinuierlichen Systemen ohne Rücklauf tritt normalerweise für den Fall des idkRK

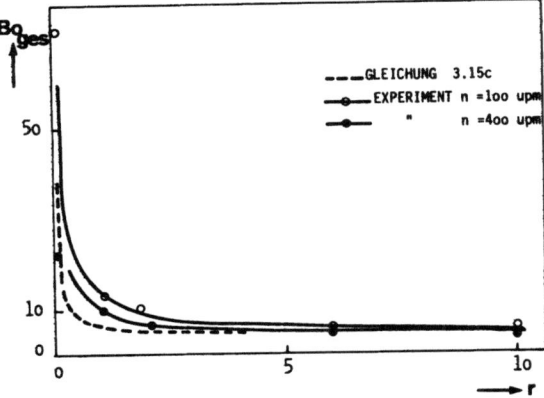

Abb. 3.8. Die longitudinale Bodensteinzahl der Gesamtimpulsfunktion Bo_{ges} der Flüssigphase eines Rohrreaktors mit Rückführung in Abhängigkeit vom Rückstromstärkeverhältnis r: Vergleich der Auswertung experimenteller Ergebnisse mit theoretischen Berechnungen nach Gl. 3.15c (Moser und Steiner, 1974a)

die Kurve mit einem exponentiellen Abfall des Auswaschvorganges auf, ohne daß Impulsfunktionen überlagert sind (vgl. Abb. 3.6a und auch Blenke, 1979). Das bedeutet, daß der Mischungs- und Auswaschvorgang sich überlagern und daß sich daher in Fällen mit Abweichungen vom idkRK, wie diese bei Kreislaufreaktoren beobachtet werden können, der Mischungs- und VZV-Zustand in den Kurvenbildern manifestiert. Das Mischverhalten ist also auch aus diesen Kurven prinzipiell ermittelbar. Für den Reaktorentwurf in der Praxis wird es ohne Zweifel gut sein, Methoden mit physikalischen und biologischen Testsystemen gemeinsam anzuwenden. Es wäre weiters noch zu prüfen, inwieweit beide Strategien kombiniert werden könnten, wenn beispielsweise für die jeweils „kritischen" Substrate quantitative Zusammenhänge mit der Mischzeit bzw. mit der nach Gl. 3.2 definierten Mischgüte empirisch ermittelt werden könnten. Im Zusammenhang damit sind die Arbeiten von Einsele et al., 1978 interessant.

O_2-Transportgeschwindigkeit (OTR)

Technisch interessante Bioprozesse sind vorwiegend aerober Natur, so daß das Problem der O_2-Versorgung der Zellmasse in der Flüssigkeit eine zentrale Rolle spielt.

Zur experimentellen Ermittlung des OTR sind prinzipiell mehrere Methoden in Gebrauch:
1. Sulfitoxidation
2. Ein- bzw. Ausgasen (physikalische Absorption)
3. Gasanalyse in G-Phase
4. Dynamische Methode
5. Glukoseoxidasemethode

Die Cu^{++}- bzw. Co^{++}-katalysierte *Sulfitoxidation* (Cooper et al., 1944; Reith, 1968) ist als Methode zum Vorabschätzen der OTR zum Zweck des Vergleiches und Entwurfes von G/L-Reaktoren geeignet. Das dabei vorhandene theoretische Problem des Stofftransportes mit gleichzeitiger chemischer Reaktion wird in Kapitel 4.4 behandelt.

Die rein physikalischen Methoden des *„Ein- und Ausgasens"* können günstigerweise direkt im technischen Medium vorgenommen werden, so daß diese im Unterschied zur Sulfitoxidation die hydrodynamischen Verhältnisse des realen Prozesses eher wiedergeben. Die Auswertung kann nach den Gesetzen der physikalischen Absorption vorgenommen werden. In Übereinstimmung mit der Theorie des Stofftransportes wird die OTR von folgenden Größen abhängen:

1. *Spezifische Austauschfläche a*

$$a = \frac{A}{V} \approx \frac{6(1-\epsilon_G)}{\bar{d}_B} \tag{3.16}$$

mit ϵ_G = Volumenanteil der Gasphase im Reaktor (sogenannter „gas-hold-up"), der nach Gl. 3.17 errechnet werden kann:

$$\epsilon_G = \frac{V_G}{V_R} = \frac{V_G}{V_L + V_G} \tag{3.17}$$

und mit $\bar{d}_B$ = mittlerer Durchmesser der Gasblasen (sogenannter Sauter-Diameter), der sich nach Gl. 3.18

$$\bar{d}_B = \frac{\sum_i n_i \cdot x_i^3}{\sum_i n_i \cdot x_i^2} \tag{3.18}$$

aus der Anzahl an Blasen n mit einem jeweiligen Durchmesser x ermitteln läßt.

2. *Flüssigseitiger Stofftransportkoeffizient* k_L, der entsprechend den verschiedenen *Theorien des Stofftransportes* nach Gl. 3.19 definiert und berechenbar ist. Nachdem O_2 ein schwerlösliches Gas ist, braucht kein gasseitiger Stofftransportkoeffizient berücksichtigt werden.

2-Film-Theorie mit δ = hypothetische Filmdicke (bei $t_K \to \infty$):

$$k_L = \frac{D}{\delta} \qquad (3.19a)$$

Penetrationstheorie mit t_K = G/L-Kontaktzeit

$$k_L = \sqrt{\frac{D}{4\pi t_k}} \qquad (3.19b)$$

Oberflächenerneuerungstheorie mit s = Oberflächenerneuerungsgeschwindigkeit

$$k_L = \sqrt{D \cdot s} \qquad (3.19c)$$

Konvektionstheorie (Kishinevski, 1954; King, 1966; Moser, 1973c) mit E = formaler Konvektionskoeffizient [cm²/sec]

$$k_L = \sqrt{(D+E)s}, \qquad (3.19d)$$

vgl. auch Philipps (1969):

$$OTR = k_L \cdot a (O^* - O) + 2 \cdot 10^{-7} \cdot a \cdot s. \qquad (3.19e)$$

Der Konvektionskoeffizient berücksichtigt adsorptive Effekte des Gases an der L-Oberfläche, die besonders stark bei großen Oberflächenerneuerungsgeschwindigkeiten, d. h. $t_K \to 0$ bedeutsam sind.

3. *Konzentrationsdifferenz* $(O^* - O)$ zwischen Sättigungskonzentration O^* und aktueller O_2-Konzentration O („treibende Kraft"). Die Sättigungskonzentration steht im Gleichgewicht mit dem Partialdruck von O_2 in der Gasphase (p_G)

$$O^* = \frac{p_G}{He \cdot RT}, \qquad (3.20)$$

wobei He = dimensionsloser Henry-Verteilungskoeffizient.

Die O_2-*Löslichkeit* ist jedoch nicht nur von p und T abhängig, sondern wird stark von der Anwesenheit von Salzen und Nährstoffen wie Glukose beeinflußt. Zur Berücksichtigung dieser additiven Effekte hat sich Gl. 3.21 als wertvoll erwiesen (Popovic et al., 1979):

$$\lg \frac{O^*}{O^*_{eff}} = \lg \frac{O^*}{O^*_{Salz}} + \lg \frac{O^*}{O^*_{Gl}}. \qquad (3.21a)$$

Darin sind die Effekte durch die Glukose-Lösung mit einer Konzentration c_{Gl} nach einer linearen Beziehung der Form

$$O^*_{Gl} = O^* (1 - 0.0012 \cdot c_{Gl}) \qquad (3.21b)$$

und der Effekt der Salzlösung, der über die Ionenstärke durch die Leitfähigkeit $\lambda\ [\Omega^{-1} \cdot cm^{-1}]$ gemessen wird, nach Gl. 3.21c erfaßbar

$$\lg \frac{O^*}{O^*_{Salz}} = a_0 + a_1 \cdot \lambda + a_2 \cdot \lambda^2. \tag{3.21c}$$

Die Koeffizienten a_i in Gl. 3.21c werden nicht von der Glukosekonzentration beeinflußt.

Die Stofftransportgleichung kann nun angeschrieben werden und lautet

$$OTR = \frac{dO}{dt} = n_O = k_L \cdot a\,(O^*_{eff} - O), \tag{3.22}$$

wobei O_{eff} den effektiven Sättigungswert nach Gl. 3.21a darstellt und $k_L \cdot a =$ = volumetrischer Stofftransportkoeffizient [h^{-1}] (sogenannte Belüftungskonstante). Die Lösung dieser Differentialgleichung ist

$$\ln \frac{O^* - O}{O^*} = -k_L \cdot a \cdot t \tag{3.23}$$

und der Wert für $k_L \cdot a$ kann aus einer semilogarithmischen Auftragung aus der Steigung der Geraden ermittelt werden.

Die am häufigsten verwendete Methode zur OTR-Bestimmung ist die sogenannte „*dynamische Methode*" (Taguchi und Humphrey, 1966; Bandyopadhyay et al., 1967), die direkt während des Prozesses anwendbar ist und sterilisierbare pO_2-Elektroden zur Messung der O_2-Konzentration heranzieht (Lee und Tsao, 1979). In Abb. 3.9 ist die Meßanordnung dargestellt. Dem vollausgerüsteten Bioreaktor wird eine stufenförmige Konzentrationsänderung durch Abschalten der Zuluft zum Zeitpunkt t_0 und Einschalten zur Zeit t_1 auferlegt. Die Antwort auf diese „Störung" beinhaltet die charakteristischen Daten des O_2-Haushaltes. Eine typische Meßkurve der dynamischen Methode ist in Abb. 3.9a wiedergegeben. Zu Beginn ($t \leqslant t_0$) wird Gleichgewicht zwischen OTR und O_2-Verbrauch herrschen und sich ein konstanter Konzentrationswert O_∞ einstellen. Für diese Phase I gilt also mit

$$\frac{dO}{dt} = k_L \cdot a\,(O^* - O_\infty) - \sigma_O \cdot X \tag{3.24a}$$

im stationären Fall $\dfrac{dO}{dt} = 0$

$$k_L \cdot a = \frac{\sigma_O \cdot X}{O^* - O_\infty}. \tag{3.24b}$$

Ist der O_2-Verbrauch nach Gl. 2.4d bekannt, kann aus der Messung von O_∞ eine Aussage über $k_L \cdot a$ prinzipiell erfolgen. Die Genauigkeit ist allerdings gering, so daß Phase II und III herangezogen werden.

Für die Phase II, mit OTR = 0, reduziert sich Gl. 3.24a zur Gleichung für die Atmungsgeschwindigkeit der Zellmasse nach Gl. 2.4d und aus der Steigung der Geraden können die Parameter des kinetischen Modells (z. B. $\sigma_{O,max}$ aus der maximalen Steigung und K_O aus der halbmaximalen; vgl. Kapitel 5) ermittelt werden, wenn X bekannt ist.

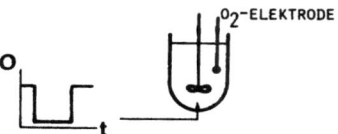
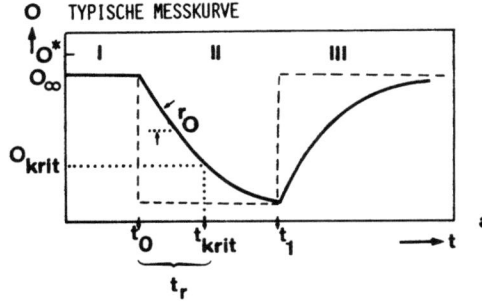
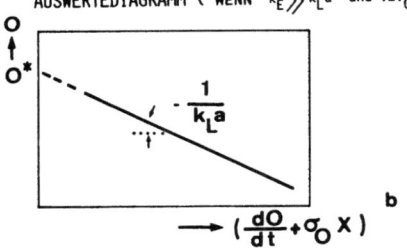

Abb. 3.9. Meßanordnung und Auswertung der OTR-Charakteristik von Bioreaktoren nach der sogenannten dynamischen Methode zur Ermittlung des $k_L a$-Wertes

In der Phase III bleibt die Differentialgleichung Gl. 3.24a voll gültig und kann, nach einer kleinen Umformung,

$$O = -\frac{1}{k_L a}\left(\frac{dO}{dt} + \sigma_O \cdot X\right) + O^* \qquad (3.24c)$$

graphisch aufgetragen werden, so daß bei gegebenem Wert für $\sigma_O \cdot X$ der gesuchte volumetrische Stofftransportkoeffizient $k_L \cdot a$ ermittelbar ist. Eine derartige graphische Lösung ist in Abb. 3.9b demonstriert.

Die Auswertung nach der gezeigten Vorgangsweise ist jedoch mit einigen Fehlern behaftet, da Gl. 3.24a einen sehr vereinfachten Ansatz für einen dynamischen (instationären) Vorgang darstellt, wo nicht nur Atmungs- und Belüftungsvorgänge ablaufen. Man vernachlässigt die zusätzliche Zeitabhängigkeit der *Gas-Phasen-Dynamik* durch die Ent- bzw. Vermischung der alten bzw. frischen Luft bzw. N_2 im Reaktorvolumen und das *Elektrodenansprechverhalten*. Das dynamische Verhalten beider Einflüsse kann mittels eines Ansatzes in der Art eines Trägheitsgliedes erster Ordnung erfaßt werden (Dunn und Einsele, 1975). Für die Gasphase gilt

$$\frac{dO_{ex}}{dt} = k_{V,G}(O_{in} - O_{ex}) \qquad (3.25a)$$

mit $k_{V,G}$ = Verdünnungsgeschwindigkeit(-skonstante) der Gasphase im Reaktor [h^{-1}], die mit $\bar{t}_G$ = mittlere Verweilzeit der Gasphase (V_G/F_G) im Falle maximaler Mischung umgekehrt proportional ist:

$$k_{V,G} = \frac{1}{\bar{t}_G} \ . \tag{3.25b}$$

Für die Elektrodenantwort (abgelesene O_2-Konzentration O_E) gilt

$$\frac{dO_E}{dt} = k_E (O_L - O_E) . \tag{3.25c}$$

mit k_E = Geschwindigkeitskonstante der Elektrodenansprechzeit [t^{-1}], die formal nach erster Ordnung abläuft und die umgekehrt proportional zu der oft verwendeten Größe der Zeit τ_E ist, die die Elektrode bis zum Erreichen von 63,2% des Endwertes benötigt, wenn sie einer plötzlichen Sprungfunktion ausgesetzt wird

$$k_E = \frac{0{,}49}{\tau_E} \ . \tag{3.25d}$$

Viele der in der Literatur beschriebenen Methoden zur Berücksichtigung der Gas- und Elektrodendynamik sind kompliziert zu handhaben und benötigen numerische Berechnungen mit Computer (Heineken, 1970; Linek, 1973; Votruba und Sobotka, 1976; Lee und Tsao, 1979). Eine einfache Methode zur Auswertung direkt von den Antwortkurven der Elektrode und des Belüfters auf eine Sprungfunktion ist in Abb. 3.10 dargestellt (Nikolaev et al., 1976; Dang et al., 1977). Demnach ist

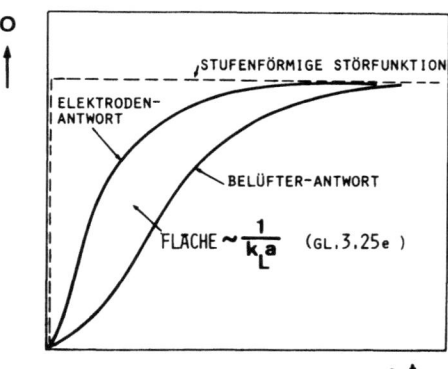

Abb. 3.10. Ermittlung von $k_L a$-Werten nach der „Momenten-Methode" (Nikolaev, 1976; Dang et al., 1977) bei vorhandenem Einfluß von Gas- und Elektrodendynamik mittels der normierten Antwortkurven der Elektrode und des Belüfters bei sprungförmiger Störfunktion

der Einfluß der Elektrode auch in viskosen Medien durch den relativen Vergleich ausgeschaltet und der Einfluß der Gasphasendynamik kann, unter Verwendung von Gl. 3.25a, im Falle maximal gemischter Gasphase in gut gemischtem RK aus der Fläche zwischen beiden Kurven nach Gl. 3.25e ermittelt werden

$$\text{Fläche} = \frac{1}{k_L a} + \frac{1}{He} \cdot \frac{V_L}{F_G} + \frac{1}{k_{V,G}} \ . \tag{3.25e}$$

Im Falle einer Gasphase mit Pfropfenströmung ist die Fläche direkt dem reziproken Wert von $k_L \cdot a$ proportional.

In allen Fällen sollten schnellansprechende Elektroden ($k_E \gg k_L \cdot a$) verwendet werden, um Meßwertbeeinflussungen auszuschalten.

Abschließend wird noch eine Methode zur OTR-Bestimmung dargestellt, die besonders im Falle belüftungsintensiver Reaktoren mit hohen OTR-Werten angewendet wird, da durch die Elektrodendynamik den besprochenen dynamischen Methoden eine Grenze gesetzt ist. Diese sogenannte *stationäre Methode* (Lücke et al., 1977) funktioniert derart, daß die Flüssigphase, die im Reaktor belüftet wird, über einen Entlüfter im Kreislauf geführt wird, so daß sich ein stationärer Zustand einstellt.

O_2-Ausnutzungsgrad η_{O_2}

Für die Berechnung der Wirksamkeit eines Belüftungssystems sowie der Wirtschaftlichkeit (Belüftungskosten!) ist der sogenannte O_2-Ausnutzungsgrad η_{O_2} von Bedeutung, der nach

$$\eta_{O_2} = \frac{O_{G,in} - O_{G,ex}}{O_{G,in}} \tag{3.26}$$

aus einer gemessenen Bilanz der Gasphase berechnet werden kann.

Leistungsaufwand P

Der Bedarf an elektrischer Leistung zum Mischen und Belüften in Reaktoren mit mechanischen Rührwerken wird direkt mit einem Wattmeter oder mit Hilfe eines Leistungsfaktormeßgerätes ($\cos \varphi$) zusätzlich zu Spannungs- und Stromstärkemessungen bestimmt. Als Alternative dazu bietet sich die Technik der Dehnungsmeßstreifen an (Einsele und Fiechter, 1974).

Für unkonventionelle Bioreaktoren, die mit Preßluft operieren, kann der Leistungsbedarf aus einer Energiebilanz des Kompressors berechnet werden und ist proportional der volumetrischen Gasdurchflußgeschwindigkeit und dem zu überwindenden Druckunterschied.

O_2-Ertrag (-Ökonomie) O_2-E

Dieser Begriff bezeichnet den Quotienten aus OTR und den auf das Reaktorvolumen bezogenen Leistungsaufwand

$$O_2\text{-E} = \frac{OTR}{P/V} \left[\frac{\text{kg } O_2}{\text{kWh}} \right] \tag{3.27}$$

und wird auch in reziproker Form angegeben.

Hinterlandsverhältnis (Hl)

Diese Kenngröße Hl (Beek, 1969), auch als volumetrische Kennzahl B (Hirner und Blenke, 1974) bzw. reziproker Volumenausnutzungsgrad f_V (Nagel et al., 1972) bezeichnet, wird nach Gl. 3.28 berechnet:

$$Hl = \frac{V_L}{V_{L,\text{film}}} = \frac{V_L}{A \cdot \delta} = \frac{V_L \cdot k_L}{A \cdot D} = \frac{(1-\epsilon_G) k_L}{a \cdot D}. \tag{3.28}$$

76   3 Bioreaktoren

Hl repräsentiert das Verhältnis des Gesamtflüssigkeitsvolumens des Reaktors V_L zum Volumen der Flüssigkeit, die sich an der G/L-Austauschfläche A im Film der Dicke δ (nach der Film-Theorie, vgl. Gl. 3.19a) befindet. Die dimensionslose Zahl Hl kennzeichnet die Größe der G/L-Austauschfläche eines Belüfters und wird speziell bei sogenannten „schnellen" Reaktionen wichtig sein (vgl. Kapitel 4.4).

Wärmetransportgeschwindigkeit (△HTR)

Nachdem Bioprozesse durch das biologische Optimum nur einen relativ engen Temperaturbereich haben und exothermer Natur sind, spielen Wärmetransportprobleme eine wichtige Rolle, auch wenn das Ausmaß der Wärmebildung kleiner ist im Vergleich zu chemischen Prozessen. Zur Formulierung einer Gleichung und zur Ermittlung der Modellparameter des △HTR kann die Analogie zum Stofftransport herangezogen werden. In Abb. 3.11 ist die Anordnung zur Messung des Wärmetransportkoeffizienten wiedergegeben. Der Reaktor, in dem die mittlere Temperatur T_R herrschen soll, ist mit einem *T*-Fühler und einem Wärmetauschsystem ausgerüstet, das im Gegen- oder Gleichstrom geführt werden kann. Die entsprechenden *T*-Profile für einen Gegenstromaustauscher sind in Bild a) der Abb. 3.11 dargestellt und können zur Definition und Ermittlung der „treibenden

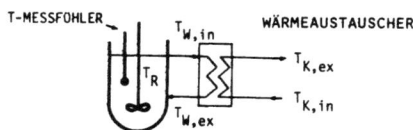

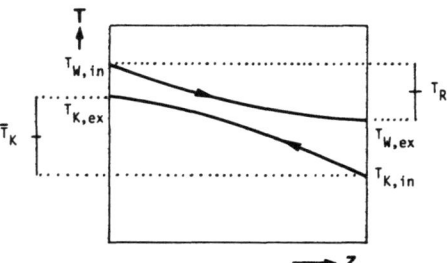

Abb. 3.11. Gegenstrom-Wärmeaustauschercharakteristik und Ermittlung der Mittelwerte für die Temperaturen im Realfall mit großer Längenausdehnung L. Erklärung der Symbole s. Nomenklatur

Kraft" für den △HTR, das ist der Temperaturgradient △T, herangezogen werden. Im Falle realer Wärmetauscher, die langgestreckte Flächen mit unterschiedlichen Temperaturen aufweisen, wird zur Ermittlung von △T der *logarithmische Mittelwert* $\overline{\Delta T}$ gebildet, der wie folgt berechnet wird:

$$\overline{\Delta T} = \frac{(T_{W,ex} - T_{K,in}) - (T_{W,in} - T_{K,ex})}{\ln \dfrac{(T_{W,ex} - T_{K,in})}{(T_{W,in} - T_{K,ex})}} \quad . \tag{3.29a}$$

Als Näherung im Fall kleiner Einheiten, die als ideal, d. h. ohne internen T-Gradienten und mit konstanten Transportkoeffizienten betrachtet werden können, wird besonders im Gleichgewichtszustand, nach Gl. 3.29b gerechnet (Ebert, 1971):

$$\Delta T = T_R - T_K. \quad (3.29\text{b})$$

Die gesamte *Wärmebilanz* auf Basis der direkt zugängigen Größe der volumetrischen Reaktionswärme ΔH_V [kcal/l], bildet sich aus mehreren Termen q [kcal/l·h]:

$$q_{\text{ges}} = \left(\frac{d\,\Delta H_V}{dt}\right)_{\text{ges}} = +\left(\frac{d\,\Delta H_V}{dt}\right)_r - q_{\text{Tr}} + q_{\text{agit}} - q_{\text{verd}} - q_{\text{St}} - q_G. \quad (3.30)$$

Die verschiedenen Terme berücksichtigen die verschiedenen „Senken" ($q < 0$) oder „Quellen" ($q > 0$) der Wärmebilanz, nämlich durch die Reaktion, Abtransport, Agitation, Verdampfen, Abstrahlung und Wärmeverlust durch Abgas. Meistens können die letzten vier Glieder vernachlässigt werden (Cooney et al., 1969; Bronn, 1971; Mou und Cooney, 1976). Der Term für die Reaktion, d. h. die Wärmebildung, ist nach Gl. 2.3c formuliert. Die Kinetik wird, wie immer, in die Bilanzgleichung eingesetzt. Alle Reaktionswärmen können aus einem gemessenen T/t-Verlauf nach Gl. 3.31 berechnet werden, wenn die spezifische Wärmekapazität des Reaktorsystems bekannt ist:

$$\left(\frac{d\,\Delta H_V}{dt}\right)_r = \frac{M}{V} c_p \frac{dT}{dt}. \quad (3.31)$$

Diese *Uhlichsche Näherung* verwendet die Werte der spezifischen Wärme c_p [kcal/kg·°C], die mit der Masse des Fermentationsmediums pro Volumen M/V [kg/l] multipliziert wird. Typische Werte für Fermentationsprozesse sind in Tab. 3.2 zusammengestellt (Cooney et al., 1969).

Tabelle 3.2

	Spezifische Wärme c_p [kcal/kg·°C]	Wärmekapazität $M/V \cdot c_p$ [kcal/l·°C]
Fermentationsbrühe	1	1,01
Glas	0,2	0,067
Stahl	0,12	0,0094
Total	–	1,076

Die Größe der *volumetrischen Reaktionswärme* ΔH_V ist nach thermodynamischen Gesichtspunkten unkonventionell definiert. Die Dimension [kcal/l] ist jedoch aus praktischen Überlegungen gegeben. Strenggenommen hat eine (molare) Reaktionsenthalpie die Dimension [kcal/mol]. In modifizierter Form wird diese auch als spezifische, metabolische Reaktionsenthalpie mit der Dimension [kcal/g ΔX] bzw. [kcal/g ΔS] in der Kinetik verwendet werden (vgl. Kapitel 5.4).

Zur Ermittlung der Parameter des Wärmetransportes, nämlich des *Wärmetransportkoeffizienten* $k_{\Delta H}$ [kcal/m²·h·°C], kann in Anwesenheit eines exothermen Bioprozesses von Gl. 3.30 unter Vernachlässigung der letzten Terme ausgegangen werden:

$$\frac{d \Delta H_V}{dt} = - k_{\Delta H} \cdot a \cdot \overline{\Delta T} + r_{\Delta H}. \qquad (3.32)$$

In Anlehnung an die OTR-Messung (vgl. 3.24a) kann die *dynamische Methode* dazu verwendet werden, wobei der Bioreaktor als ein Kalorimeter mit konstanter interner Wärmebildung betrachtet wird (Falch, 1968). Eine typische Meßkurve des Temperaturverlaufes ist in Abb. 3.12 als Analogie zu Abb. 3.9a gezeigt.

TYPISCHE MESSKURVE DES T/t -VERLAUFES

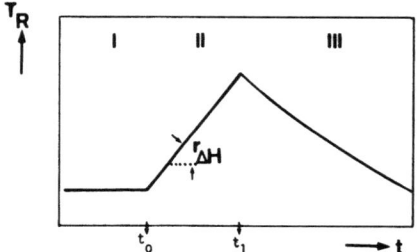

Abb. 3.12. Typische Meßkurve zur Ermittlung der Wärmeaustauschcharakteristik und Ermittlung des $k_{\Delta H} \cdot a_{\Delta H}$-Wertes. Erklärung der Symbole s. Nomenklatur

Zum Zeitpunkt t_0 wird die Kühlung abgeschaltet, so daß aus dem linearen T-Anstieg direkt die Wärmebildungsgeschwindigkeit $r_{\Delta H}$ bestimmt werden kann (Phase II). Der $k_{\Delta H} \cdot a$-Wert wird in Phase III, die im Unterschied zur OTR-Messung linearer verläuft, aus der Steigung (dT/dt) ermittelt, wobei Gl. 3.32 zusammen mit Gl. 3.31 zu verwenden ist und die Auswertung rechnerisch erfolgt. Eine graphische Methode in voller Analogie zu Abb. 3.9a wird durch die großen Änderungen der Kühltemperatur und der daraus folgenden notwendigen Bildung eines logarithmischen Mittelwertes erschwert.

Abschließend bringt Tab. 3.3 eine Zusammenstellung einiger Werte für den Wärmetransportkoeffizienten verschiedener Bauarten von Wärmetauschern (Bronn, 1971).

Tabelle 3.3

Bauart	$k_{\Delta H}$ [kcal/m²·h·°C]
Außenberieselung	500
Doppelmantel	900
Interne Rohre	1200
Externe Platten	2000

In der Praxis bereitet der Wärmeaustausch technisch einige Schwierigkeiten, da bei der gegebenen niedrigen T-Differenz eine uneffektive und unwirtschaftliche Arbeitsweise gegeben ist. Daher versucht man in neuester Zeit, thermophile Zellkulturen zu züchten, die bei höheren Temperaturen, d. h. um 50°C, optimal wachsen und produzieren.

Charakteristische Größe der biokatalytischen Masse

In Kapitel 3.2 wurde der Begriff und die Wichtigkeit des Kriteriums homogenheterogen zur Einteilung von Bioreaktoren dargelegt. Um das richtige kinetische Modell wählen zu können, ist also die Information über das Vorliegen von Transportlimitierungen in der Festphase (in dicken Filmen bzw. großen Flocken) entscheidend.

Die Messung derartiger charakteristischer Größen ist im Betrieb schwierig und aufwendig, wurde aber prinzipiell durch Mikrometer und Phasenmikroskopie in der Literatur sowohl für Flocken (Parker et al., 1971) als auch für Filme (z. B. Kornegay und Andrews, 1968) beschrieben.

Ohne Zweifel wird in realen Fällen immer eine Verteilungsfunktion der charakteristischen Größe vorliegen, so daß eine rechnerische Berücksichtigung erschwert scheint. Diese Schwierigkeit kann prinzipiell umgangen werden, da für eine gegebene Größenverteilungsfunktion ein *mittlerer Durchmesser* $\bar{d}$ zur Charakterisierung herangezogen werden kann (Atkinson und Ur-Rahman, 1979), der nach Gl. 3.18 berechenbar ist. Die weitere Verwendung von $\bar{d}$ für die Ermittlung des Ausmaßes der Transportlimitierung wird in Kapitel 4.4 dargelegt.

Aufgrund der Eigenschaft von einigen Film-Bioreaktoren, eine einheitliche Dicke aufzuweisen, sind diese im Unterschied zu Flockenreaktoren auch besonders geeignete Reaktoren für eine prozeßkinetische Analyse (vgl. Kapitel 4.1).

Vergleich prozeßtechnischer Daten von Bioreaktoren

Eine Zusammenstellung der besprochenen prozeßtechnischen Daten unter Angabe des Bereiches der Zahlenwerte ist in Tab. 3.4 gegeben, wobei die in der Literatur beschriebenen Bioreaktoren summarisch erfaßt werden.

Die Erstellung von *empirischen Korrelationen* zur Berechnung einzelner Systeme erfolgt üblicherweise mit Hilfe *dimensionsloser Größen*. Die *Mischzeit* t_m kann nach Gl. 3.33 dimensionslos gemacht werden (Zlokarnik, 1967)

$$N_M = \frac{t_m \cdot \nu}{D^2} . \qquad (3.33)$$

Der Leistungsbedarf P bzw. P_G wird z. B. mittels Gl. 3.34 in die *Leistungskennzahl* N_P transformiert (Zlokarnik, 1967).

$$N_P = \frac{P \cdot g_c}{\rho \cdot n^3 \cdot d^5} \qquad (3.34a)$$

bzw. auch bezogen auf die Gasdurchflußgeschwindigkeit F_G (Schügerl, 1979) als

$$N'_P = \frac{P/F_G}{\rho (g\nu)^{2/3}} . \qquad (3.34b)$$

Tabelle 3.4. *Kriterien prozeßtechnischer Daten zur quantitativen Kennzeichnung von Bioreaktoren und Bioprozessen* (Moser, 1979b; 1980a)

Größe	Symbol	Dimension	Zahlenwertbereich
O_2-Transportgeschwindigkeit	OTR	$kgO_2/m^3 h$	0,3 – 12
	$k_L a$	h^{-1}	100 – 1500
	k_L	m/h	0,3 – 2
	a	m^2/m^3	$10^2 – 10^6$
	E	–	$\geqslant 1 (?)$
O_2-Ausnutzungsgrad	η_{O_2}	%	5 – 90
O_2-Ertrag		kgO_2/kWh	0,2 – 3,5
		kWh/kgO_2	5 – 0,3
Leistungsbedarf	P/V	kW/m^3	0,5 – 20
Mischzeit (L)	t_m	sec	1 – 100
Wärmetransportgeschwindigkeit	Δ HTR	$kcal/m^3 h$	$5 \cdot 10^3 – 7 \cdot 10^4$
	$k_{\Delta H}$	$kcal/m^2 h\ °C$	500 – 2000
Hinterlandsverhältnis	Hl	–	$10^3 – 20$
Verweilzeitverteilung	Bo, N	–	kRK: $N \to 1$
			(Bo $\to 0$)
			kRR: $7 \leqslant $ Bo
			$5 \leqslant N$
Bioprozeßkinetik (biologische Testsysteme)			
Flockengröße	V/A	mm	$10^{-2} – 5$
Filmdicke	d	mm	$10^{-2} – 10$
Wachstum	μ_{max}	h^{-1}	0,02 – 2
	K_S	mg/l	2 – 100
	$Y_{X/S}$	–	0,05 – 0,5
O_2-Bedarf	$\sigma_{O,max}$	h^{-1}	0,05 – 3
Produktivität	Pr	$kg/m^3 \cdot h$	0,5 – 20
Umsatz	U	–	0 – 1

Diese Begasungsgeschwindigkeit F_G wird nach Ohyama und Endoh (1955) als dimensionslose *Belüftungszahl* N_A angegeben:

$$N_A = \frac{F_G}{n \cdot d^3} \qquad (3.35)$$

und der volumetrische Stofftransportkoeffizient $k_L \cdot a$ kann durch folgende Umformung dimensionslos gestaltet werden (Zlokarnik, 1978 und 1979) und wird als *Sorptionszahl* benannt

$$N_{OTR} = \frac{k_L \cdot a}{F_G/V} \qquad (3.36a)$$

bzw.

$$N'_{OTR} = k_L \cdot a \left(\frac{\nu}{g}\right)^{1/3}. \qquad (3.36b)$$

Dazu kommen noch die bekannten Definitionen der *dimensionslosen Kennzahlen* nach Sherwood (Sh), Reynolds (Re), Schmidt (Sc), Froude (Fr), Bodenstein (Bo), Weber (We) u.a.m. Auf Basis derartiger Kennzahlen sind nun in der Literatur für eine große Anzahl von Bioreaktoren empirische Korrelationen zu finden (z. B. Schügerl, 1979; Zlokarnik, 1979; Blanch, 1979). Die Ergebnisse experimenteller Messungen aller prozeßtechnischen Daten werden oft in graphischen Auftragungen angegeben, die die Form der Abhängigkeit nach Gl. 3.37 und Gl. 3.38 aufweisen. Für den volumetrischen Stofftransportkoeffizienten (Ryu und Humphrey, 1972):

$$k_L a = \alpha \left(\frac{P}{V}\right)^\beta \cdot v_S^\gamma \cdot \left(\frac{\nu}{\rho}\right)^\omega . \tag{3.37a}$$

Für die spezifische G/L-Austauschfläche (Nagel et al., 1972):

$$a = \alpha \cdot \left(\frac{P}{V}\right)^\beta \cdot v_S^\gamma , \tag{3.37b}$$

wobei $\alpha, \beta, \gamma, \omega$ empirisch ermittelte Koeffizienten sind. Für den *Leistungsbedarf* verschiedener Rührsysteme (Rushton et al., 1950; Blanch, 1979):

$$N_P = f_1(N_{Re}). \tag{3.38a}$$

Für den *Leistungsbedarf* verschiedener Rührer als Belüftungssystem (Ohyama und Endho, 1955):

$$N_P = f_2(N_A). \tag{3.38b}$$

Für die *Mischzeiten* verschiedener Mischsysteme (Zlokarnik, 1967):

$$N_M = f_3(N_P). \tag{3.38c}$$

Für den Belüftungseffekt verschiedener Bioreaktoren (Zlokarnik, 1978):

$$N_{OTR} = f_4(N_P) \tag{3.38d}$$

und speziell für Oberflächenbelüfter (Zlokarnik, 1979)

$$N_{OTR} = f_5(N_{Fr}). \tag{3.38e}$$

Für den Stofftransportkoeffizienten

$$Sh = \alpha + \beta \cdot Re^\gamma \cdot Sc^\omega . \tag{3.38f}$$

Diese Korrelationen u.a.m. dienen zur Quantifizierung und zu einem Vergleich, ermöglichen aber auch eine Verallgemeinerung, wobei sich die Werte vieler Systeme einordnen lassen. Die mathematischen Funktionen f_i in Gl. 3.38 stellen auch die Korrelationen für eine Maßstabsvergrößerung dar.

Biologische Testsysteme

Die vollständige Charakterisierung eines Bioreaktors erfordert zusätzliche Untersuchungen mit biologischen Testsystemen, da die Kenngrößen einer physikalischen Reaktorcharakterisierung nur beschränkte Auskunft geben kann. Das fluiddynamische und rheologische Verhalten von Medien wird nämlich durch die

Anwesenheit der biologischen Zellen direkt und indirekt beeinflußt (Fiechter, 1978). Als *biologische Testsysteme* kommen mikrobielle Prozesse in Frage, deren Wachstums- und/oder Produktbildungskinetik spezifisch auf Veränderungen von Mediums- und Reaktoreigenschaften reagieren (Karrer, 1978). Durch die zentrale Bedeutung des Stofftransportes ergibt sich, daß diese biologischen Testsysteme besonders sensitiv hinsichtlich des Mikromischens, der OTR und der Scherkräfte sind.

Grundsätzlich natürlich ist gutes Vermischen die nötige Voraussetzung für das In-Kontakt-Treten aller an der Reaktion beteiligten Phasen (vgl. Abb. 2.4). Das Ausmaß genügend guter Mischung ist freilich im Falle von Bioprozessen weitaus wichtiger als bei chemischen bzw. physikalischen Prozessen. Biosysteme weisen nicht nur ein ausgeprägtes Optimum auf, sondern sind oft auch sehr sensitiv gegenüber Konzentrationsschwankungen. Als Beispiel kann angeführt werden, daß z. B. die Bäckerhefe (Sacch. cer.) der Glukose-Repression unterliegt, d. h. bei Konzentrationen über einen bestimmten kritischen Wert, $S_{krit} \approx 50$ mg/l (Fiechter, 1974), wird trotz aerober Verhältnisse Alkohol produziert, so daß im Endeffekt die Zellausbeute reduziert wird. Der Stoffwechsel von Mikroorganismen ist eben stark von der Umwelt abhängig. In dem speziellen Fall der Bäckerhefe wird auch eine eigene Strategie der Zufuhr von Frischsubstrat in der Praxis durchgeführt, das sogenannte Zulaufverfahren (z. B. Aiba et al., 1976), das hohe Glukosekonzentrationen vermeidet. Trotzdem wird beim Zugeben von konzentrierten Lösungen in gut mischenden Reaktoren nicht augenblickliche Gleichverteilung erfolgen, so daß die biologischen Systeme Konzentrationsänderungen und damit Stoffwechseländerungen ausgesetzt sind (Einsele, 1976a). Daher wurden auch besonders geeignete biologische Systeme, die z. B. Glukose- oder auch O_2-sensitiv sind (Candida tropicalis, Trichosporum cutaneum, Beauveria tenella), zum Testen von Bioreaktoren vorgeschlagen, die mehr Information über den Mischungszustand von Bioreaktoren zulassen als rein physikalische Messungen (Einsele, 1978; Karrer, 1978; Fiechter, 1978). Auch die Untersuchungen bezüglich der *Scherkräftewirkung* bzw. Schädigung von Myzelbildnern wird nach Midler und Finn (1966) mit Hilfe eines biologischen Testsystems, nämlich Tetrahymena pyriformis, durchgeführt. Eine Quantifizierung des Effektes bringt Reuß (1977).

3.4 Operationsweisen und Bioreaktorkonzepte

Unabhängig von der Bauart der Bioreaktoren, die in Kapitel 3.1 überblickt wurden, kann fast jeder Reaktor nach verschiedenen Operationsweisen betrieben werden. Die Art der Reaktorführung wurde als Kriterium zur prozeßtechnischen Charakterisierung in Kapitel 3.2 verwendet und beinhaltet den diskontinuierlichen, vollkontinuierlichen Betrieb und eine Gruppe von Übergängen, die mit dem Sammelbegriff *„semi-kontinuierliche Verfahren"* benannt werden sollen. In Abb. 3.13 sind diese Operationsweisen übersichtlich zusammengestellt, wobei den verschiedenen Reaktorkonzepten der ersten Spalte die entsprechenden Konzentrationsprofile in Zeit und Ort in der zweiten und dritten Spalte zugeordnet werden.

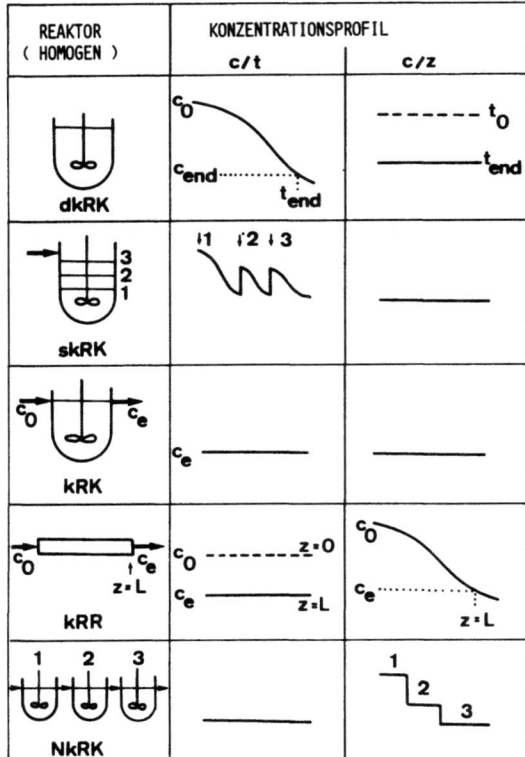

Abb. 3.13. Reaktorgrundtypen und ihre Konzentrations/Zeit- und Konzentrations/Orts-Profile. dkRK diskontinuierlicher Rührkessel, skRK semikontinuierlicher Rührkessel, kRK kontinuierlicher Rührkessel, kRR kontinuierlicher Rohrreaktor, NkRK kontinuierliche Rührkesselkaskade mit N Stufen

Der *diskontinuierliche Rührkessel* (dkRK) hat bei idealen Mischverhältnissen kein Ortsprofil. Der Prozeß wird aber zeitabhängig je nach Kinetik einen abfallenden Verlauf der Ausgangssubstrate zeigen. Das spiegelt sich im c/t-Profil wider.

Bei den *semikontinuierlichen* Verfahren wird meist die Charakteristik des idRK im Ortsprofil gegeben sein, während das c/t-Profil mehrere typische Kurvenverläufe in der Art des Bildes in der zweiten Spalte (vgl. auch Abb. 3.15 und 3.16) aufweist. Ein kontinuierliches Verfahren unter Anwendung eines idRK wird weder ein Profil mit der Zeit noch mit dem Ort aufweisen. Als wichtige Folge davon wird die Konzentration im Ausfluß (c_{ex}) gleich der im Reaktor herrschenden sein ($c_{ex} = c_R$).

Das Konzept des *idealen kontinuierlichen Rohrreaktors* (kRR) wird demgegenüber im stationären Zustand keine Zeitabhängigkeit an jeder beliebigen Stelle haben. Der Prozeß wird aber mit der Länge des Rohres fortschreiten und so das typische Ortsprofil eines kRR erzeugen. Damit zeigt der kRR in seinem Ortsprofil identisches Verhalten mit dem Zeitprofil des dkRK.

Zuletzt sind noch die Verhältnisse in einer *Kaskade von kRK* mit einer Anzahl Tanks-in-Serie N gezeigt (NkRK). Als kRK-Anordnung wird in jedem Tank

Gleichverteilung herrschen. Das Ortsprofil über die gesamte „Länge" der Kaskade wird jedoch eine typische Stufenfunktion aufweisen. Es läßt sich unschwer erkennen, daß damit das Ortsprofil des kRR angenähert wird. Tatsächlich gilt die Regel, daß eine Kaskade mit $N \geqslant 5$ als reaktionstechnischer Ersatz für den kRR genommen werden kann (vgl. VZV in Kapitel 3.3).

Die Operationsweisen der Bioprozeßtechnik, besonders die der *semikontinuierlichen Verfahren*, lassen sich mit Hilfe der Zeitabhängigkeit des Zulaufes charakterisieren und auch unterteilen. In Abb. 3.14 erfolgt eine derartige Systematisierung der Bioprozeßtechnik. Der dis- und vollkontinuierliche Prozeß sind als Sonderfälle mit $F_{in} = 0$ bzw. $F_{in} = F_{ex}$ durch ein konstantes Reaktorvolumen gekennzeichnet. Dies hat im Falle des kRK auch praktische Schwierigkeiten, da ein konstanter kontinuierlicher Zulauf nicht ohne weiteres erzielt werden kann.

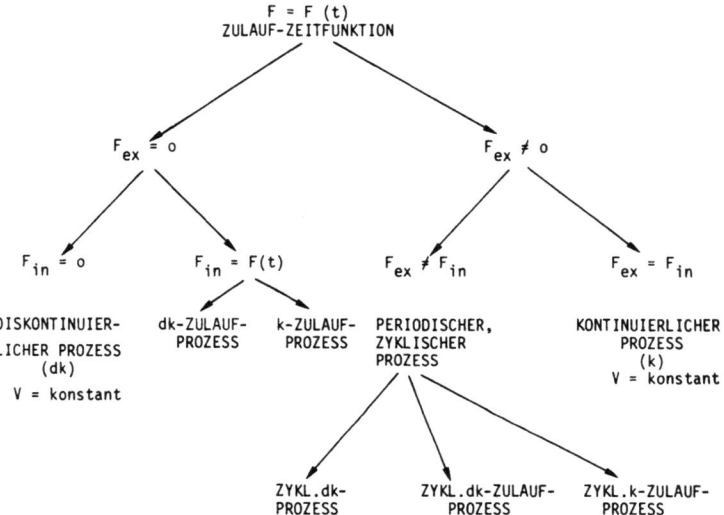

Abb. 3.14. Prozeßtechnische Systematisierung von Fermentationsprozessen mittels der Zeitfunktion des Zuflusses F_{in} und Abflusses F_{ex}

Die Prozesse mit $F_{ex} = 0$ lassen sich weiter unterteilen: *diskontinuierliche Zulauf-Verfahren* (dkZ) und *kontinuierliche Zulauf-Verfahren* (kZ).

Von den *zyklischen bzw. periodischen Prozessen* mit $F_{in} \neq F_{ex}$, aber $F_{ex} \neq 0$, kann man die zyklischen Verfahren mit dkZ und kZ von den einfachen zyklischen, diskontinuierlichen Prozessen unterscheiden. Die Zeitabhängigkeit des Zuflusses an Flüssigkeit $F(F_L)$, des Flüssigkeitsvolumens im Reaktor V_L und einer Substratkonzentration S sind in Abb. 3.15 für die Zulaufverfahren der Fermentationstechnologie und in Abb. 3.16 für die zyklischen Fermentationsprozesse zusammengestellt. Als mathematischer Ansatz zur Erfassung der Zeitabhängigkeit kontinuierlicher Zuläufe eignen sich folgende einfache Gleichungen:

$$F_L(t) = \frac{dV}{dt} = \alpha_1 \cdot t + \beta_1 \tag{3.39a}$$

bzw.

$$F_L(t) = \alpha_2 \cdot e^{\beta_2 \cdot t}. \tag{3.39b}$$

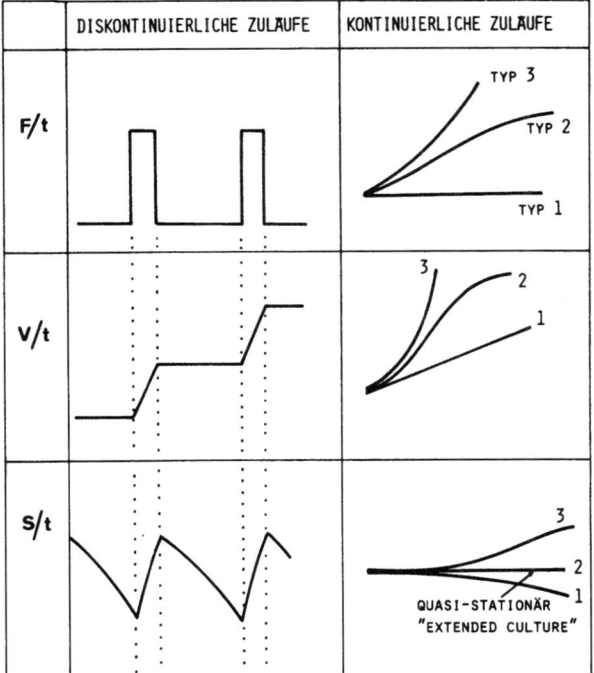

Abb. 3.15. Diskontinuierliche und kontinuierliche Zulaufverfahren und ihre Charakterisierung durch die Zeitabhängigkeit des Zuflusses F, des Volumens der Flüssigphase V sowie der Substratkonzentration S. Die kontinuierlichen Zulaufverfahren können nach Typ 1–3 unterschieden werden

Als Sonderfall der kontinuierlichen Zulaufverfahren erkennt man die sogenannte „*extended culture*", die mit konstanter Substratkonzentration operiert.

In Abb. 3.16 findet sich auch teilweise das von Bailey (1973) vorgeschlagene Kriterium zur Einteilung wieder, das auf Basis des Vergleiches zwischen Zeitdauer der Störfunktion und der Antwort gebildet wird. Danach fallen sehr viele Bioprozesse in den Bereich der zyklischen, kontinuierlichen Zulaufverfahren (Pickett et al., 1979).

Die prinzipiellen Vorteile derartiger zyklischer Systeme mit Übergangseigenschaften („*transient operation techniques*") zeigen sich bei den Bioprozessen, deren maximale Produktivität in einem Übergangsbereich liegt. Ein typischer Vertreter dieser Gruppe ist die Produktion sekundärer Metaboliten (Pirt, 1974). Eine andere Gruppe betrifft Prozesse, zu deren optimaler Gestaltung ein optimaler Substratkonzentrationsbereich benötigt wird, z. B. Biomasseproduktion mit Bäckerhefe (Aiba et al., 1976), oder auch Prozesse, die einer Substratinhibition unterliegen. Im Vergleich zu diskontinuierlichen Verfahren kann mit semikontinuierlichen Verfahren eine Substratlimitierung durch Zulauf frischen Substrates hinausgezögert werden und wird erst durch das Reaktorvolumen oder die OTR begrenzt. Ein großes Einsatzgebiet liegt noch in der biologischen Abwasserreinigung. In allen Fällen weisen diese periodischen Prozeßtechniken eine gesteigerte Produktivität auf.

86   3 Bioreaktoren

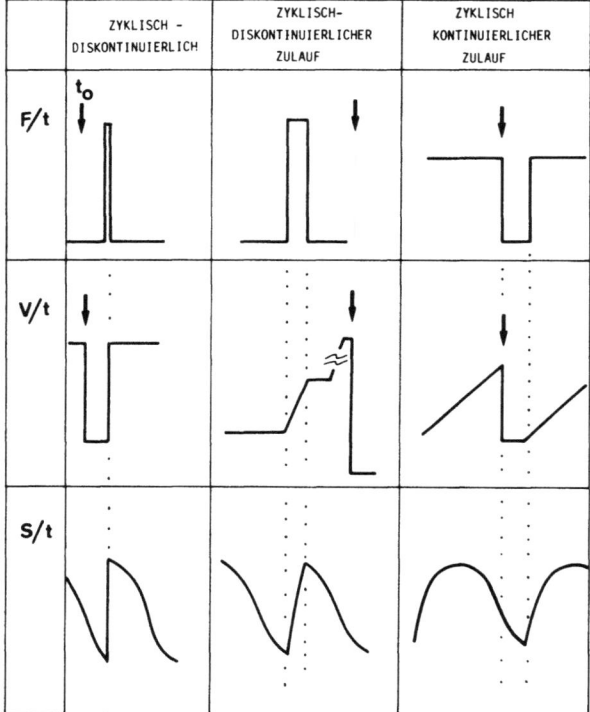

Abb. 3.16. Periodische, zyklische Fermentationsprozesse und ihre Charakterisierung durch die Zeitabhängigkeit des Zuflusses F, des Flüssigkeitsvolumens V sowie der Substratkonzentration S. Der Pfeil bezeichnet den Zeitpunkt des jeweiligen Neubeginnes der zyklischen Prozeßführung

Abschließend in diesem Kapitel über Operationsweisen von Bioreaktoren wird noch das *Konzept der Wirbelschicht-Reaktoren* in seinen Grundlagen diskutiert, da es in letzter Zeit stark in Entwicklung begriffen ist.

Diese Prozeßtechnik wurde, wie so viele, aus der chemischen Verfahrenstechnik übernommen und geht von einem Festbettreaktor aus. In diesem Festbett kann nun durch einen von unten eingetragenen Fluidstrom (Gas oder/und Flüssigkeit) die Masse der Partikel mit steigender Durchströmungsgeschwindigkeit v_{fluid} aufgewirbelt werden.

Diese Situation ist in Abb. 3.17 skizziert. Ab einer gewissen Strömungsgeschwindigkeit werden die Festphaseteilchen in Schwebe gehalten: Dieser Punkt ist die sogenannte minimale Fluidisationsgeschwindigkeit v_{mf}, ab der der Druckverlust Δp in der Kolonne konstant bleibt. Dieser Arbeitsbereich ist der des Wirbelbettes („fluidized bed"). Bei weiterer Steigerung von v_{fluid} würde ein pneumatisches „Auswaschen" der Festphase (sogenannte Elutriation) erfolgen. Neben dieser Fluidisationstechnik, bei der Teilchen bis maximal 1 mm gehandhabt werden, wurde noch eine Variante, die besonders für Teilchen mit einem Durchmesser von ca. 5 mm geeignet ist, entwickelt („spouted" oder „whirling" bed, Mathur und Epstein, 1974). In echten Wirbelbetten befindet sich eine poröse

Platte zur Fluidverteilung am Boden der Kolonne, während bei Sprudelbetten durch eine schmälere Öffnung am konischen Boden die Fluidphase direkt eingetragen wird.

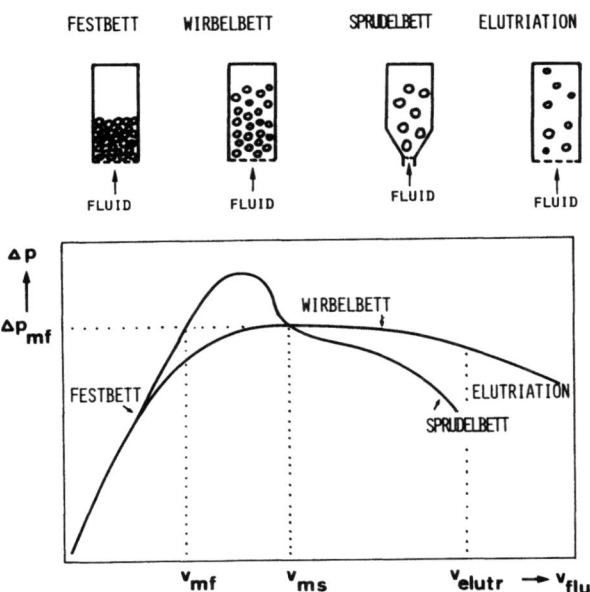

Abb. 3.17. Die verschiedenen Zustände von Fluid/Solid-Reaktoren bei Variation der Strömungsgeschwindigkeit v_{fluid} der Fluidphase mit dazugehörigem Phasendiagramm der Fluidisation für die verschiedenen Reaktortypen: Der Druckverlust Δp steigt im Festbett linear an bis er die Geschwindigkeit der minimalen Fluidisation v_{mf} beim Wirbelbett und die Geschwindigkeit des minimalen Sprudelns v_{ms} beim Sprudelbett erreicht. Bei weiterer Erhöhung von v_{fluid} erfolgt Auswaschen der Festphase (Elutriation)

Aufgrund der Hydrodynamik wird eine gesteigerte Vermischung des Reaktorinhaltes mit allen beteiligten Phasen (G/L-, L/S- oder G/L/S-Prozesse) erreicht. Die Vorteile der Wirbelbett-Technik liegen unter anderem in den verbesserten Koeffizienten für Stoff- und Wärmetransport.

Die Anwendung derartiger Konzepte findet Eingang in die biologische Abwasserreinigung (Atkinson, 1980) und auch in die Lebensmitteltechnik (Moser et al., 1980), während die Enzymtechnologie schon erfolgreich damit operiert (Coughlin et al., 1975), obwohl bei der Maßstabsvergrößerung sogar bei chemischen Prozessen nicht alle Probleme gelöst sind (Werther, 1977).

3.5 Bioreaktormodelle

In Übereinstimmung mit Abb. 3.13 liegen drei Grundmodelle als Bioreaktorkonzepte vor (dkRK, kRK, kRR), die als Idealfälle zur Berechnung des Umsatzes herangezogen werden können (vgl. Kapitel 6).

Die *Bilanzgleichungen* aller Reaktormodelle leiten sich von der allgemeinen Form des Erhaltungssatzes der Masse nach Gl. 2.2 ab.

88   3 Bioreaktoren

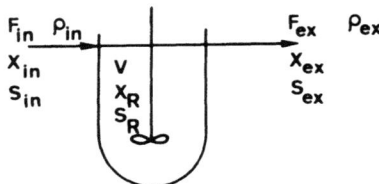

dkRK $F_{in} = 0 = F_{ex}$
kRK $F_{in} = F_{ex}$
skRK $F_{in} = F(t)$

Abb. 3.18. Ansätze von Bilanzgleichungen für Bioreaktoren, die auf Basis des Konzeptes des idealen Rührkessels (Bedingung: $c_{ex} = c_R$) gebildet werden können

Die Bilanzgleichungen für alle Bioreaktoren, die auf Basis des Konzeptes des idRK gebildet werden ($c_{ex} = c_R$), können weiters einheitlich von folgender Betrachtung zur Bilanzierung abgelesen werden (vgl. Abb. 3.18):

| Gesamte Änderung an Masse in V_L | = | einfließende Masse mit F_{in} | − | ausfließende Masse mit F_{ex} | ± | Änderung der Masse durch Reaktion | (3.40a) |

oder in mathematischer Form:

$$\frac{d(V \cdot c_{ex})}{dt} = F_{in} \cdot c_{in} - F_{ex} \cdot c_{ex} \pm r_i \cdot V. \tag{3.40b}$$

Modell 1: Der ideale diskontinuierliche Rührkessel (dkRK)

Die spezielle Bilanzgleichung für den dkRK, der als ideal gemischt angenommen wird und daher div grad $n_i = 0$ (vgl. Gl. 2.2), ergibt sich aus Gl. 3.40b, da $F_{in} = 0 = F_{ex}$ und $V = $ konstant bzw. $dV/dt = 0$, zu:

$$\frac{dc}{dt} = \pm r_i. \tag{2.2c}$$

Diese Gleichung stellt somit neben der Bilanz gleichzeitig die Definitionsgleichung einer Bildungs- ($r_i > 0$) bzw. Verbrauchsgeschwindigkeit ($r_i < 0$) dar. Für Umsatzberechnungen muß eine Integration vorgenommen werden.

Für Bioprozesse sind meist mehrere Prozeßvariablen von Interesse, so daß mehrere Massenbilanzgleichungen zu bilden sein werden (vgl. Gl. 2.3a–c für die Kinetik).

Modell 2: Der ideale kontinuierliche Rührkessel (kRK) mit $V = $ konstant

Unter der Bedingung, daß $F_{ex} = F_{in} = F$ mit $V = $ konstant und $c_{ex} = c_R$, haben die Massenbilanzgleichungen folgende Form:

$$V \frac{dc}{dt} = F(c_{in} - c_{ex}) \pm r_i \cdot V. \tag{3.40c}$$

3.5 Bioreaktormodelle

Verwendet man die Größe der mittleren Verweilzeit $\bar{t}$ [h] bzw. die sogenannte Verdünnungsgeschwindigkeit der Flüssigphase D [h^{-1}] nach Gl. 3.25b

$$D = \frac{1}{\bar{t}} = \frac{F_L}{V_L}, \qquad (3.40d)$$

so erhält man aus Gl. 3.40c

$$\frac{dc}{dt} = D(c_{in} - c_{ex}) \pm r_i. \qquad (3.40e)$$

Für den stationären Fall ($dc/dt = 0$) lautet somit die Bilanzgleichung des kRK

$$D(c_{in} - c_{ex}) = \pm r_i. \qquad (3.40f)$$

Ist z. B. im Falle eines mikrobiellen Wachstumsprozesses in einem kRK $X_{in} = 0$, so erhält man unter Verwendung von Gl. 2.4a für die Wachstumsgeschwindigkeit die bekannte Beziehung für den Gleichgewichtszustand, der die Grundlage des sogenannten *Realstat* (bzw. *Chemostat*-)-Betriebes von kontinuierlichen Fermentern bildet:

$$D = \mu. \qquad (3.41)$$

Modell 3: Der ideale semikontinuierliche Rührkessel (skRK) mit V = variabel

In diesem Fall ist (vgl. Abb. 3.18) $dV/dt \neq 0$ und daher bleibt Gl. 3.40b voll gültig. Für die Berechnung z. B. eines kontinuierlichen Zulaufverfahrens nach Abb. 3.16 ist F_{in} = konstant und $F_{ex} = 0$. Liegt z. B. der Fall eines Zulaufes nach Gl. 3.39a mit $\alpha_1 = 0$ aber $\beta_1 > 0$ vor, so kann Gl. 3.40b umgeschrieben werden und man erhält mit Gl. 3.42 die Bilanzgleichung für den skRK mit variablem Volumen:

$$\frac{d(V \cdot c_{ex})}{dt} = F_{in} \cdot c_{in} \pm r_i \cdot V \qquad (3.42a)$$

bzw.
$$F_{in} \cdot c_{ex} + \frac{dc_{ex}}{dt} \cdot V = F_{in} \cdot c_{in} \pm r_i \cdot V. \qquad (3.42b)$$

Für den Fall eines Wachstumsprozesses unter Verwendung von Gl. 2.4a für die Wachstumsgeschwindigkeit und mit $X_{in} = 0$ ergibt sich daraus (Dunn und Mor, 1975)

$$\frac{dX_R}{dt} = (\mu - D) \cdot X_R. \qquad (3.43)$$

Diese Gl. 3.43 beschreibt den „quasi-steady-state", der in derartigen Zulauftechniken eine zeitlang aufrechterhalten werden kann.

Zum Vergleich betrachte man die Gl. 3.41 für den echten „steady-state" im kRK, die formal identisch mit Gl. 3.43 ist. Der Unterschied liegt aber in der realen Bedeutung des Faktors $D \cdot c_{ex}$ in Gl. 3.40f, der im Fall des Chemostaten einen Auswascheffekt darstellt, während im Fall des skRK mit variablem Volumen der Faktor $D \cdot X_R$ in Gl. 3.43 ein Absinken der Zellkonzentration durch Volumsänderung im Reaktor beschreibt (Dunn und Mor, 1975). Ähnliche Formulierungen können für alle anderen Arten von Zulaufverfahren unter Verwendung der jeweils zutreffenden Modifikation der Gl. 3.39 erstellt werden.

90 3 Bioreaktoren

Modell 4: Der ideale kontinuierliche Rohrreaktor (kRR)

Für eine Quantifizierung der Bilanz über einen kRR kann von der Analogie zwischen dem Ortsprofil der Konzentration im kRR und dem c/t-Profil im kRK (vgl. Abb. 3.13) ausgegangen werden. Das bedeutet eine Umformung der Gl. 2.2d in dem Sinn, daß sich Zeit- und Längsabhängigkeit entsprechen. Eine Kontrolle der Dimension ergibt, daß der Term der Längsabhängigkeit mit einer Geschwindigkeit multipliziert werden muß. Somit ergibt sich für den idealen kRR, wenn z die Längskoordinate ist, die Bilanzgleichung zu

$$v_z \cdot \frac{dc}{dz} = \pm r_i. \tag{3.44}$$

Darin ist v_z die superfizielle Strömungsgeschwindigkeit [m/h], die sich aus der Massendurchflußgeschwindigkeit F [m³/h] ergibt, wenn diese auf den Rohrquerschnitt A [m²] bezogen wird.

Zum selben Resultat der Gl. 3.44 kommt man üblicherweise, wenn man für ein Volumenelement des kRR eine differentielle Massenbilanz aufstellt. Diese Vorgangsweise der Erstellung differentieller Bilanzen ist notwendig, da der kRR ein Konzentrationsprofil über die Länge aufweist. Die Erstellung einer Massenbilanz ist für den Fall einer kontinuierlichen Fermentation in einem idealen kRR in Abb. 3.19 skizziert.

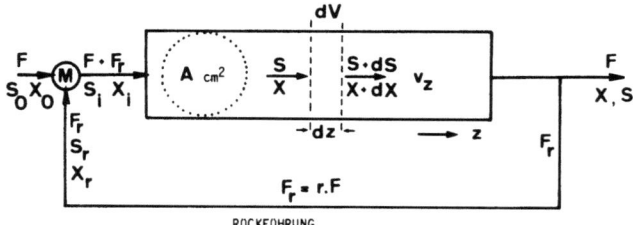

Differentielle Massenbilanz für $dV = A \cdot dz$
bei einer Reaktion $S \to X$:

Änderung = Eintritt − Austritt ± Reaktion
für S: $d(V \cdot S)/dt = F(1 + r) S - F(1 + r)(S + dS) - r_S \cdot dV$
für X: $d(V \cdot X)/dt = F(1 + r) X - F(1 + r)(X + dX) + r_X \cdot dV$

Abb. 3.19. Ansatz von Bilanzgleichungen für Bioreaktoren, denen das Konzept des idealen Rohrreaktors zugrunde liegt. Erklärung der Symbole s. Nomenklatur. Beispiel der differentiellen Massenbilanz für S und X für einen Rohrreaktor mit Rückführung

Reaktoren vom Typ des kRR haben den Nachteil, daß mit dem Durchströmen des Mediums auch die Zellen den Reaktor verlassen. Ein Stillstand des Prozesses kann z. B. durch konstantes Inoculum durch einen vorgeschalteten kRK erfolgen oder auch durch einen Rückstrom von Zellmasse (Recycle). In Abb. 3.19 ist ein Recycle der Stärke F_r [m³/h] eingezeichnet, so daß sich ein Recycleverhältnis $r = F_r/F$ ergibt. Gleichzeitig ist der Ansatz zur Erstellung der Bilanzgleichungen angeführt. Für den stationären Zustand und mit $dV = A \cdot dz$ ergeben sich die beiden Gleichungen für die Bilanz der Zellmasse X und des Substrates S

$$F(1 + r) \cdot dS + r_S \cdot A \cdot dz = 0 \tag{3.45a}$$

$$F(1 + r) \cdot dX - r_X \cdot A \cdot dz = 0. \tag{3.45b}$$

Diese bilden zusammen mit den Gleichungen für die Randbedingungen ein System nichtlinearer Differentialgleichungen, das analytisch schwer lösbar ist, so daß Computer herangezogen werden müssen. Unter gewissen Vereinfachungen ist eine direkte Integration möglich. Die entsprechenden Randbedingungen bildet man in diesem Fall mittels einer Massenbilanz am Mischungspunkt M, wo frischeintretendes Medium mit rückgeführtem zusammentrifft (vgl. Abb. 3.19). Für $z = 0$ gilt dann

$$S_i = \frac{S_0 + r \cdot S_r}{1 + r} \tag{3.46a}$$

und

$$X_i = \frac{X_0 + r \cdot X_r}{1 + r} \,. \tag{3.46b}$$

Aus der Gl. 3.45 kann unter Verwendung der Beziehung $dV = A \cdot dz$ die Gültigkeit von Gl. 3.44 für den Fall ohne Recycle bewiesen werden.

Die Erstellung der Massenbilanzen im Falle NkRK bzw. von Prozeßvarianten mit Rückführung von aufkonzentrierter Festphase kann mit analogen Überlegungen durchgeführt werden (Powell und Lowe, 1964).

Modell 5: Realer kRR mit Dispersion

Auch die Quantifizierung realer Reaktoren mit Abweichungen von der idealen Pfropfenströmung kann nun vorgenommen werden. In diesem Falle ist entsprechend Gl. 2.2 der Transportterm nicht mehr vernachlässigbar, da in Übereinstimmung mit Gl. 3.4a neben dem Konvektionsterm durch die Strömungsgeschwindigkeit v_z noch der Term mit dem Dispersionskoeffizienten D_L wirksam ist.

Die Massenbilanzgleichung für derartige Situationen, die in der Realität zur Modellierung z. B. von Rohrreaktoren direkt (Moser, 1977) bzw. von Blasensäulen angewendet werden (z. B. Reuß, 1976), ist somit identisch mit der Gl. 3.4a. Derartige *1-dimensionale-1-Phasen-Modelle* sind nicht nur für Umsatzberechnungen nötig, sondern auch sehr brauchbar, z. B. zur Ermittlung des $k_L \cdot a$-Wertes in einem Reaktor, der ein Konzentrationsprofil aufweist. In diesem Fall ist nämlich der einfache Ansatz nach Kapitel 3.3 nicht mehr gültig und die Bestimmung des volumetrischen O_2-Transportkoeffizienten kann nur mit Hilfe eines zu Gl. 3.4a analogen Ansatzes durchgeführt werden: Im stationären Fall ist

$$\frac{dO_L}{dt} = 0 = k_L a (O_L^* - O_L) - v_L \frac{dO_L}{dz} + (1 - \epsilon_G) D_L \frac{d^2 O_L}{dz^2} \,. \tag{3.47}$$

Zur tatsächlichen Bestimmung von $k_L \cdot a$ bedarf es nicht nur der experimentellen Messung des O_2-Konzentrationsprofiles über die Reaktorlänge, sondern auch der Kenntnis des Dispersionskoeffizienten, der mittels Gl. 3.4c unter Anwendung der Meßmethoden für das Makromischen bestimmbar ist (vgl. Kapitel 3.3). Mit diesen Daten kann dann Gl. 3.47 mittels einer elektronischen Rechenanlage so lange variiert werden, bis die beste Übereinstimmung mit dem experimentell gemessenen O_2-Profil gegeben ist. Daraus kann der numerische Wert für $k_L \cdot a$ entnommen werden (Lücke und Schügerl, 1976).

Die bisher verwendeten Modellansätze wurden schon als 1-dimensionale-1-Phasen-Modelle bezeichnet. Das bedeutet, daß nur eine Koordinatenrichtung

92   3 Bioreaktoren

(z-Achse) betrachtet wurde, während in Wirklichkeit im Falle von z. B. Rohrströmungen, Vorgänge auch in radialer Richtung (Koordinate R) von Bedeutung sein können.

Der Ansatz eines *2-dimensionalen-1-Phasen-Modells* für die Dispersion nach Gl. 3.4a nimmt dann folgende Form an:

$$\frac{\partial c}{\partial t} = -v_z \frac{\partial c}{\partial z} + D_z \frac{\partial^2 c}{\partial z^2} + \frac{D_R}{R} \frac{\partial}{\partial R} \left(R \frac{\partial c}{\partial R} \right). \tag{3.48}$$

Diese Gleichung beinhaltet neben D_z auch den radialen Dispersionskoeffizienten D_R, der zur Modellverifizierung freilich gemessen werden müßte. Eine zweite bedeutsamere Ausweitung von Modellansätzen ist mit dem Begriff Mehr-Phasen-Modelle verbunden.

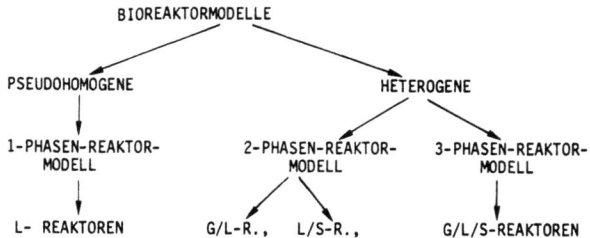

Abb. 3.20. Einteilung der mathematischen Modelle von Bioreaktoren nach reaktionstechnischen Gesichtspunkten (Moser, 1977b)

In Abb. 3.20 ist eine schematische Einteilung der Modellvorstellungen von Bioreaktoren getroffen (Moser, 1977b). Die bisher demonstrierten Modellansätze sind als 1-Phasen-Reaktormodelle zu verstehen, die unter der Voraussetzung der sogenannten Pseudohomogenität nur die Flüssigphase in Betracht ziehen. Mit der Überprüfung, ob und wann diese Voraussetzung für das Denken und Arbeiten mit pseudohomogenen Modellen zutreffend ist, wird sich Kapitel 4.2 beschäftigen. Nachdem Bioreaktoren durch die Anwesenheit von G-, L- und S-Phasen eigentlich heterogene Systeme sind, dürften auch die heterogenen Modellvorstellungen der 2-Phasen- und 3-Phasen-Ansätze realistischer sein. Durch ihre Komplexheit freilich ist ihre Anwendung erst am Beginn. Ein derartiges 2-Phasen-Dispersionsmodell hat z. B. im Falle der Blasensäule erfolgreich zur Deutung von O_2-Limitierungen und Inhibierungen in schlanken Reaktorbauformen beigetragen. Ein 2-Phasen-Modell berücksichtigt also die G- und L-Phase und erstellt beide Bilanzgleichungen (Reuß, 1976).

Zusätzlich zur Bilanzgleichung für die L-Phase nach Gl. 3.47, die nur mit einem Reaktionsterm ergänzt werden muß, nämlich $-(1-\epsilon_G)r_0$, ist die Gleichung für die G-Phase (index G) im stationären Fall zu schreiben:

$$\frac{dO_G}{dt} = 0 = k_L \cdot a \, (O_L^* - O_L) + \frac{d}{dz}(v_{SG} \cdot O_G). \tag{3.49}$$

v_{SG} ist die superfizielle Geschwindigkeit [m/h] und ist genauso wie O_L^* von dem hydrostatischen Druck in der Kolonne abhängig.

3.5 Bioreaktormodelle 93

Das Konzept des Mischverhaltens aus Kapitel 3.3 ist strenggenommen auf alle Reaktionsphasen anzuwenden, wenn mit Mehrphasenmodellen gearbeitet werden muß. Meistens kann mit der Annahme, daß die G-Phase Pfropfenströmung aufweist, im Fall von Blasensäulen und anderen Turm-Bioreaktoren gerechnet werden.

Eine vollständige Beschreibung aller Probleme, die mit Mehrphasenmodellen zusammenhängen, würden dem Sinn und auch Umfang dieses Textes nicht entsprechen. Ein Einblick in die möglichen Denk- und Arbeitsansätze zur Modellierung des Strömungsverhaltens der Reaktionsphasen in Bioreaktoren ist in Abb. 3.21 gegeben.

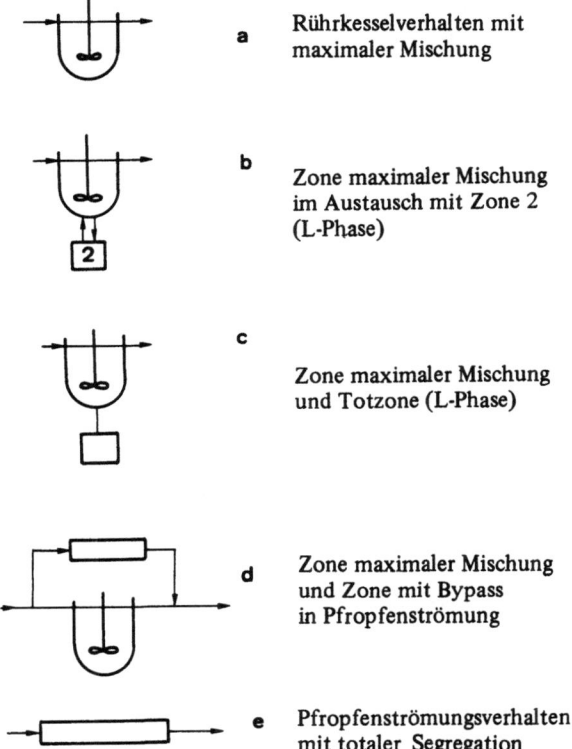

a Rührkesselverhalten mit maximaler Mischung

b Zone maximaler Mischung im Austausch mit Zone 2 (L-Phase)

c Zone maximaler Mischung und Totzone (L-Phase)

d Zone maximaler Mischung und Zone mit Bypass in Pfropfenströmung

e Pfropfenströmungsverhalten mit totaler Segregation

Abb. 3.21. Strömungsmodelle (Fall a–e) der Gas- und/oder Flüssigphase von Bioreaktoren

Sowohl L- als auch G-Phase können alle Zwischenstufen und Kombinationen der beiden Extreme, nämlich maximale Mischung und totale Segregation, einnehmen, wobei auch Totzonen oder Bypass auftreten können. Eine gute Beobachtung der Situation in einem zu untersuchenden Reaktor gibt vielfach schon einen ersten Hinweis, mit welchen Modellansätzen zu arbeiten ist. Der Einfluß unvollständiger Vermischung der L-Phase konnte z. B. nach einem Modellansatz des Bildes b) in Abb. 3.21 quantitativ erfaßt werden, so daß eine deutliche Abweichung von dem normalen Wachstumsverhalten einer mikrobiologischen Kultur im Chemostatbetrieb gedeutet werden konnte (Sinclair und Brown, 1970).

Literatur

Aiba, S., Humphrey, A. E., Millis, N. (1973): Biochemical Engineering. New York: Academic Press.
- Nagai, S., Nishizawa, Y. (1976): Biotechnol. Bioeng. *18*, 1001.
Atkinson, B. (1974): Biochemical Reactors. London: Pion Ltd.
- Knight, A. J. (1975): Biotechnol. Bioeng. *17*, 1245.
- Ur-Rahman, F. (1979): Biotechnol. Bioeng. *21*, 221.
- Kossen, N. W. F. (1978): Proc. 1st Europ. Congress on Biotechnology, Interlaken, Schweiz, Dechema Monographie Nr. 82, 37.
- (1980): Proc. „Biol. Fluidized Bed Treatment of Water and Wastewater", Konferenz an der Univ. of Manchester, England 14.–17. April.
Baader, W., et al.(1978): Biogas in Theorie und Praxis. Hrsg. Kuratorium f. Technik und Bauwesen in der Landwirtschaft, Münster-Hiltrup.
Bailey, J. E. (1973): Chem. Eng. Commun. *1*, 111.
Bandyopadhyay, B., Humphrey, A. E., Taguchi, H. (1967): Biotechnol. Bioeng. *9*, 533.
Beek, W. J. (1969): T. H. Delft, VSSD Skriptum „Stofftransport mit und ohne chemische Reaktion".
Blanch, H. W. (1979): In: Ann. Rep. Ferm. Processes *3*, 47.
Blenke, H. (1979): In: Adv. Biochem. Eng. *13*, 121.
Bronn, W. K. (1971): Chem. Ing. Techn. *43*, 70.
Carberry, J. (1964): Ind. Eng. Chem. *56*, 39.
Chibata, T., et al. (1972): In: Fermentation Technology Today (Terui, G., ed.), S. 383. Tokio.
Cooney, Ch. L., Wang, D. I. C., Mateles, R. I. (1969): Biotechnol. Bioeng. *11*, 269.
Cooper, C. M., Fernstrom, G. A., Miller, S. A. (1944): Ind. Eng. Chem. *36*, 504.
Coughlin, R. W., Charles, M., Paruchuri, E. K., Allen, B. R. (1975): Chem. Ing. Techn. *47*, 111.
Cow, J. S., Littlehailes, J. D., Smith, S. R. L., Walter, R. B. (1975): In: Single Cell Protein II (Tannenbaum, S. R., Wang, D. I. C., eds.), S. 424. MIT Press.
Danckwerts, P. V. (1958): Chem. Eng. Sci. *8*, 93.
Dang, N. D. P., Karrer, D. A., Dunn, I. J. (1977): Biotechnol. Bioeng. *19*, 853.
Dawson, P. S. S. (1974): In: Adv. Microb. Eng., Part 2 (Sikyta, B., Prokop, A., Novak, M., eds.), S. 809. Interscience Publications.
Deckwer, W. D. (1977): Chem. Ing. Techn. *49*, 213.
- (1979): In: Fortschritte der Verfahrenstechnik *17*, Abt. D, 317.
Dohan, L. A., Weinstein, H. (1973): Ind. Eng. Chem. Fundam. *12*, 64.
Dunn, I. J., Mor, J. R. (1975): Biotechnol. Bioeng. *17*, 1805.
- Einsele, A. (1975): J. Appl. Chem. Biotechnol. *25*, 707.
Driessen, F. M., Ubbels, J., Stadhouders, J. (1977): Biotechnol. Bioeng. *19*, 841.
Ebert, K. H. (1971): Chem. Ing. Techn. *43*, 50.
Einsele, A., Fiechter, A. (1974): Chem. Ing. Techn. *46*, 701.
- (1976a): Habilitation, ETH Zürich.
- (1976b): Chem. Rundschau *29*, 53.
- (1978): Panel-Diskussion 1st Europ. Congress on Biotechnology, Interlaken, Schweiz.
- Ristroph, D. L., Humphrey, A. E. (1978): Biotechnol. Bioeng. *20*, 1487.
Falch, E. (1968): Biotechnol. Bioeng. *10*, 233.
Fan, L. T., Erickson, L. E., Shah, P. S., Tsai, B. I. (1970): Biotechnol. Bioeng. *12*, 1019.
Fiechter, A. (1974): Proc. 4th Int. Symp. in Yeasts, Part II, Wien, Österreich, 17.
- (1978): In: Proc. 1st Europ. Congress on Biotechnology, Dechema Monographie *82*, 17.
Finn, R. K. (1969): Proc. Biochem. *4*, 17.
Fu, B., Weinstein, H., Bernstein, B., Shaffer, A. B. (1971): Ind. Eng. Chem. Process Des. Dev. *10*, 501.

Ghose, T. K., Mukhopadhyay, S. N. (1979): Paper at 32nd Ann. Session of IIChE, IIT-Bombay, Dezember.
Hartung, K. H., Hiby, J. W. (1973): Chem. Ing. Techn. *45*, 522.
Heineken, F. G. (1970): Biotechnol. Bioeng. *12*, 145.
Hesseltine, C. W. (1977a): Proc. Biochem. *11*, Juli/August, 24.
− (1977b): Proc. Biochem. *11*, November, 29.
Hiby, J. W. (1972): Chem. Ing. Techn. *44*, 907.
Hines, D. A., Bailey, M., Onsby, J. C., Roesler, F. C. (1975): 1st Chem. Eng. Symp. Ser. *41*, D1.
Hirner, W., Blenke, H. (1974): Chem. Ing. Techn. *46*, 353.
Howell, J. A., Atkinson, B. (1976): Biotechnol. Bioeng. *18*, 15.
Käppel, M. (1976): VDI-Bericht Nr. 578.
Karrer, D. (1978): Dissertation 6254, ETH-Zürich.
Katinger, H. W. D. (1978): Mitteil. d. Versuchsanstalt für das Gärungsgewerbe, Wien Nr. 7/8, 82.
− Scheirer, W., Krömer, E. (1979): Ger. Chem. Eng. *2*, 31.
King, C. J. (1966): Ind. Eng. Chem. Fund. *5*, 1.
Kishinevskii, M. Kh. (1951): J. Appl. Chem. USSR *24*, 593.
Kornegay, B. H., Andrews, J. F. (1968): J. Water Poll., Control Fed. *40*, 460.
Läderach, H., Widmer, F., Einsele, A. (1978): Proc. 1st Europ. Congress on Biotechnology, Part I, Interlaken, Schweiz.
Lee, Y. H., Tsao, G. T. (1979): In: Adv. Biochem. Eng. *13*, 35.
Lehnert, J. (1972): Verfahrenstechnik *6*, 58.
Leistner, G., Müller, G., Sell, G., Bauer, A. (1979): Chem. Ing. Techn. *51*, 288.
Levenspiel, O. (1972): Chemical Reaction Engineering. New York: J. Wiley & Sons.
− Smith, W. K. (1957): Chem. Eng. Sci. *6*, 227.
Linek, V., Sobotka, M., Prokop, A. (1973): Biotechnol. Bioeng. *15*, 429.
Lücke, J., Oels, U., Schügerl, K. (1977): Chem. Ing. Techn. *49*, 161.
Märkl, H., Vortmeyer, D. (1973): In: 3. Symp. Techn. Mikrobiol., Berlin, 29.
Mathur, K. B., Epstein, N. (1974): Spouted Beds. New York: Academic Press.
Meyrath, J., Bayer, K. (1973): In: Proc. 3. Symp. Techn. Mikrob., Berlin, 117.
Midler, M., Finn, R. K. (1966): Biotechnol. Bioeng. *8*, 71.
Moser, A. (1973a): Biotechnol. Bioeng. Symp. *4*, 399.
− (1973b): Proc. 3. Symp. Techn. Mikrob., Berlin, 62.
− (1973c): Chem. Ing. Techn. *45*, 1313.
− Steiner, W. (1974a): Chem. Ing. Techn. *46*, 695.
− − (1975a): Chem. Ing. Techn. *47*, 211.
− − (1975b): VDI-Bericht *232*, 259.
− (1977a): Habilitation, T.U. Graz.
− (1977b): In: Proc. UNEP/UNESCO/ICRO Training Course on „Theoretical Basis of Kinetics of Growth, Metabolism and Product Formation of Microorganisms", Akademie der Wissenschaften der DDR, Jena, Zentralinstitut für Mikrobiologie und Experimentelle Therapie, Part II, 27.
− Kosaric, N., Margaritis, A. (1980b): 30th Can. Chem. Eng. Conference, Edmonton, Oktober.
Moser, F. (1977): Verfahrenstechnik *11*, 670.
Mou, D. G., Cooney, Ch. L. (1976): Biotechnol. Bioeng. *18*, 1371.
Nagel, O., Kürten, H., Sinn, R., Chem. Ing. Techn. *44*, 367.
− − Hegner, B. (1973): Chem. Ing. Techn. *45*, 913.
Nelböck, M., Wandrey, C. (1978): In: Biotechnologie. Frankfurt/M.: Umschau-Verlag.
Ohyama, Y., Endho, K. (1955): Chem. Eng. (Japan) *19*, 2.
Parker, D. S., Kaufmann, W. J., Jenkins, D. (1971): J. Water Poll. Control Fed. *43*, 1817.
Pawlowski, J. (1962): Chem. Ing. Techn. *34*, 628.

Philipps, K. L. (1969): In: Ferm. Adv. (Perlman, D., ed.), S. 465. New York: Academic Press.
Pickett, A. M., Topiwala, H. H., Bazin, M. J. (1979): Proc. Biochem. *13*, November, 10.
Pirt, S. J. (1974): J. Appl. Chem. Biotechnol. *24*, 415.
– (1980): Plenary Lecture 6th IFS, London/Ontario, Canada.
Pitcher, W. H., jr. (1978): In: Adv. Biochem. Eng. *10*, 1.
Popovic, M., Niebelschütz, H., Reuß, M. (1979): Europ. J. Appl. Microbiol. Biotechnol. *8*, 1.
Powell, O., Lowe, J. R. (1964): In: Cont. Cult. of Microorg. (Malek, I., ed.), S. 45. Prague: Czechosl. Acad. of Science.
Puhar, E., Karrer, D., Einsele, A., Fiechter, A. (1978): 1st Europ. Congress on Biotechnology, Part 2, 1/83.
Reith, T. (1968): Dissertation, TU Delft.
Reuß, M., Wagner, F. (1972): In: Dechema Monographie *71*, 9.
– (1976): 5th Int. Ferm. Symp., Berlin.
– (1977): In: Dechema Monographie *81*, 45 (Tutzing-Symposium).
Richards, J. W. (1968): Introduction to Industrial Sterilization. London-New York: Academic Press.
Rippin, D. (1967): Ind. Eng. Chem. Fund. *6*, 488.
Rudkin, J. (1967): Brit. Chem. Eng. *12*, 1374.
Rushton, J. H., Costich, E. W., Everett, H. J. (1950): Chem. Eng. Progress *46*, 467.
Ryu, D., Humphrey, A. E. (1972): J. Ferm. Technol. *50*, 424.
Schügerl, K., Oels, U., Lücke, J. (1977): In: Adv. Biochem. Eng. *7*, 1.
– Lücke, J., Lehmann, J., Wagner, F. (1978): In: Adv. Biochem. Eng. *8*, 63.
– (1979): Ausbildungskurs über „Chemische Verfahrenstechnik in den biologischen Operationen" Brüssel, November.
Sinclair, C. G., Brown, D. E. (1970): Biotechnol. Bioeng. *12*, 1001.
Sittig, W. (1977): In: Fortschritte der Verfahrenstechnik *15*D, 354.
– Heine, H. (1977): Chem. Ing. Techn. *49*, 595.
Taguchi, H., Humphrey, A. E. (1966): J. Ferm. Technol. *44*, 881.
Tsai, B. I., Erickson, L. E., Fan, L. T. (1969): Biotechnol. Bioeng. *11*, 181.
– Fan, L. T., Erickson, L. E., Chen, M. S. K. (1971): J. Appl. Chem. Biotechnol. *21*, 307. 307.
Venkatsubramanian, K. (ed.) (1979): Immobilized Microbial Cells, ACS Symp. Series *106*, Americ. Chem. Soc. Washington, D. C.
Votruba, J., Sobotka, M. (1976): Biotechnol. Bioeng. *18*, 1815.
Wang, D. I. C., Cooney, Ch. L., Demain, A. L., Dunnill, P., Humphrey, A. E., Lilly, M. D. (1979): Fermentation and Enzymtechnology. New York: J. Wiley.
– Humphrey, A. E. (1969): Biochemical Engineering. Chemical Eng. *76*, 108.
Wen, C. Y., Fan, L. T. (1975): Models for Flow Systems and Chemical Reactors, New York: Marcel Dekker Inc.
Werther, J. (1977): Chem. Ing. Techn. *49*, 777.
Zlokarnik, M. (1967): Chem. Ing. Techn. *39*, 539.
– (1972): In: Ullmanns Enzyklopädie der techn. Chemie, 4. Aufl., Bd. 2, 259.
– (1975): Verfahrenstechnik *9*, 442.
– (1978): In: Adv. Biochem. Eng. *8*, 133.
– (1979): In: Adv. Biochem. Eng. *11*, 157.
Ziegler, H., Meister, D., Dunn, I. J., Blanch, H. W., Russel, T. W. F. (1977): Biotechnol. Bioeng. *19*, 507.
Zwietering, Th. N. (1959): Chem. Eng. Sci. *11*, 1.

4 Prozeßkinetische Analyse

4.1 Situation in den verschiedenen Bioreaktoren

Mit welchen Problemen hat man nun zu rechnen, wenn die in Kapitel 3 behandelten Bioreaktoren zur Messung der Kinetik von Bioprozessen herangezogen werden? In dieser Situation kommt der Vorteil der in Kapitel 3.2 dargestellten Systematisierung zum Tragen. Die Kriterien, homogene oder heterogene Systeme bzw. Reaktoren mit oder ohne Konzentrationsprofil, zeigen ihre Brauchbarkeit.

Ein *homogenes Prozeßschema* für biotechnische Prozesse wurde in Abb. 2.4 gezeigt. Im Vergleich dazu wird in Abb. 4.1 die typische Situation eines *heterogenen Systems* am Beispiel eines Fermenters illustriert, in dem an den rotierenden Scheiben ein mikrobiologischer Film haftet. In Analogie zu Abb. 2.4 sind alle signifikanten Prozeßvariablen in den 3 Reaktionsphasen (G/L/S) eingezeichnet und gleichzeitig sind auch die limitierenden Schritte der Transporte in der Reihenfolge 1–5 wirksam.

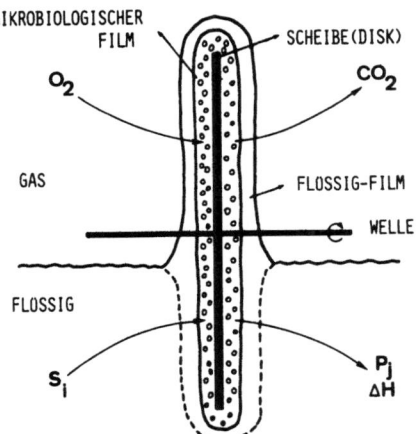

Abb. 4.1. Heterogenes Prozeßschema von Bioprozessen mit biologischen Filmen am Beispiel des Biodiskreaktors, bei dem auf einer horizontalen Welle befestigte Scheiben, die mit dem biologischen Rasen bewachsen sind, durch die Gas- und Flüssigphase gedreht werden. Die Stofftransporte weisen dieselben limitierenden Schritte wie im Fall des pseudohomogenen Schemas nach Abb. 2.4 auf, wobei jedoch der Schritt 4 (in der Festphase) bei heterogenen Prozessen signifikant wird (Moser, 1979a, 1980a)

98   4 Prozeßkinetische Analyse

Für die Entscheidung, ob und wann ein homogener bzw. heterogener Modellansatz angewendet werden kann, ist nun das Stofftransportgeschehen zwischen den Phasen und damit die relative „Größe" der Phasen untereinander wichtig. Es ist offensichtlich, daß im Falle sehr kleiner Partikel der Stofftransport an der L/S-Grenzfläche eher als nichtlimitierend anzusehen ist als an und in größeren Ausdehnungen der Festphase.

Die charakteristische Größe weist jedoch, wie in Kapitel 3.3 gezeigt wurde, sowohl im Falle mikrobiologischer Flocken als auch bei Filmen eine Verteilungsfunktion auf, von der ein mittlerer Durchmesser $\bar{d}$ ermittelt werden kann. In Abb. 4.2 sind denkbare Situationen derartiger Größenverteilungen skizziert. Es können zwei prozeßtechnisch interessante Grenzfälle unterschieden werden, nämlich Fälle mit „kontrollierter" und „unkontrollierter" charakteristischer Länge.

Unkontrollierte Dicke wird in allen Bioreaktoren auftreten, die große räumliche Unterschiede in den Scherkräften aufweisen, so daß unterschiedliche Flockengröße die Folge ist (Rührkessel). Unkontrolliertes Wachstum wird auch bei Film-Bioreaktoren z. B. in Tropfkörpern normal sein.

Kontrolliertes Dickenwachstum bei Flocken wäre in Bioreaktoren denkbar, wenn ein „homogenes" Scherkraftfeld aufgebaut werden könnte. Ansätze in der Richtung sind in der Literatur zu finden (EPA, 1977; Schreier, 1975).

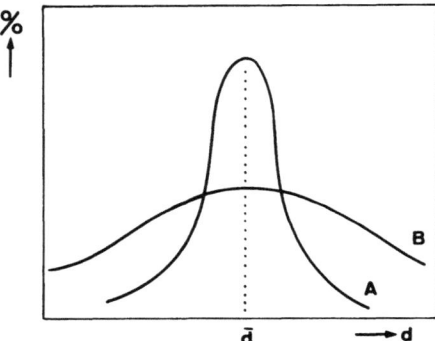

Abb. 4.2. Häufigkeitsverteilungsfunktion der charakteristischen Länge der Biomasse für Flocken und Filme d für „kontrolliertes" Dickenwachstum A und „unkontrolliertes" Dickenwachstum B

Die Größenkontrolle kann besser in Bioreaktoren bei Verwendung von Filmen durchgeführt werden, und zwar durch mechanisches Abstreifen ab einer bestimmten Höhe wie im Fall des „Biologischen Filmfermenters" (Atkinson, 1974) oder durch mechanischen Abrieb der biologischen Filme auf der Oberfläche der Teilchen in Wirbelbetten („completely mixed microbial film fermenter", Atkinson und Davies, 1972) oder auch durch Kontrolle der Umdrehungsgeschwindigkeit einer rotierenden Walze, auf der ein biologischer Rasen wächst („Dünnschicht-Film-Fermenter, Moser, 1977b). Die Eigenschaft dieser Film-Bioreaktoren mit kontrollierter Dicke macht diese Reaktoren besonders gut geeignet, um kinetische Daten von Bioprozessen zu ermitteln (Atkinson, 1974). Flocken-Bioreaktoren, aufgrund der Größenverteilung nach Kurve B in Abb. 4.2, erlauben keine sichere Ausschaltung speziell des Transportkoeffizienten in der S-Phase (k_S) bzw. des Diffusionskoeffizienten D_S (vgl. Gl. 5.57).

Aufgrund der Wichtigkeit der Einflüsse von Transportvorgängen auf kinetische Messungen werden im Kapitel 4.2 quantitative Tests angeführt, die für eine Abschätzung der möglichen Transporte dienlich sind.

Die zweite Grundsituation der Verwendung von Bioreaktoren für die Ermittlung kinetischer Daten ist durch das Vorhandensein oder Fehlen eines *Konzentrationsprofiles* gegeben.

Bereits bei der Bilanzierung von Reaktormodellen mußte auf diesen Umstand Rücksicht genommen werden (Kapitel 3.5). Der dabei verwendete Erhaltungssatz der Masse (vgl. Gl. 2.2) bildet auch die Basis für die Ableitung der Reaktionsgeschwindigkeit in verschiedenen Reaktorkonfigurationen (Cassano, 1980).

In Tab. 4.1 werden die mathematischen Formulierungen für die Bildungs- bzw. Umsetzungsgeschwindigkeit in diesen verschiedenen Reaktoroperationsweisen zusammengestellt. Dabei wird auf den Zusammenhang mit bereits früher verwendeten Gleichungen hingewiesen und fallweise angegeben, unter welchen Bedingungen eine der bekannten Gleichungen gültig werden kann.

Tabelle 4.1. *Allgemeine Formulierungen für die Reaktions-, bzw. Bildungs- und Umsetzungsgeschwindigkeit in den verschiedenen Reaktortypen*

Reaktor, T = konstant	Profil	Ausdruck für die Kinetik r_i	Gleichung
dkRK V = konstant	$f(t)$	$r_i = \dfrac{dc}{dt}$	2.2c
dkRK V = variabel	$f(t)$	$r_i = \dfrac{dN}{V(t) \cdot dt}$	$V(t) = V_0 + F(t) \cdot t$ nach Gl. 3.39
dkRK mit Recycle	$f(t)$	$r_i = \dfrac{(V_R + V_r) dc}{V_R \cdot dt}$	$V_r \ll V_R$: 2.2c
kRR	$f(z)$	$r_i = v_z \dfrac{dc}{dz}$	3.44
kRK V = konstant	–	$r_i = \dfrac{F}{V}(c_{ex} - c_{in})$	3.40f
kont. Recycle-Reaktor	–	$r_i = \dfrac{(F + F_r)}{V}(c_{ex} - c_1)$	$F_r \gg F$: 3.40f (vgl. Gl. 4.4)

Zusätzlich ist in einer Spalte der Tab. 4.1 vermerkt, ob ein Konzentrationsprofil in diesem Reaktor vorhanden ist oder nicht und welcher Art. Die Auswertung kinetischer Daten aus Messungen in verschiedenen Reaktoren steht in direktem Zusammenhang damit (vgl. Kapitel 4.3).

4.2 Test auf Pseudohomogenität

Die grundlegende prozeßtechnische Situation der chemischen und auch biologischen Technologien ist in Abb. 4.3 schematisch dargestellt (Moser, 1979b). In Übereinstimmung mit Abb. 2.4 und 4.1 sind alle Transportschritte im Detail angegeben, die berücksichtigt werden müssen, um eine unverfälschte Kinetik,

100   4 Prozeßkinetische Analyse

Transporte in und zwischen (G)-, Flüssig (L)-, Fest (S)-Phasen:

0   in G-Phase
1A G-Film an G/L-Grenzfläche
1B L-Film an G/L-Grenzfläche
1C L-Film an L_1/L_2-Grenzfläche
1D L_2-Film an L_1/L_2-Grenzfläche
2   in L-Phase
3   L-Film an L/S-Grenzfläche
      sogenannter „externer" Transport
4   in S-Phase
      durch Membranen (biologische Zellen)
      sogenannter „interner" Transport
5   Adsorption
5' Desorption
6   chemische oder biologische
      Reaktion (r)

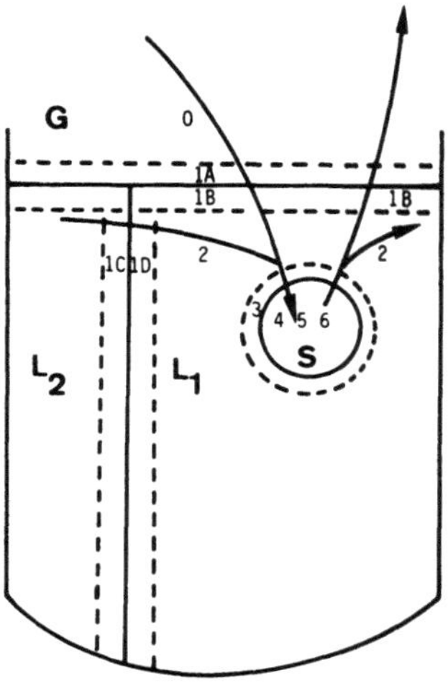

Fall I: Heterogene Reaktionen   „3-Phasen-Modelle"
          $TR_{0-5} + r_S$ G/L/S-Reaktionen

Fall II: Heterogene Reaktionen   „2-Phasen-Modelle
          $TR_{0-2} + r_L$ Fluid/Fluid-R.: G/L-, L/L-R.
          $TR_{2-5} + r_S$, $TR_{0,1,4,5} + r_S$ Fluid/Solid-R.: L/S-, G/S-R.

Fall III: Homogene Reaktionen   „1-Phasen-Modelle"
          $TR_0 + r_G$, $TR_2 + r_L$ Fluid-R.: G-, L-Reaktionen

Abb. 4.3. Schematische Darstellung prozeßtechnischer Situationen und Möglichkeiten der mathematischen Modellierung (Fall I–III) (Moser, 1979b)

die bei biokatalytischen Prozessen in der S-Phase abläuft, sicherzustellen. Zur Vollständigkeit ist auch der Fall einer zweiten Flüssigphase (L_2), die mit der ersten nicht mischbar ist, wiedergegeben.

In der Beschreibung der Abb. 4.3 sind weiters 3 Fälle von Modellansätzen unterschieden, je nachdem, welche Transportschritte wirksam sind. Die Einteilung dieser Mehrphasenmodelle erfolgt im Zusammenhang mit dem in Abb. 3.21 dargestellten Schema.

Diese überblicksmäßige Betrachtung zeigt, daß das Denken und Arbeiten mit homogenen Vorstellungen im Falle von eigentlich heterogenen Systemen höchstens dann erlaubt ist, wenn keine Limitierung der Reaktionsgeschwindigkeit durch die Transporte der Schritte 0–5 bemerkbar ist.

Die sogenannte „*Pseudohomogenität*" umfaßt also quantitative Tests zur Kontrolle dieser Bedingungen. Diese Tests mit den entsprechenden quantitativen Kriterien sind in Tab. 4.2 zusammengestellt und umfassen die Transportschritte 0–4 (Moser, 1980c). Der Transportschritt Nr. 5 ist im Falle biotechnischer Prozesse durch die Zellstruktur (Membranen) biologisch vorgegeben und kann durch reaktionstechnische Maßnahmen nicht verbessert werden. Demnach ist das Auftreten von „Pseudohomogenität für die L-Phase" an die Zustände der maximalen Mischung sowohl in der G-Phase als auch in der L-Phase gebunden, so daß die

4.2 Test auf Pseudohomogenität

entsprechenden Methoden der Ermittlung des Makro- und Mikromischens beider Phasen (VZV, t_M und J, vgl. Kapitel 3.3) heranzuziehen sind. Das Kriterium der Mischzeit sollte, wie erwähnt, sinnvollerweise mit einem biologischen Parameter verknüpft werden, um biologisch relevante Aussagen zu ermöglichen. Der Vergleich einer „Reaktionszeit" t_r mit der Mischzeit bei einer biologisch bedingten Mischgüte bietet sich als Möglichkeit an (Moser, 1977c). Eine Reaktionszeit für biotechnische Prozesse wird am besten auf Basis des O_2-Verbrauches gebildet, da dieser eine der schnellsten Reaktionen und außerdem leicht meßbar ist. Die Auswertung der Reaktionszeit t_r kann im Zusammenhang mit der dynamischen Methode zur OTR-Bestimmung nach Abb. 3.9, Bild a) erfolgen. Als Grenzwert zur Definition von t_r wird sinnvollerweise die kritische O_2-Konzentration O_{krit} zu nehmen sein, da bei niedereren Konzentrationen die Atmungs- und damit die Prozeßgeschwindigkeit entsprechend der Biokinetik (Gl. 2.17) verringert wird (Moser, 1977c; Bryant, 1977).

Die Zirkulationszeit t_c im Falle von Kreislaufreaktoren kann nach Abb. 3.4, Bild a) ermittelt werden.

Tabelle 4.2. *Quantitative Tests zur Kontrolle der Pseudohomogenität von 3-phasigen Bioprozessen* (Moser, 1980c)

Problem		Kriterium (V_R = konstant) (T = konstant)
1. G/L-Phase k_{L1} η_{Tr}	leicht lösliche Gase aerobe Prozesse aerobe Prozesse und Flocken mit $d_P < \delta_{L1}$	k_G $k_{L1}a(O^* - O) \geqslant \sigma_O \cdot X$ (Gasdynamik!) $0{,}3 < \text{Ha} < 3 \to \eta_{Tr} > 1$ mit $\text{Ha} = \dfrac{1}{k_{L1}} \sqrt{\dfrac{2}{n+1} k_r c^{*n-1} \cdot D}$
2. L-Phase Mikromischung Makromischung (Verweilzeitverteilung)	dkRK, kRK Recycle-Reaktor kRK kRR	$t_m \leqslant \dfrac{1}{10} \cdot t_r$ $t_c \leqslant t_r$ $N \to 1$ $\text{Bo} \to \infty$
3. L/S-Phase k_{L2}		Berechne und vergleiche: $\text{Sh}_{L2} = 2 + 0{,}4\, \text{Re}_\epsilon^{1/4}\, \text{Sc}^{1/3}$ ($k_{L2} \propto v_L^{0,7}$)
4. S-Phase $k_S(D_S)$	Flocken, Filmen 1-S-Limitierung	$d \leqslant d_{krit}$ mit $d_{krit} = \dfrac{c^*}{K_S} \cdot \dfrac{\sqrt{1 + 2c^*/K_S}}{1 + c^*/K_S} \sqrt{\dfrac{Y \cdot D_S \cdot K_S}{\sigma_{max} \cdot \rho}}$

Ein quantitativer Test zur Kontrolle, daß k_{L2} an der L/S-Grenzfläche nicht limitiert, ist direkt viel schwerer möglich als z. B. die Ermittlung von k_{L1}. Im allgemeinen nimmt man daher an, daß bei gutem Mischzustand in der L-Phase die Turbulenz auch auf den L-Film an der L/S-Grenzfläche wirkt. Eine Berechnung dieses Stofftransportkoeffizienten kann jedoch mit Hilfe der Theorie der „lokalen isotropen Turbulenz" nach Kolmogoroff (1941) oder auch nach der Theorie der „Relativgeschwindigkeit" zwischen L- und S-Phase (Frössling, 1938) vorgenommen werden. Vereinfacht ausgedrückt sagt die Kolmogoroff-Theorie gleiche Werte für k_{L2} bei gleichem Leistungsaufwand für das Mischen voraus, während die Theorie der Relativgeschwindigkeit annimmt, daß der k_{L2}-Wert auftritt, der der entsprechenden terminalen Geschwindigkeit entspricht. Sano et al. (1974) bringen einen Vergleich der wichtigsten Literaturstellen über den L/S-Koeffizienten k_{L2} und zeigen als Ergebnis, daß eine einheitliche Korrelation zwischen Sh_{L2} und einer Reynolds-Zahl Re_ϵ auf Basis der Energiedissipation ϵ (= mittlere Energieverteilung bzw. Leistungseintrag pro Masseneinheit in [cm²/sec³]) zu existieren scheint, die für Rührkessel (RK) und auch Blasensäulen (BS) gültig ist:

$$Sh_{L2} = [2 + 0{,}4 \cdot Re_\epsilon^{1/4} \cdot Sc^{1/3}] \, \phi_c \quad (4.1a)$$

mit

$$Re_\epsilon = \frac{\epsilon \cdot d_P^4}{\nu_L^3} \quad (4.1b)$$

und

$$\epsilon_{RK} = \frac{P \cdot g_c}{V_L \cdot \rho_L} = \frac{N_P \cdot d^5 \cdot n^3}{V_L} \quad (4.1c)$$

bzw.

$$\epsilon_{BS} = \frac{g_c \cdot \Delta p \cdot F_G}{V_L \cdot \rho_L} = v_{SG} \cdot g. \quad (4.1d)$$

Der Faktor ϕ_c ist der Oberflächenfaktor nach Carman, der sich aus der Partikeldichte, dem Korndurchmesser und der spezifischen Partikeloberfläche berechnet. Damit kann nach Gl. 4.1a eine Abschätzung des k_{L2}-Wertes vorgenommen werden. Für biologische Filme wurde eine Abhängigkeit für k_{L2} von der Strömungsgeschwindigkeit mit der Potenz von 0,7 gefunden (La Motta, 1976). Die relative Bedeutung der einzelnen Transportschritte in G/L/S-Prozessen kann nach Sylvester et al. (1975) für erste Anhaltspunkte abgeschätzt werden.

Die Kontrolle des Transportschrittes 4 erfolgt prinzipiell durch eine Messung der charakteristischen Größe der biokatalytischen Masse und einen nachfolgenden Vergleich mit dem kritischen Durchmesser d_{krit}, der aus der Literatur entnommen werden kann (z. B. Kornegay und Andrews, 1968; Atkinson und Daould, 1970). Die Werte streuen und geben den Bereich mit ca. 0,1 mm an. Die Übertragung dieses Konzeptes auf biologische Flocken wird in der Literatur beschrieben (Atkinson und Ur-Rahman, 1979). Es mangelt freilich an experimentellen Werten für Flocken und Filme verschiedener Art (Wuhrmann, 1963). Eine Abschätzung der idealen bzw. kritischen Filmdicke für 1-S-Limitierung geben Atkinson und Knight (1975) an, wobei besonders der K_S-Wert und der effektive Diffusionskoeffizient in der Festphase wichtig ist. Eine Erweiterung auf mögliche 2-S-Limitierungen wurde von derselben Arbeitsgruppe durchgeführt (Howell und Atkinson, 1976).

Die beschriebenen Tests auf Pseudohomogenität sind in erster Linie für die Durchführung der prozeßkinetischen Analyse wichtig, um sicher zu sein, daß keine Transporte die Kinetik verfälschen. Ein Laborreaktor, der diese Bedingungen erfüllt, kann als sogenannter „*Perfekt-Bioreaktor*" bezeichnet werden (Moser, 1978b). Durch diese Benennung soll grundsätzlich die Aufmerksamkeit auf die Problematik der Verknüpfung von Kinetik und Transporten gelenkt werden und weniger auf eine spezielle Reaktorbauart.

Ohne Zweifel bedarf es vermehrter Anstrengungen in der prozeßkinetischen Analyse, um den Bioreaktor im Labormaßstab nach den Kriterien der Tab. 4.2 geeignet zu machen. Das Ergebnis sollte freilich den Aufwand lohnen.

Im Falle technischer Prozesse können meist nicht alle diese pseudohomogenen Vorstellungen realisiert werden. Es ist jedoch vorteilhaft, eine objektive Vergleichsbasis in Form der unverfälschten Prozeßkinetik zur Verfügung zu haben, um Transporteinflüsse identifizieren zu helfen und Vereinfachungen zu testen.

Abschließend wird darauf verwiesen, daß die meßtechnische Erfassung aller Prozeßvariablen zur Zeit fast ausschließlich in der L-Phase erfolgt und man stillschweigend meist annimmt, daß zumindest Gleichgewicht, wenn schon nicht Gleichheit zwischen den Konzentrationswerten in L- und S-Phase herrscht.

Die Problematik des Zusammen- und Wechselwirkens von biologischchemischen Reaktionen und physikalischen Transportvorgängen, die zu einer Verfälschung der Kinetik führen, wird näher in Kapitel 4.4 erörtert. Ein Überblick über die prinzipiellen Typen von mathematischen Ansätzen für die Prozeßkinetik wird in Abb. 4.4 gebracht (Moser, 1979a,b). Demnach sind in realen Prozessen die Konzentrationsterme von Typ 1 und 2 mit Transporten in oder zwischen Fluid (G/L)- und S-Phasen bei den Typen 4—5 gekoppelt. Dieses Schema gilt für chemische und biologische Reaktionen, wobei die Analogie zur chemischen Kinetik vielfach wertvolle Lösungswege angibt. Die Benennung in Abb. 4.4 erfolgt unter Verwendung der Ausdrücke „homogene Reaktion" für Reaktionen in G- oder L-Phase und „heterogene Reaktion" für Reaktionen an einer S-Oberfläche (extern und intern).

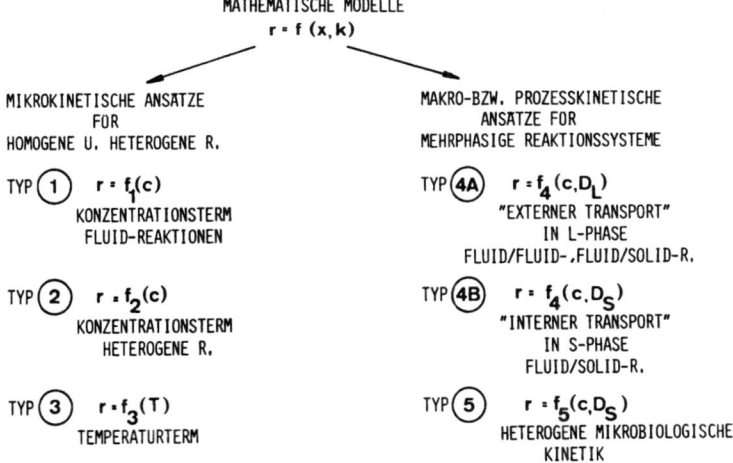

Abb. 4.4. Systematisierung mathematischer Modelle der Kinetik (Typ 1—5) und ihre Anwendungsgebiete (Moser, 1979b)

104 4 Prozeßkinetische Analyse

4.3 Ermittlung kinetischer Daten mit Bioreaktoren

Unter der Annahme bzw. Kontrolle, daß Pseudohomogenität nach Tab. 4.2 für einen Prozeß gegeben ist, und der Bedingung konstanter Temperatur reduziert sich die prozeßkinetische Analyse auf die Suche der Funktionen $f_1(c)$ bzw. $f_2(c)$, entsprechend Typ 1 und 2 in Abb. 4.4. Die Erarbeitung kinetischer Daten wird also prinzipiell mit idealisierten Bedingungen beginnen. Erst im späteren Stadium des Prozeßentwurfes (vgl. Abb. 2.11) wird die Synthese durch Übertragung der Daten aus der Analyse auf den halbtechnischen Maßstab mit realen Bedingungen versucht.

Für eine prozeßkinetische Analyse ist eine Unterscheidung von Reaktoren mit bzw. ohne Konzentrationsprofil entscheidend, d. h. sogenannte integrale bzw. differentielle Reaktoren.

Integrale und differentielle Reaktoren

Zur genauen Definition dieser Begriffe ist in Abb. 4.5 ein Umsatz/Zeit-Diagramm und zur Veranschaulichung die Übertragung der Verhältnisse auf einen kRR gezeigt (Moser und Lafferty, 1976b).

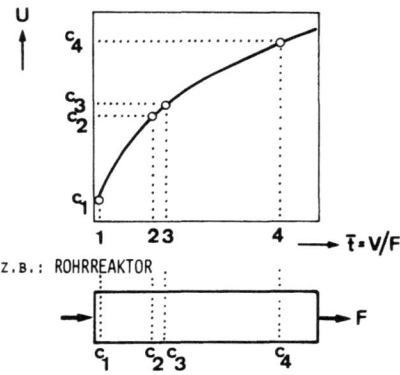

Abb. 4.5. Prinzip des differentiellen und integralen Reaktors: Erläuterung anhand eines Umsatz/Zeitdiagrammes ($U/\bar{t}$) und Übertragung des Konzentrationsverlaufs zur Veranschaulichung auf die Länge eines kontinuierlichen Rohrreaktors (Moser und Lafferty, 1976b). Nähere Erklärung s. Text

Ein *differentieller Reaktor* arbeitet bei kleinen Konzentrationsdifferenzen z. B. $c_3 - c_2$ und ist üblicherweise so definiert, daß Umsätze $U < 10\%$ zur Messung gelangen.

Ein *integrales Reaktorverhalten* ist dann gegeben, wenn große Umsätze ($U > 50\%$) mit großen Konzentrationsdifferenzen z. B. $c_4 - c_1$ auftreten.

Eine nähere Unterteilung dieser Verhaltensweisen von Reaktoren erfolgt in Abb. 4.6 und Abb. 4.7.

Für den Integralreaktor gilt nach Gl. 2.2d bzw. Gl. 3.44

$$\bar{t} = -\int_{c_0}^{c} \frac{1}{r} dc \equiv c_0 \int_0^{U_{ex}} \frac{1}{r} dU. \tag{4.2}$$

4.3 Ermittlung kinetischer Daten mit Bioreaktoren

Die Umsatzdaten des *Integralreaktors* repräsentieren den integrierten Wert der Reaktionsgeschwindigkeit in allen Reaktorvolumselementen, wobei das Konzentrationsprofil in Abb. 4.6 entsprechend einer Hypothese eingezeichnet ist. Eine besondere Form des Integralreaktors ist der sogenannte „Anzapf-Reaktor", bei dem in verschiedenen Abständen vom Reaktoreintritt Proben entnommen werden, so daß der gesamte echte Konzentrationsverlauf in einem einzigen Versuch ermittelt werden kann. Als Nachteil des Integralreaktors erweist sich, daß die Bilanzgleichungen ein System gekoppelter Differentialgleichungen sind und daß der gemessene Umsatz oft durch ein komplexes Zusammenspiel von Transport- und Reaktionsvorgängen zustandekommt. Für eine rasche, empirische, praxisnahe Prozeßentwicklung mag der Integralreaktor geeignet sein, vor allem wenn heutzutage schnelle Digitalrechner und effektive Integrationsroutinen die Parameterestimierung erleichtern.

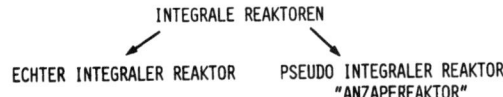

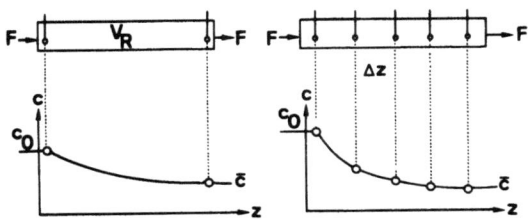

Abb. 4.6. Integralreaktoren: Einteilung sowie Konzentrationsprofile am Beispiel des kontinuierlichen Rohrreaktors. Nähere Erklärung s. Text

Exakte Messungen der Kinetik sind jedoch günstiger in einem *differentiell betriebenen Reaktor* vorzunehmen, da der gemessene kleine Umsatz direkt einer Reaktionsgeschwindigkeit zugeordnet werden kann

$$r \approx \frac{c_0 - \bar{c}}{\bar{t}} = \frac{U_{ex} - U_0}{\bar{t}} \qquad (4.3)$$

und Transporteinflüsse bzw. Temperaturgradienten kaum auftreten. Diese Approximation ist zulässig, wenn ein relativ kleines Reaktorvolumen bzw. ein genügend hoher Durchsatz bei kontinuierlichen Reaktoren gewählt wird. Damit läßt sich dieser Reaktor durch ein System algebraischer Gleichungen beschreiben, was die Auswertung der Meßergebnisse erleichtert. Um nun eine vollständige Meßserie zu erhalten, muß bedacht werden, daß die Reaktionsgeschwindigkeit vom Grad des bereits erreichten Umsatzes abhängt (vgl. Abb. 4.5). Daher muß der Differentialreaktor mit Anfangsgemischen verschiedenen Vorumsatzes beschickt werden, was am einfachsten durch Vorschalten eines Integralreaktors erfolgt.

Eine weitere Schwierigkeit des Differentialreaktors liegt in der hohen Meßgenauigkeit, die von der Analysenmethode verlangt wird, um hinreichende Präzision bei solch kleinen Umsätzen zu erzielen.

Die meßtechnischen Nachteile des Differentialreaktors können zum Teil durch die Verwendung eines sogenannten „*gradientenlosen Reaktors*" z. B. eines *Kreislaufreaktors* vermieden werden (vgl. Abb. 4.7). Dabei wird ein Teil des Reaktorgemisches nach der Umsetzung in einem Differentialreaktor im Kreislauf zurückgeführt (F_r) und zusammen mit dem Frischzulauf (F) wieder in den Reaktor (V_R) eingeleitet.

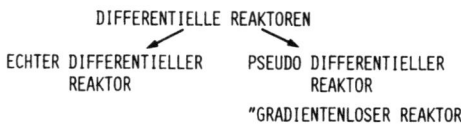

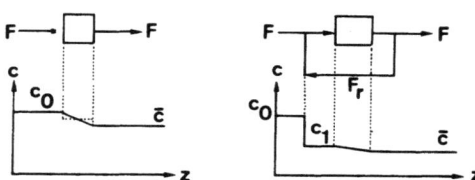

Abb. 4.7. Konzentrationsprofile des Differentialreaktors und des gradientenlosen Kreislaufreaktors. Nähere Erklärung s. Text

Die Konzentrationsdifferenz ($c_1 - \bar{c}$) zwischen eigentlichem Reaktoreintritt und -ausgang (Katalysatorkontakt) ist klein (wenn $F_r \gg F$!), obwohl die Konzentrationsdifferenz ($c_0 - \bar{c}$) zwischen Zu- und Ablauf groß ist, so daß keine Analysenschwierigkeiten auftreten ($c_{in} = c_0$ und $c_{ex} = \bar{c}$). Es gilt dann:

$$r = \frac{(F + F_r)(c_1 - \bar{c})}{V_R} \overset{!}{=} \frac{F(c_0 - \bar{c})}{V_R} = \frac{c_0 - \bar{c}}{\bar{t}}. \tag{4.4}$$

Der Umsatz pro Recycle ist differentiell, doch findet dieser beim Umsatzniveau des Integralreaktors statt, weshalb er als „pseudodifferentieller Reaktor" bezeichnet wird. Die Identität, die in Gl. 4.4 gegeben ist, kann leichter erkannt werden, wenn man die beiden Teile, die aus einer Massenbilanz eines Recyclereaktors (linke Seite) bzw. eines als ideal angenommenen Rührkessels (rechte Seite) resultieren, gleichsetzt und nach c_1 auflöst. Dann ergibt sich

$$c_1 = \frac{F_r \cdot c_{ex} - F \cdot c_{in}}{F + F_r} \tag{4.5}$$

und nur für $F_r \gg F$ wird $c_1 \to \bar{c}$ (Hofmann, 1975). Der Kreislaufreaktor ist also bei $F_r \geq 100 \cdot F$ (Luft und Hubertz, 1969) kinetisch dem kRK äquivalent, der für kinetische Analysen von homogenen Flüssigphase-Reaktionen meist verwendet wird. Der Kreislaufreaktor hingegen wird besonders im Falle kinetischer Untersuchungen an Feststoffen (heterogene Katalyse) angewendet, da durch den Recyclestrom hohe Strömungsgeschwindigkeiten und damit gute Transporteigenschaften an der L/S-Grenzfläche erzielt werden (vgl. Gl. 4.1). Der Kreislaufreaktor verbindet die Vorteile des Differentialreaktors, nämlich die Reaktionsgeschwindigkeit aus den Meßdaten unmittelbar anzugeben und sie eindeutig bestimmten

Bedingungen und Konzentrationen zuzuordnen, mit einem für die Analysengenauigkeit günstigen, großen Konzentrationsunterschied zwischen Zu- und Ablauf, wie er für den Integralreaktor charakteristisch ist. Das verschiedene Reaktorverhalten verlangt nun auch eine angepaßte Auswertemethode zur Ermittlung der Kinetik.

Integrale und differentielle Auswertungsmethode

Der Zusammenhang zwischen differentiellen und integralen Reaktoren bzw. differentieller und integraler Auswertung ist in Abb. 4.8 gezeigt (nach Froment, 1975). In Übereinstimmung mit Abb. 3.14 ist das Ortsprofil in kRR identisch mit dem Zeitprofil des dkRK, und beide Grundtypen zeigen integrales Verhalten.

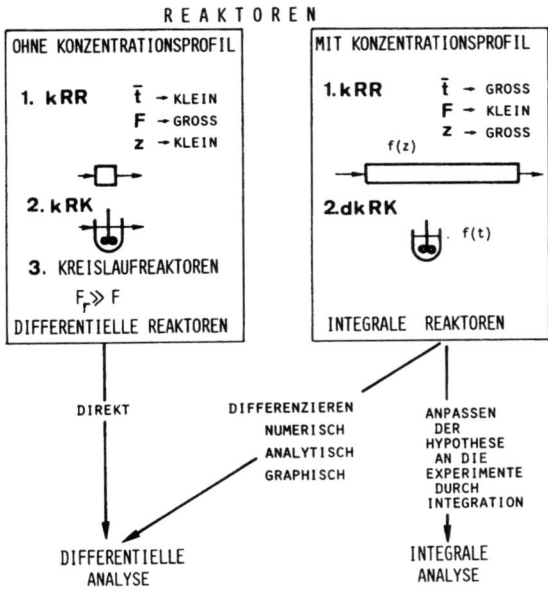

Abb. 4.8. Zusammenhang zwischen differentiellen bzw. integralen Reaktoren und differentieller bzw. integraler Auswertung zur Ermittlung kinetischer Parameter

Der kRK und der kRR mit kurzer mittlerer Verweilzeit bzw. kleiner Länge oder hohem Durchfluß verhalten sich dagegen wie differentielle Reaktoren nach Gl. 4.3.

Die Daten aus integralen Reaktoren können auch nach der differentiellen Methode ausgewertet werden, nachdem zuvor eine numerische, analytische oder meist graphische Differentiation vorgenommen wird. Im Falle der Messungen eines *Integralreaktors*, wenn nach der *differentiellen Methode* ausgewertet werden soll, ist folgender Arbeitsgang zu befolgen.

1. Zeichnen der Konzentrations/Zeit-Kurve
2. Legen einer Glättungskurve durch die Meßpunkte
3. Bestimmen der Steigung der Kurve nach numerischen, analytischen oder graphischen Methoden: $(dc/dt) = r$!

Im Falle der Messungen in einem *differentiellen Reaktor* werden die Werte für r direkt erhalten. Der wesentliche Schritt einer *differentiellen Auswertung* besteht dann in einem Vergleich der experimentellen Daten mit der Hypothese nach Gl. 2.22b. Dazu wird üblicherweise eine graphische Auftragung in Form einer Linearisierung (vgl. Kapitel 2.4) durchzuführen sein, wie in Abb. 4.9 für den allgemeinen Fall dargestellt ist. Dabei stellt $f(c)$ die mathematische Funktion dar, die in der Hypothese bei der Modellerstellung gewählt wurde.

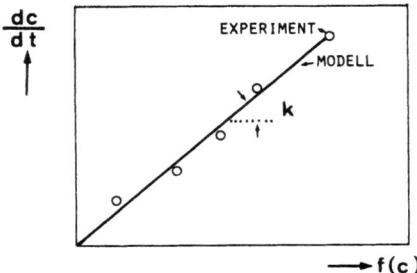

Abb. 4.9. Diagramm einer differentiellen Auswertung experimenteller Daten zur Ermittlung des Parameters k eines kinetischen Ansatzes $r = k \cdot f(c)$ (nach Levenspiel, 1972)

Durch die Verwendung von elektronischen Rechnern ist vorzugsweise auch eine nichtlineare Regression in den Bereich des Möglichen gerückt.

Eine *integrale Auswertung* von experimentellen Daten von Integralreaktoren wird folgende Schritte umfassen:

1. Angleichen der Hypothesefunktion (Gl. 2.22b) an die Experimente durch analytische oder graphische Integration, so daß

$$\int_{c_0}^{c_{ex}} \frac{dc}{f(c)} = k \cdot \int_0^t dt. \tag{4.6}$$

2. Vergleichen der experimentellen Daten mit der Hypothese des Modells, wozu meist eine graphische Linearisierung in Form der Abb. 4.10 zu zeichnen ist.

Ist die Übereinstimmung zwischen der Hypothese und den experimentellen Daten gut (statistische Testverfahren!), so können aus der Steigung der Geraden und fallweise auch aus den Achsenabschnitten die kinetischen Parameter des Modells bestimmt werden. Die Modellidentifizierung erfolgt also vor der Parameterestimierung.

Diese Vorgangsweise der prozeßkinetischen Analyse ist allgemein gültig und wird für chemische Prozesse erfolgreich eingesetzt (Levenspiel, 1972).

Die Anwendung auf Bioprozesse ist prinzipiell als Analogie zu betrachten. Einschränkungen in der Gültigkeit sind durch die Anpassungsfähigkeit des biologischen Materials zu erwarten, indem Organismen auf Konzentrationsunterschiede der Umwelt mit Änderungen des Stoffwechsels reagieren können. Demnach sollte für eine Einteilung der Prozesse ein Kriterium herangezogen werden, bei dem die Reaktorführung einem biologischen Faktor gegenübergestellt wird.

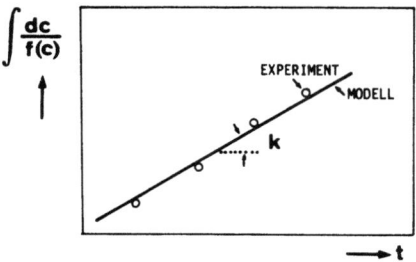

Abb. 4.10. Diagramm einer integralen Auswertung experimenteller Daten zur Ermittlung des kinetischen Parameters *k* (nach Levenspiel, 1972)

Als solches wird der Begriff des „*balanzierten*" *Wachstums* verwendet, d. h. wenn der Organismus in völlig ausgeglichenen Verhältnissen lebt. Tab. 4.3 bringt eine derartige Gegenüberstellung (Moser, 1980c).

Tabelle 4.3. *Gegenüberstellung reaktionstechnischer und biologischer Faktoren der Prozeßführung*

reaktionstechnisch	biologisch	balanziertes Wachstum	nichtbalanziertes Wachstum
gradientenlos	stationär	kRKR	
	quasistationär	"extended culture"	
	instationär	← -- kRKR,sdk-,sk-Zulauf -- →	
	"periodisch"	"transiente Operationstechnik"	
mit Gradienten	stationär	← - - - kRR,NkRKR - - - →	
	instationär	← - - dkRKR,kRR,NkRKR - - →	
	"periodisch"	"transiente Operationstechnik"	

Eine strenge Zuordnung ist aus Mangel an Ergebnissen noch nicht möglich, doch dürfte als entscheidende Größe das relative Verhältnis der Zeitkonstanten (kinetische Geschwindigkeitskonstanten) zwischen „Störung" der Außenwelt und der biologischen „Innenwelt" im Organismus wirksam sein (Bailey, 1973).

Eine wichtige Konsequenz dieser Unterscheidungsmerkmale bezieht sich auf die Verwendung von kinetischen Parametern, die nach einer der beiden Auswertemethoden bei verschiedenen Prozeßführungen erhalten wurden, zum Zwecke des Prozeßentwurfes. Die kinetischen Parameter für die verschiedenen Prozeßoperationsweisen sind durch die Verknüpfung, die in Tab. 4.3 erfaßt ist, an das speziell untersuchte Reaktorsystem gebunden (Moser, 1978b). Nur in erster Näherung sind die Werte auf andere Reaktorführungen extrapolierbar. Diese Aussage sollte bei den Arbeitsweisen des Entwurfes kontinuierlicher Prozesse mit Hilfe von Daten aus diskontinuierlichen Prozessen (vgl. Kapitel 6) zu einer gewissen Vorsicht bei der Interpretation führen.

Als Grundregel für die Prozeßentwicklung und den Entwurf sollte gelten, daß die Laboruntersuchungen im selben Typ der Operationsweise wie die spätere technische Anlage durchgeführt werden. Aufgrund der Ähnlichkeit im Konzentrationsprofil kann eine Übertragung von Messungen eines dkRK auf kRR eher zielführend sein als die Voraussage eines kRK-Prozesses (Moser, 1980c).

110 4 Prozeßkinetische Analyse

Ergebnisse der differentiellen und integralen Analyse: Linearisierungsdiagramme

Nachdem kinetische Daten aus dkRK-Versuchen nicht nur die Basis für einen Prozeßentwurf in einem dkRK darstellen, sondern auch als erste Abschätzung zum Entwurf kontinuierlicher Reaktoren dienen, wird die integrale und differentielle Auswertung an diesem Beispiel näher betrachtet.

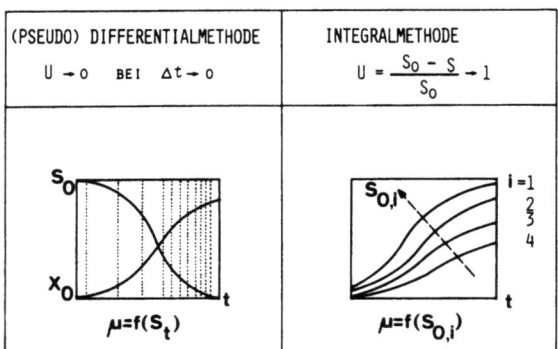

Abb. 4.11. Differential- und Integralmethode der prozeßkinetischen Analyse in diskontinuierlichen Reaktoren mit mikrobiologischen Flocken. Erklärung s. Text (Moser und Lafferty, 1976b)

Abb. 4.11 bringt eine Gegenüberstellung der Konzentrations/Zeit-Kurven für eine diskontinuierliche Fermentation (Moser und Lafferty, 1976b). Im Falle der *integralen Analyse*, die die typische Vorgangsweise in mikrobiologischen Labors unter Verwendung von Schüttelkolben repräsentiert, werden mehrere Experimente (Anzahl i) mit verschiedener Anfangskonzentration S_0 durchgeführt, wobei nur die Zellkonzentration X gemessen werden muß. Die Auswertung erfolgt entsprechend der Gl. 4.6. Die Integration der Hypothesefunktion, Gl. 2.4a,

$$\int_{X_0}^{X} \frac{dX}{X} = \mu \int_{t_0}^{t} dt \qquad (4.7a)$$

ergibt

$$\ln \frac{X}{X_0} = \mu (t - t_0) \qquad (4.7b)$$

und in einer semi-logarithmischen Auftragung der Werte innerhalb eines Bereiches t_2 und t_1 kann μ ermittelt werden

$$\mu = \frac{\ln X_2 - \ln X_1}{t_2 - t_1} . \qquad (4.7c)$$

Als Ergebnis einer integralen Auswertung erhält man dann z. B. für die Modellidentifizierung einer Monodkinetik, (Gl. 2.17), μ als Funktion der jeweiligen Anfangskonzentrationen $S_{0,i}$

$$\mu = f(S_{0,i}). \qquad (4.8)$$

Im Unterschied dazu wird beim *differentiellen Analyseverfahren* nur ein einziges Experiment durchgeführt, wobei allerdings gleichzeitig $X(t)$ und $S(t)$ zu messen sind. Wie in Abb. 4.11 angedeutet, genügen zu Beginn bis zur exponentiellen Wachstumsphase Zeitintervalle für die Messung von ca. 1 h, während im Bereich, wo die zu identifizierende Monodkinetik gültig ist, die Messungen alle paar Minuten zu wiederholen sind (dies ist auch der Grund, warum z. B. semikontinuierliche Zulaufverfahren eine bessere Ermittlung der Kinetik gestatten; Reuß, 1976). Die Auswertung der Wachstumsgeschwindigkeit μ erfolgt dann, wie angegeben, direkt aus der Steigung der X/t-Kurve durch graphisches Differentieren in einem Bereich von Δt:

$$\mu = \frac{1}{\bar{X}} \cdot \frac{\Delta X}{\Delta t}, \tag{4.9}$$

wobei $\bar{X}$ = mittlerer Wert im Meßintervall ΔX.

Das Ergebnis einer differentiellen Auswertung eines dkRK-Prozesses wird also die Abhängigkeit von μ von der zeitlich sich ändernden S-Konzentration im Laufe des Prozesses sein:

$$\mu = f(S(t)). \tag{4.10}$$

In diesem Zusammenhang ist darauf hinzuweisen, daß Monod (1942) ursprünglich die von ihm in Analogie zur Enzymkinetik vorgeschlagene Beziehung für die mikrobielle Wachstumskinetik gleichermaßen für kontinuierliche und diskontinuierliche Prozesse gültig betrachtete. Es handelt sich ja um eine Formalkinetik mit Anpassungsparametern.

Aus diesen Überlegungen heraus ergibt sich mit einer gewissen Logik, daß für eine *Prozeßentwicklung* die integrale Analyse von Daten eines dkRK eher geeignet ist für die Extrapolation auf die Verhältnisse eines kRK, während die differentielle Analyse eher nichtbalanziertes Wachstum unter instationären Verhältnissen wiedergibt. Diese Daten sind daher für den Entwurf von kRR geeigneter (Moser, 1978b).

Abschließend werden nun die Ergebnisse einer differentiellen bzw. integralen Analyse der verschiedenen kinetischen Ansätze nach Abb. 4.4 in kurzer Form dargestellt. Diese Lösungen sind als Analogiefälle für viele Prozesse der chemischen, biologischen und Lebensmitteltechnologie sehr brauchbar.

In Abb. 4.12 erfolgt eine Gegenüberstellung der Auswerteergebnisse für den kinetischen Typ 1, den sogenannten *Potenzansatz*, der mit dem Konzept der Reaktionsordnung n operiert. Die dargestellten Diagramme erlauben die Bestimmung der Reaktionsordnung sowie der Geschwindigkeitskonstanten k. In der Spezialliteratur ist eine Vielzahl von Varianten zu finden (Levenspiel, 1972). Die integrale Auswertung bedarf in dem Fall, wo n und k gleichzeitig ermittelt werden sollen, einer „trial and error"-Methode, wobei

$$\frac{1}{c^{n-1}} - \frac{1}{c_0^{n-1}} = (n-1) \cdot k \cdot t. \tag{4.11}$$

Diese Methode vereinfacht sich aber bei wahlweiser Annahme der Reaktionsordnung $n = 0, 1, 2$ usw. zu einfacheren graphischen Auftragungen.

112   4 Prozeßkinetische Analyse

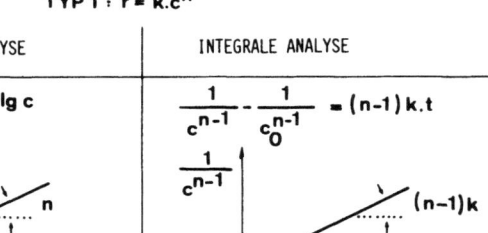

Abb. 4.12. Bestimmung der Parameter kinetischer Modelle vom Typ 1 (vgl. Abb. 4.4) nach der differentiellen und integralen Auswertemethode. Erklärung s. Text

Die differentielle Auswertung der Hypothese $r = k \cdot c^n$ ergibt demgegenüber

$$\lg r = \lg k + n \cdot \lg c \tag{4.12}$$

mit der entsprechenden graphischen Auftragung in Abb. 4.12.

Der kinetische Ansatz nach Typ 2 der Abb. 4.4, der die allgemeine Form

$$r_i = \frac{k_1 \cdot c}{1 + k_2 \cdot c} \tag{4.13}$$

aufweist, ist für mehrere verschiedene Reaktionstypen verwendbar:
1. Für homogene chemische Reaktionen, bei denen sich die Reaktionsordnung ändert.
2. Für heterogene chemische Katalysereaktionen entsprechend der sogenannten Langmuir-Adsorptionsisotherme mit $k_1 = k \cdot K$, $k_2 = K$ und K = Sorptionsgleichgewichtskonstante, k = Geschwindigkeitskonstante der Adsorption, die mit dem Belegungsgrad multipliziert die Adsorptionsgeschwindigkeit ergibt.
3. Enzymatische Reaktionen, wobei $r_{max} = k_1/k_2$ und $K_m = 1/k_2$ (vgl. Gl. 2.17).
4. Mikrobiologische Reaktionen, wobei $r_i \sim \mu$ bzw. σ, $c = S$ und $k_1/k_2 \sim \mu_{max}$ bzw. σ_{max}, $K_S = 1/k_2$.

In Abb. 4.13 sind die Ergebnisse einer integralen Auswertung des kinetischen Typs 2 in graphischer Form dargestellt. Für Bild a) gilt nach einer Integration der Gl. 4.13:

$$\frac{\ln c_0/c}{c_0 - c} = -k_2 + \frac{k_1 \cdot t}{c_0 - c} \tag{4.14a}$$

Für Bild b) ergibt sich nach Integration der Gl. 2.17 die sogenannte *Henri-Gleichung*, die nach Multiplikation mit $1/t$ unter Verwendung der Nomenklatur für enzymatische Reaktionen eine Linearisierung ermöglicht:

$$\frac{S_0 - S}{t} = -K_S \cdot \frac{1}{t} \ln \frac{S_0}{S} + r_{max} \tag{4.14b}$$

4.3 Ermittlung kinetischer Daten mit Bioreaktoren   113

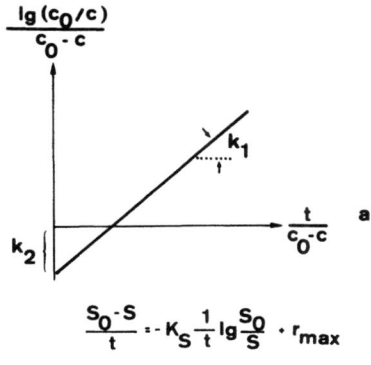

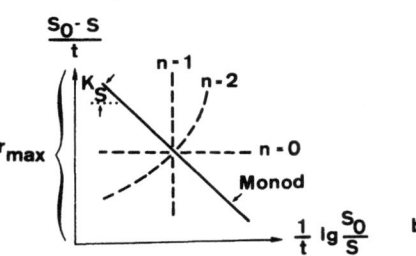

Abb. 4.13. Bestimmung der Parameter kinetischer Modelle vom Typ 2 (vgl. Abb. 4.4) nach der integralen Auswertemethode. In b) („Walker-Diagramm") ist eine entsprechende integrale Auswertung für verschiedene kinetische Ansätze wiedergegeben (nach Wilderer, 1976)

Diese Auswertungsmethode ist unter dem Namen „*Walker-Diagramm*" (Walker und Schmidt, 1944) bekannt und wird in der biologischen Abwasserreinigung oft verwendet (Wilderer, 1976). Das Walker-Diagramm bietet den Vorteil, daß für verschiedene Typen kinetischer Ansätze (Potenzansatz mit verschiedener Reaktionsordnung und Typ 2) Geraden mit verschiedener Neigung entstehen.

Gleichzeitig wird darauf hingewiesen, daß diese Lösungsmethode nach Walker streng nur für den Fall einer Substratverbrauchsreaktion gilt, wobei kein Wachstum der Zellen angenommen wird. Diese Linearisierung geht also von der Gleichung der Enzymkinetik (Gl. 2.17)

$$-\frac{dS}{dt} = r_S = r_{max} \frac{S}{K_m + S} \qquad (2.17)$$

aus, die sich von dem Ansatz, der in der mikrobiellen Kinetik z. B. für eine Substratverbrauchsgeschwindigkeit verwendet wird,

$$-\frac{dS}{dt} = r_S = \sigma_{max} \frac{S}{K_S + S} \cdot X \qquad (4.15)$$

114   4 Prozeßkinetische Analyse

unterscheidet. Der Zusammenhang zwischen Enzymkinetik und mikrobieller Kinetik liegt in der Identität

$$r_{max} = \sigma_{max} \cdot X, \tag{4.16}$$

die sich auch in der Dimension von r_{max} [mg/l · min] und σ_{max} [h^{-1}] äußert. Das Walker-Diagramm ist also ein Sonderfall für $dX/dt = 0$, d. h. mit $Y = 0$.

Der vollständige Ansatz, der beim Ablauf von mikrobiologischen Reaktionen gültig sein wird, beinhaltet also wenigstens 2 Differentialgleichungen, nämlich für den Substratverbrauch (S oder auch O_2) und für das Wachstum: Das Gleichungssystem für die Reaktion nach Schema (Gl. 2.1) lautet demnach im einfachsten kinetischen Fall:

$$\frac{dX}{dt} = \mu_{max} \frac{S}{K_S + S} \cdot X \tag{4.17a}$$

$$-\frac{dS}{dt} = \sigma_{max} \frac{S}{K_S + S} \cdot X \tag{4.17b}$$

bzw.

$$-\frac{dO}{dt} = \sigma_{O,max} \frac{O}{K_O + O} \cdot X. \tag{4.17c}$$

Die Lösung ist also für variables X und variables S bzw. O_2 komplizierter und erfolgt prinzipiell mit Hilfe der Eliminierung der S- bzw. O_2-Konzentration durch das Konzept der Ertragskonstanten Y. Gl. 2.8a in anderer Form geschrieben ergibt

$$(X - X_0) = Y_{X/S} \cdot (S_0 - S). \tag{2.8a}$$

Zur vollständigen Lösung und Auffindung der kinetischen Parameter ist jedoch eine graphische „trial and error"-Methode unter Verwendung von Linearisierungen nötig (Gates und Marlar, 1968). Im Gegensatz zum Walker-Diagramm fallen bei der *Gates-Linearisierung* Kurven für verschiedene Bedingungen (S_0, X_{max}) nicht in eine Gerade zusammen, sondern variieren in Abhängigkeit dieser Bedingungen. Eine Variante, die ebenfalls von der integrierten Form der Monod-Beziehung ausgeht, wurde zur Bestimmung des K_S-Wertes in diskontinuierlichen Kulturen aus der Lage des Wendepunktes der Wachstumskurve herangezogen (Meyrath und Bayer, 1973).

Aus dieser kurzen Darstellung der Lösungswege für die Biokinetik nach der integralen Methode erkennt man, daß nur in einfachsten Fällen eine Integration der Hypothesefunktion gelingt. Außerdem weist die integrierte Form einen Mangel an Anpassungsfähigkeit an, so daß Zuflucht zu logistischen und polynomen Funktionen genommen wird. Man versucht darum auch vereinfachte Ansätze der Enzymkinetik bzw. Monod-Kinetik zu verwenden, wobei der Potenzansatz herangezogen wird (Typ 1).

Für den Fall niedriger S-Konzentrationen, die in der biologischen Abwasserreinigung anzutreffen sind, kann mit einem Ansatz nach formal erster Ordnung gerechnet werden. Aus Gl. 4.15 ergibt sich

$$-\frac{dS}{dt} = \frac{\mu_{max}}{Y} \frac{S}{K_S} \cdot X \tag{4.18}$$

und mit $X = X_0$ = konstant kann die Integration leicht ausgeführt werden und ergibt

$$\ln \frac{S_0}{S} = \left[\left(\frac{\mu_{max}}{Y \cdot K_S}\right)\right] X_0 \, t \qquad (4.19)$$

so daß in einem semi-logarithmischen Diagramm der Faktor in der eckigen Klammer aus der Steigung der Geraden ermittelbar ist.

Der fehlende Wert für Y muß im Bereich $S_0 \gg K_S$ mit formal nullter Ordnung hinsichtlich S ermittelt werden. Aus $\mu = \mu_{max}$ erhält man mit Gl. 2.4a nach Integration

$$X = X_0 \cdot e^{\mu_{max} \cdot t} \qquad (4.20)$$

und eingesetzt in den Ansatz für eine Kinetik nullter Ordnung in S

$$-\frac{dS}{dt} = \frac{\mu_{max}}{Y} \cdot X \qquad (4.21)$$

erhält man nach Substition und Integration die Lösung

$$\frac{S_0 - S}{X_0} = \frac{1}{Y}(e^{\mu_{max} \cdot t} - 1). \qquad (4.22)$$

Eine entsprechende Auftragung ergibt eine Gerade mit der Steigung $1/Y$.

Allgemein kann die Schlußfolgerung gezogen werden, daß eine integrale Auswertung nur in einfachen Fällen kinetischer Gleichungen möglich ist. Bei Auftreten von zusätzlichen, kinetischen Effekten (vgl. Kapitel 5), die in realen Prozessen immer vorhanden sind, ist eine Integration erschwert, wenn nicht unmöglich.

Aus diesem Grund wird in komplizierten Fällen die differentielle Auswertung vorzuziehen sein. Diese Aussage hat zur Folge, daß z. B. der differentiellen Analyse von Daten aus dkRK mehr Aufmerksamkeit zu widmen ist, da der dkRK noch immer den vorherrschenden Bioreaktortyp der Praxis verkörpert. Auch für den Fall der Prozeßentwicklung für unkonventionelle Bioreaktoren, z. B. Blasensäulen, Turm- und Rohrfermenter trifft dies zu, da diese alle integrales Reaktorverhalten aufweisen.

Für den kinetischen Ansatz des Typs 2 aus Abb. 4.4, der ja den Grundtyp der Biokinetik beinhaltet, existieren mehrere Alternativen zur graphischen Auftragung. In Abb. 2.15 wurde bereits eine Linearisierung nach Lineweaver-Burk dargestellt, die am häufigsten verwendet wird. Aufgrund der Verzerrung des Fehlerbereiches durch die graphische Transformation in der doppeltreziproken Auftragung ist es vorteilhafter, andere *Linearisierungen* zu suchen. Eine einfachreziproke Auftragung nach Eadie (1942) und Hofstee (1952), entsprechend Gl. 2.34, ist in Abb. 4.14 mit demselben Fehlerbereich wie in Abb. 2.15 von ± 5% (d. h. 95% Konfidenzintervall, vgl. Kapitel 2.4) dargestellt. Am befriedigendsten allerdings muß eine andere Auftragung angesehen werden, die von Langmuir (1918) für die heterogen-katalysierten chemischen Reaktionen vorgeschlagen wurde. Die allgemeine Form dieser Linearisierung lautet

$$\frac{c}{r} = \frac{1}{k_1} + \frac{k_2}{k_1} \cdot c \qquad (4.23a)$$

116 4 Prozeßkinetische Analyse

bzw. für die Monod-Kinetik ausgeschrieben

$$\frac{S}{\mu} = \frac{K_S}{\mu_{max}} + \frac{S}{\mu_{max}} \; . \tag{4.23b}$$

Diese Linearisierung ist in Abb. 4.15, wiederum mit einem Fehlerbereich von ± 5%, gezeigt. Man erkennt, daß in diesem Diagramm die minimalste Fehlerverzerrung erfolgt.

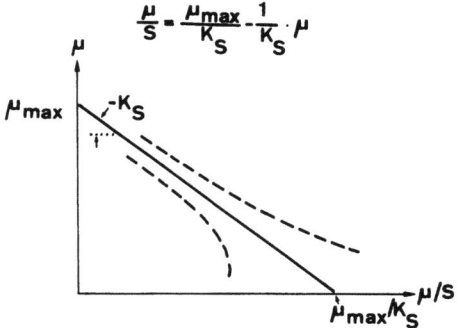

Abb. 4.14. Parameterbestimmung der Monod-Kinetik nach der differentiellen Methode in einem einfach reziproken Diagramm (Eadie, 1942 und Hofstee, 1952) unter Angabe des 95% Konfidenzintervalles

Ein vollständig neuer Weg der Bestimmung enzymkinetischer Parameter wird als „direkte Linearisierung" bezeichnet (Eisenthal und Cornish-Bowden, 1974), die auf Basis der direkten Abhängigkeit von μ von S eine Abhängigkeit von μ_{max} von K_S in der Form

$$\mu_{max} = \mu + \frac{\mu}{S} K_S \tag{4.24}$$

angibt (Pitcher, 1978).

In den realen Fällen der biotechnischen Prozesse wird fast ausnahmslos nach der differentiellen Auswertung vorgegangen (vgl. Kapitel 5).

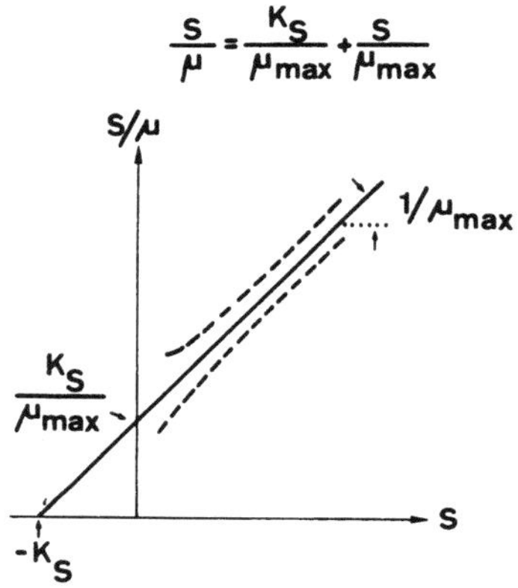

Abb. 4.15. Parameterbestimmung der Monod-Kinetik nach der differentiellen Methode in einem Diagramm nach Langmuir (1918) unter Angabe des 95% Konfidenzintervalles

4.4 Heterogene Modellansätze

Mehrfach wurde bereits auf die Probleme der Koppelung zwischen Kinetik und Transporten hingewiesen. Im Zusammenhang mit der Pseudohomogenität wurde die quantitative Kontrolle, daß die entsprechenden Transportvorgänge nicht geschwindigkeitsbestimmend sind, erörtert. In diesem Kapitel soll nun kurz dargelegt werden, welche Modellansätze für echt heterogene Systeme verwendbar sind.

Die Konzentrationsverteilung, z. B. von O_2, in einem 3-Phasen-Prozeß ist in Abb. 4.16 gezeichnet. Der O_2 muß aus der G-Phase über die L-Phase in die S-Phase transportiert werden, um dort an der Reaktion teilzunehmen. Im selben Bild sind auch die einzelnen Transportschritte eingetragen, die geschwindigkeitsbestimmend werden können. Diese bestehen aus den Stofftransportkoeffizienten k_G und k_{L1} an der G/L-Phasengrenzfläche und k_{L2} an der L/S-Grenzfläche bzw. k_S als Maß für die kritische Filmdicke, ab der die O_2-Konzentration unter einen Wert O_{krit} sinkt. Derartige Konzentrationsprofile sind typisch für Mehrphasen-Prozesse und bilden den Ansatz für die Ableitung von Modellansätzen. Offensichtlich spielt die relative Größe der Phasen eine mitentscheidende Rolle, ob in heterogenen oder homogenen Modellansätzen gedacht und gearbeitet werden kann. Durch Erhöhen der relativen Strömungsgeschwindigkeit zwischen L/S-Phase (v_{rel}) entstehen Konzentrationsprofile in der S-Phase (Kurve a–c).

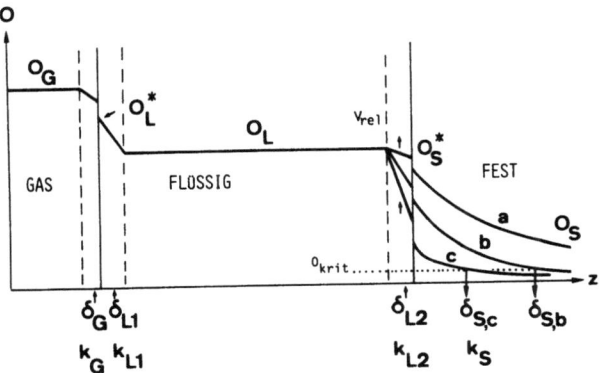

Abb. 4.16. Heterogener 3-Phasen-Modell-Ansatz für G/L/S-Prozesse mit O_2-Konzentrationsprofil durch die entsprechenden Filme der Dicke δ, die nach der 2-Film-Theorie mit den Stofftransportkoeffizienten k zusammenhängen. Erklärung s. Text

Sind die Teilchen um einiges kleiner als die Filmdicke des Stofftransportes δ, in der der 2-Film-Theorie entsprechend der Transportwiderstand liegt, so ist es offensichtlich möglich, pseudohomogene Vorstellungen anzustellen. Diese Situation ist in Abb. 4.17 skizziert. In diesem Fall eines 3-Phasen-Prozesses ist die S-Phase mit kleinstem d_p (Flocken) in der L-Phase suspendiert. Dabei können sich 5 verschiedene Konzentrationsprofile an der G/L-Grenzfläche ausbilden, je nachdem, welche Größe die Transportkoeffizienten k_{TR} zur Reaktionsgeschwindigkeitskonstanten k_r einnimmt. Im Falle einer L/S-Reaktion mit großem d_P können nur Profil a–c auftreten (vgl. Abb. 4.16).

118 4 Prozeßkinetische Analyse

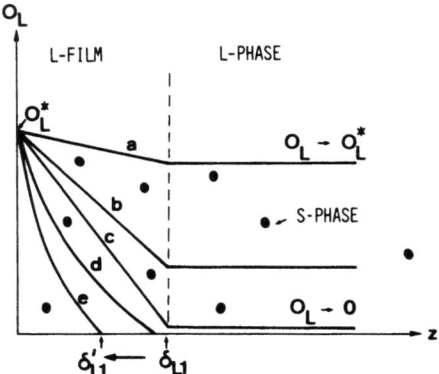

Abb. 4.17. Pseudohomogener Modellansatz für heterogene G/L/S-Prozesse, wobei die Festphase S mit kleinem Durchmesser ($d_S < \delta_{L1}$) homogen in der L-Phase suspendiert ist und dadurch den Stofftransport durch die G/L-Grenzfläche nach Kurve $a-e$ beeinflussen kann

Alle diese Fälle der Koppelung zwischen Kinetik (k_r) und Transporten (k_{TR}) können nach einem einheitlichen Schema behandelt und gelöst werden, das in Tab. 4.4 dargestellt ist. Es wird ein sogenannter Wirkungsgrad η verwendet, der als Funktion des Verhältnisses k_r/k_{TR} dargestellt wird. Bei den einzelnen Anwendungsbereichen haben sich verschiedene Bezeichnungen des Verhältnisses zwischen k_r und k_{TR} eingebürgert, die im folgenden diskutiert werden.

Tabelle 4.4. *Schematische Zusammenstellung des allgemeinen Lösungsweges für die Modellgleichungen des „Stofftransportes mit Reaktion" unter Zuhilfenahme des Wirkungsgradkonzeptes und Anwendungen auf reale Fälle* (Moser, 1979b)

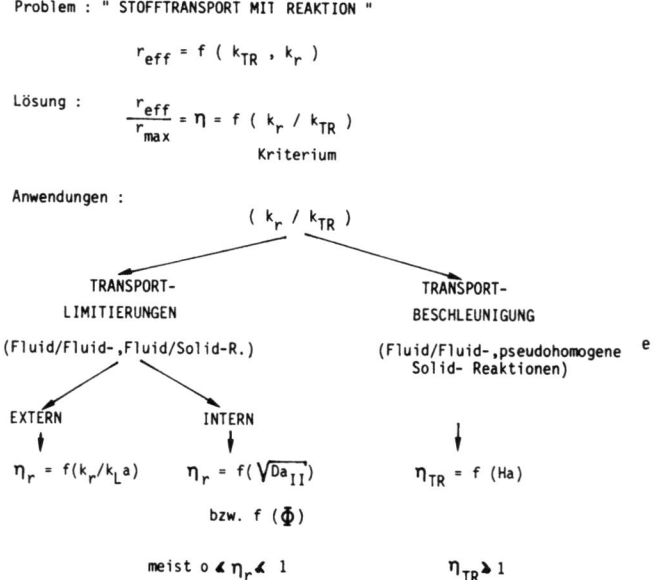

4.4 Heterogene Modellansätze

Als Modellansatz für das Problem des *"Stofftransportes mit gleichzeitiger Reaktion"* wird wieder der Erhaltungssatz der Masse (Gl. 2.2) herangezogen, der im 1-dimensionalen und stationären Fall die Form

$$D\frac{d^2c}{dz^2} - r = o \qquad (4.25a)$$

annimmt. Die Randbedingungen im Fall von Fluid/S-Prozessen (Fluid = G oder L) lauten

1. $c = c^*$ für $z = o$
2. $dc/dz = o$ für $z = \delta$ $\qquad (4.25b)$

und im Fall von Fluid/Fluid-Prozessen

1. $c = c^*$ für $z = o$
2. Gleichgewicht zwischen Antransport und Abreaktion für $z = \delta$. $\qquad (4.25c)$

Folgende allgemeine Einteilung der Wechselwirkung zwischen Kinetik und Transporten kann getroffen werden:
1. Transportlimitierungen bei Fluid/Fluid- und Fluid/S-Prozessen.
   1.1 „Externer" Transportlimitierung an G/L- und L/S-Grenzflächen.
   1.2 „Interne" Transportlimitierung in der S-Phase (Heterogen-chemische Katalyse und heterogene Biokatalyse).
2. Transportbeschleunigung nur bei (pseudo)-homogenen Systemen an G/L- und L/L-Grenzflächen.

Die Konzentrationsprofile a–c in Abb. 4.16 und 4.17 entsprechen den Fällen von Limitierung einer Reaktion durch Transportvorgänge, während die Profile d–e in Abb. 4.17 der Beschleunigung eines Transportes durch eine Reaktion entsprechen.

Externe Transportlimitierung

Betrachtet man die Konzentrationsprofile a–c, so ist im Fall a die Reaktion ungehindert ($c \to c^*$), d. h. hier herrscht sogenannte kinetische Kontrolle („*kinetisches Regime*"). Im Falle c geht der Transport im Vergleich zur Reaktion so langsam vor sich, daß die Konzentration in der L-Phase bzw. S-Phase gegen null absinkt, d. h. hier wird *Diffusionskontrolle* herrschen, also Transportlimitierung vorliegen.

Der Fall b ist ein Übergangszustand, bei dem beide Phänomene wirken. Die gültige Gleichung für eine sogenannte effektive Reaktionsgeschwindigkeit r_{eff} lautet z. B. im Falle einer Reaktion erster Ordnung (Fitzer und Fritz, 1975)

$$r_{\text{eff}} = \frac{c^*}{\frac{1}{k_L \cdot A} + \frac{1}{k_r \cdot V}}, \qquad (4.26a)$$

d. h. die reziproken Geschwindigkeitskonstanten addieren sich in diesem Fall, wo Transport und Reaktion in Serie geschaltet sind.

Als Kriterium für die Grenzfälle a und c dient also das Verhältnis der Geschwindigkeitskonstanten von Kinetik (k_r) und Transport (k_{TR} nach Gl. 2.9b). Ist

$$\frac{k_r}{k_{TR}} \ll 1, \qquad (4.26b)$$

dann handelt es sich um eine im Vergleich zum Transport *„sehr langsame"* *Reaktion* und Gl. 4.26a reduziert sich für das kinetische Regime zu

$$r = k_r \cdot V \cdot c^*. \qquad (4.26c)$$

Ist dagegen

$$\frac{k_r}{k_{TR}} \gg 1, \qquad (4.26d)$$

so ist wohl die absolute Geschwindigkeit der Reaktion noch immer langsam, aber die Transportgeschwindigkeit noch kleiner. In diesem Fall ist also Transportlimitierung vorhanden und Gl. 4.26a vereinfacht sich zur bekannten Gleichung für die physikalische Absorption (Gl. 3.22). Durch die Reaktion in der Flüssigphase wird $c_L \to 0$.

Zur unverfälschten Ermittlung der Kinetik in derartigen Fällen muß der Transportvorgang so gut gestaltet werden, daß Gl. 4.26c zutrifft. Dies wird meist durch gutes Mischen der Flüssigphase erzielt, wodurch hohe Turbulenz und gute k_L-Werte erreicht werden. Formt man Gl. 4.26a um, z. B. in

$$r_{\text{eff}} = k_r \cdot V \cdot c^* \left(\frac{1}{1 + k_r/k_{TR}} \right), \qquad (4.26e)$$

so erkennt man in der Form dieser Gleichung den Gleichungstyp, der in allen Fällen der Wechselwirkung zwischen Kinetik und Transport (vgl. Tab. 4.4) als Lösung auftaucht:

$$r_{\text{eff}} = r_{\max} \cdot \eta_r. \qquad (4.27)$$

Ein Vergleich von Gl. 4.27 und Gl. 4.26e zeigt, daß $r_{\max}$ der Gl. 4.26c entspricht, d. h. dem idealen Fall ohne Transportbeeinflussung, und der *Wirkungsgrad* bezogen auf die Reaktion wie folgt definiert ist

$$\eta_r = \frac{r_{\text{eff}}}{r_{\max}} = f\left(\frac{k_r}{k_{TR}}\right), \qquad (4.28a)$$

wobei meist

$$0 \leqslant \eta_r \leqslant 1.$$

Interne Transportlimitierung

Das Konzept der Gl. 4.28a ist auch in diesem Fall anwendbar, wobei das Verhältnis der Geschwindigkeitskonstanten als dimensionslose Kennzahl angegeben wird, und zwar als sogenannter *Thiele-Modul* Φ (Thiele, 1939) bzw. *Damköhlersche Zahl zweiter Art* Da_{II}. Die Lösungsgleichungen im Fall des internen Transportes haben alle das typische Aussehen der Gl. 4.29 (Emig und

Hofmann, 1975) als Resultat des Ansatzes nach Gl. 4.25a mit den Randbedingungen nach Gl. 4.25b

$$\eta_r = f(\sqrt{Da_{II}}) = f(\Phi), \tag{4.29}$$

wobei zwischen Φ und Da_{II} folgende Beziehung besteht:

$$\Phi = \sqrt{Da_{II}} = d_p \sqrt{\frac{k_r \cdot c^{n-1}}{D_{eff}}}. \tag{4.30}$$

Darin ist d_p der Durchmesser der Partikel und D_{eff} der effektive Diffusionskoeffizient, der über eine Schichtdicke (d_p) mit dem Stofftransportkoeffizienten in der Festphase k_S nach der 2-Film-Theorie zusammenhängt. Das Ergebnis nach Gl. 4.29 wird oft in graphischer Form dargestellt, wobei die typischen Kurvenbilder in Abb. 4.18 wiedergegeben sind.

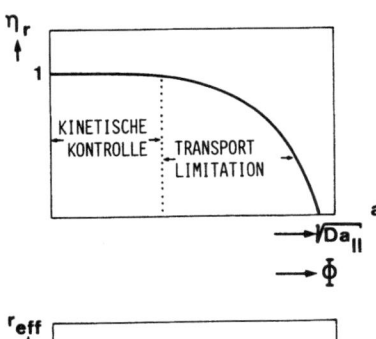

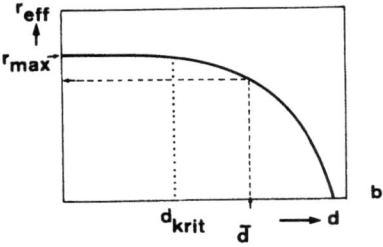

Abb. 4.18. Graphische Darstellung des Wirkungsgradkonzeptes: a) Der Wirkungsgrad der Reaktion η_r in Abhängigkeit von der Damköhlerschen Zahl zweiter Art Da_{II} bzw. vom Thiele-Modul Φ (vgl. Gl. 4.28a bzw. 4.30). b) Die effektive Reaktionsgeschwindigkeit r_{eff} in Abhängigkeit vom Durchmesser der Partikel d. Das Diagramm b) kann verwendet werden, um bei gegebenem mittleren Durchmesser $\bar{d}$ den entsprechenden Wert für r_{eff} zu ermitteln

Im Bereich der kinetischen Kontrolle ist $\eta_r = 1$, d. h. $r_{eff} = r_{max}$. Bei Zunahme von Da_{II}, d. h. bei kleineren Stofftransportkoeffizienten, schnelleren Reaktionen, wird die effektive Geschwindigkeit des Prozesses durch Transportlimitierung verringert.

Zur unverfälschten Messung der Kinetik von Reaktionen in S-Phasen muß also der Teilchendurchmesser so klein gehalten werden, daß $\bar{d}_p \leq d_{krit}$. In Bild b) der Abb. 4.18 ist eine zu Bild a) analoge Darstellung gezeichnet, wo der Partikeldurchmesser als Ordinate aufgetragen ist. Messungen des Wirkungsgrades werden in Art des Bildes b) mit Variation der Partikelgröße durchgeführt. Weist im technischen Prozeß die S-Phase einen mittleren Durchmesser $\bar{d}_p$ auf (vgl. Abb. 4.2), so kann das Diagramm b) in Abb. 4.18 zur Ermittlung der effektiven Geschwindigkeit des Prozesses dienen. Andere Methoden zur Bestimmung von η_r sind in der einschlägigen Literatur beschrieben (z. B. Emig und Hofmann, 1975).

Die Form der Kurven in Abb. 4.18 wird von der Reaktionsordnung und Geometrie der S-Phase (Platten, Kugel, Zylinder) nur gering, vom Stofftransportkoeffizienten bzw. D_{eff} in der S-Phase jedoch stark beeinflußt. Abweichungen, wobei $\eta > 1$, sind durch nicht-isothermes Verhalten bzw. komplexe kinetische Ansätze möglich (Aris, 1975).

Bei chemisch-heterogen katalysierten Prozessen und in der Enzymtechnologie (trägergebundene Enzyme) kann die Katalysator-Teilchengröße gezielt gewählt werden, während für Fermentationen unkontrolliertes Wachstum erfolgt (vgl. Abb. 4.2). Näheres zur Verwendung des Wirkungsgradkonzeptes und Quantifizierung für prozeßtechnische Berechnungen wird in Kapitel 5.5 gebracht.

Transportbeschleunigung

Wurden bisher Fälle der Wechselwirkung zwischen Kinetik und Transportvorgängen behandelt, bei denen die Reaktion durch Transportgeschehen begrenzt waren, so wird nun der Fall diskutiert, daß ein Stofftransport durch die anwesende Reaktion beschleunigt wird.

Dabei kann dasselbe Lösungsschema nach Tab. 4.4 herangezogen werden. Der einzige Unterschied liegt darin, daß der Wirkungsgrad auf die Transportgeschwindigkeit bezogen und als *Beschleunigungsfaktor E* bezeichnet wird. In Analogie zu Gl. 4.28 gilt also nach Lösung der Gl. 4.25a mit den Randbedingungen nach Gl. 4.25c

$$\eta_{TR} \equiv E = \frac{r_{eff}}{n_{max}}, \tag{4.28b}$$

wobei $E \geqslant 1$.

Analog zur Transportlimitierung existieren 2 Grenzfälle, die in Abb. 4.17 mit den Konzentrationsprofilen c (für $E = 1$) und e (für $E > 1$) eingezeichnet sind. In derselben Art wie in allen anderen Fällen bildet das Verhältnis der Geschwindigkeitskonstanten das Kriterium der Erfassung des kinetischen bzw. Diffusions-Regimes. Es hat sich jedoch eingebürgert, dieses Verhältnis der k-Werte mit einer dimensionslosen Kennzahl, nämlich der *Hatta-Zahl*, zu benennen. Für G/L-Reaktionen mit k_L (k_{L1}) gilt

$$Ha = \frac{1}{k_L} \sqrt{\frac{2}{n+1} \cdot D \cdot c^{*n-1} \cdot k_r} \tag{4.31}$$

nach der numerischen Näherungslösung nach Reith (1968) für die Differentialgleichung nach Gl. 4.25a und c. Die allgemeine Form der Lösung lautet (Hirner, 1974)

$$\frac{dO}{dt} = a(O^* - O) \sqrt{\frac{2}{n+1} \cdot D \cdot c^{*n-1} \cdot k_r} \sqrt{1+C}, \tag{4.32}$$

wobei die Integrationskonstante C genaugenommen eine mehrfache Abhängigkeit beinhaltet:

$$C = f(Ha, c^*/c, Hl), \tag{4.33a}$$

während die Reith-Näherung mit

$$C = 1/Ha^2 \tag{4.33b}$$

arbeitet. Im Vergleich zur exakten Lösung sind bei der Näherung jedoch nur Fehler von + 6% vorhanden. Die allgemeine Lösung wird also in Form der Abhängigkeit des Wirkungsgrades von dieser Ha-Zahl angegeben

$$E = f(Ha) \tag{4.34a}$$

bzw. nach Reith (1968)

$$E = \sqrt{1 + Ha^2}. \tag{4.34b}$$

In graphischer Darstellung ist diese Lösung in Abb. 4.19 gezeigt. Demnach ist im Bereich Ha ≤ 0,3 das Transportregime, wo die effektive Prozeßgeschwindigkeit von physikalischer Absorption bestimmt wird. Die Reaktion wird also „langsam" im Vergleich zur Transportgeschwindigkeit sein, zur Gänze im Flüssigkeitsinneren ablaufen und daher keinen Einfluß auf den Transport nehmen. Im selben Bereich können Abweichungen durch verschiedene Werte des Hl-Verhältnisses von G/L-Reaktoren (vgl. Gl. 3.28) auftreten, die in Abb. 4.19 eingezeichnet sind (Konzentrationsprofile bei kleineren Hl-Werten).

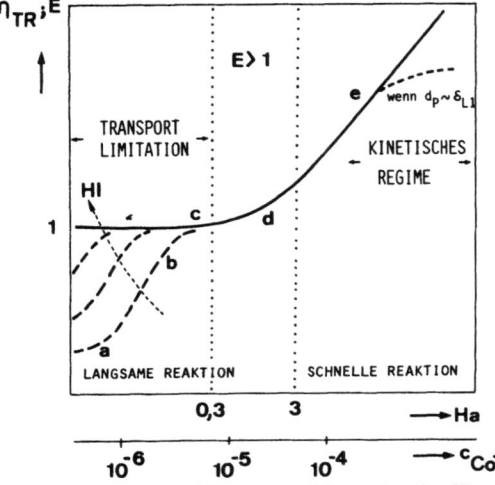

Abb. 4.19. Der Beschleunigungsfaktor des Stofftransportes E bzw. η_{TR} in Abhängigkeit von der Hattazahl Ha bzw. Katalysatorkonzentration $c_{Co^{++}}$ im Falle der Sulfitoxidation mit Ha = $f(c_{Co^{++}})$. Die Kurven a–e entsprechen der Abb. 4.17 (nach Reith, 1969; Hirner, 1974). Nähere Erklärung im Text

Im Bereich Ha ≥ 3 wird reine kinetische Kontrolle herrschen, so daß hier die Prozeßgeschwindigkeit von der Reaktion bestimmt wird. Die Reaktion ist sehr schnell und läuft praktisch zur Gänze im L-Film an der G/L-Grenzfläche ab. In diesem Bereich ist im Falle katalytischer Suspensionsreaktoren eine Abflachung möglich, die dadurch hervorgerufen wird, daß der Partikeldurchmesser in der Größenordnung der Grenzschichtdicke δ (vgl. Abb. 4.17) ist (Alper et al., 1980; Deckwer und Alper, 1980).

124   4 Prozeßkinetische Analyse

Das Konzentrationsprofil e in Abb. 4.17 ist dem Bereich Ha ⩾ 3 zuordenbar. Im Übergangsbereich mit 0,3 < Ha < 3, der dem Konzentrationsprofil d entspricht, ist die Reaktion schnell genug, um teilweise auch im Film an der G/L-Grenzfläche abzulaufen und damit den Transport zu beschleunigen.

Die Unterteilung der Bereiche nach dem Kriterium 0,3 ⩽ Ha ⩽ 3 erfolgt nicht willkürlich, sondern mit Hilfe der Überlegung, daß ein Vorgang gegenüber einem anderen vernachlässigt werden kann, wenn dieser eine um eine Zehnerpotenz kleinere Geschwindigkeitskonstante aufweist (vgl. Gl. 4.34b).

Anwendungsbeispiele für die Transportbeschleunigung sind in der chemischen Technik bei homogenen Prozessen vielfach gegeben (Danckwerts, 1970). Die Ermittlung von $k_L \cdot a$-Werten mit Hilfe der Co^{++}-katalysierten Sulfitoxidation (Reith, 1968) bzw. der Cu^{++}-katalysierten Sulfitoxidation (vgl. Kapitel 3.3 und Moser, 1973c) oder auch mit Hilfe der Danckwerts-Methode, $CO_2/NaOH$, (Danckwerts et al., 1963) oder auch nach der Glukoseoxidase-Methode (Tsao und Kempe, 1960; Hsieh et al., 1969) arbeitet mit der Theorie des Stofftransportes mit gleichzeitiger Reaktion.

Für den speziellen Fall der Sulfitoxidation ist die Reaktionsgeschwindigkeit direkt von der Co^{++}-Konzentration abhängig, so daß Ha = $f(Co^{++})$. Diese ist in Abb. 4.19 berücksichtigt, indem die Katalysatorkonzentration als zweite Ordinate miteingetragen ist.

Die besondere Bedeutung dieser Methode wie auch der mit $CO_2/NaOH$ ist, daß die Werte für k_{L1} und a in G/L-Reaktoren getrennt ermittelt werden können. Diese Vorgangsweise ist kurz dargestellt. Die Lösung in diesem Fall, in Anlehnung an Gl. 4.32 lautet

$$\left(\frac{dO}{dt}\right)_{eff} = a\,(O^* - O) \sqrt{\frac{2}{n+1} \cdot D \cdot O^{*n-1} \cdot k_r + k_L^2} \qquad (4.35a)$$

und reduziert sich für den Bereich Ha ⩾ 3 zu

$$\left(\frac{dO}{dt}\right)_{eff} = a \cdot O^* \sqrt{\frac{2}{n+1} \cdot D \cdot O^{*n-1} \cdot k_r} \equiv k_L \cdot a \cdot O^* \cdot Ha \qquad (4.35b)$$

bzw. für den Fall Ha ⩽ 0,3

$$\frac{dO}{dt} = k_L \cdot a\,(O^* - O) \qquad (4.35c)$$

während für 0,3 < Ha < 3 die Gl. 4.35a voll gültig ist und in andere Form gebracht mit O → 0 als

$$\left(\frac{dO}{dt}\right)_{eff} = k_L \cdot a \cdot O^* \cdot E \qquad (4.35d)$$

angeschrieben werden kann.

Die experimentelle Ermittlung der Werte für k_{L1} und a ist also nach folgendem Arbeitsschema möglich:
1. Arbeiten mit der „schnellen" Reaktion (z. B. $Co^{++} > 10^{-4}$ gmol/l), wo die Prozeßgeschwindigkeit von k_r und a nach Gl. 4.35b abhängt. Wählt man einen

sogenannten *Modellreaktor für G/L-Reaktionen* mit bekannter Austauschoberfläche a und bekannter einfacher Hydrodynamik, z. B. Fallender Film- bzw. Strahl-Reaktor (Astarita, 1967) oder Dünnschichtreaktor mit Drehwalze (Danckwerts und Kennedy, 1954; Moser, 1973c), so läßt sich die Reaktionsgeschwindigkeitskonstante k_r in Abhängigkeit von Temperatur, pH-Wert, Katalysatorkonzentration bestimmen (Reith, 1968; Hirner, 1974).

2. Arbeiten mit der „schnellen" Reaktion in dem Reaktor, dessen Parameter bestimmt werden sollen. Nachdem k_r bekannt ist, kann nach Gl. 4.35b die Austauschfläche a ermittelt werden.

3. Arbeiten mit der „langsamen" Reaktion (z. B. $Co^{++} < 10^{-5}$ gmol/l). Nach Gl. 4.35c kann aus der Messung k_L errechnet werden, da a aus dem vorigen Experiment bekannt ist.

Physikalische Faktoren wie Viskosität, Ionenstärke, Oberflächenspannung und die Anwesenheit von Feststoffteilchen haben einen zusätzlichen Einfluß auf k_L und a (Linek und Benes, 1977; Alper et al., 1980).

Im Bereich biotechnischer Prozesse kann für die Annahme der Pseudohomogenität nach Kapitel 4.2 im Falle suspendierter Enzyme oder mikrobieller Flocken mit Beschleunigung des OTR gerechnet werden (Tsao et al., 1968; Yoshida und Yagi, 1977; Linek und Benes, 1977). Die Möglichkeit des Auftretens von OTR-Beschleunigungen bei Bioprozessen in Analogie zu den bekannten Fällen chemischer Reaktionen zeigt sich stark von der Kinetik der Bioprozesse und dabei besonders von der Reaktionsordnung der Atmungsgeschwindigkeit und der Größe des K_O-Wertes abhängig (Moser, 1980d).

Abschließend kann festgehalten werden, daß es von der relativen Größe der Reaktionsphasen und der Geschwindigkeitskoeffizienten abhängen wird, ob für einen heterogenen 3-Phasen-Prozeß eine pseudohomogene Modellvorstellung verwendbar ist. Herrschen keine Transportlimitierungen in und zwischen den Phasen (vgl. Abb. 4.16), ist z. B. $O_S^* \to O_L^*$, so kann man die jeweilige Differentialgleichung des Stofftransportes vernachlässigen und das Gleichungssystem reduziert sich zu einem pseudohomogenen Modellansatz.

Im Zusammenhang damit wird noch auf einen besonderen Umstand hingewiesen. Aufgrund der ähnlichen Dichte zwischen Zellen ($\rho \sim 1,05$) und Wasser ($\rho = 1$) kann nicht mit hohen Relativgeschwindigkeiten zwischen L- und S-Phase gerechnet werden (vgl. Gl. 4.1). Im Falle von Film-Bioreaktoren wurde jedoch eine gesteigerte Stoffwechselaktivität festgestellt, wenn man die Relativgeschwindigkeit erhöht, was im Falle dieser „trägergebundenen" Filme mikrobieller Zellen leicht möglich ist (La Motte, 1976; Moser, 1977b). Demnach zeigt der k_{L2}-Wert eine Abhängigkeit von der Strömungsgeschwindigkeit bzw. Rotationsgeschwindigkeit mit der Potenz von 0,7. In Anlehnung an das Konzept eines Wirkungsgrades kann der Schluß gezogen werden, daß bei erhöhten k_{L2}-Werten der Thiele-Modul kleiner werden muß (vgl. Abb. 4.18). Damit werden an der L/S-Grenzfläche Konzentrationswerte von $O_S^* \to O_L^*$ auftreten, so daß damit d_{krit} in der S-Phase größer wird ($\delta_{S,b}$ in Abb. 4.16). Damit ist der Effekt der gesteigerten Stoffwechselaktivität wenigstens zum Teil als Aufhebung einer Transportlimitierung zu interpretieren, die offensichtlich bei Flocken-Bioreaktoren nicht restlos ausgeschaltet wird ($O_S^* \neq O_L^*$). Ähnliche Effekte wurden bei Pellets beobachtet (Miura, 1976).

Literatur

Alper, E., Wichtendahl, B., Deckwer, W. D. (1980): Chem. Eng. Sci. *35*, 217.
Aris, R. (1975): The Mathematical Theory of Diffusion and Reaction in Permeable Catalysts, Vol. 1. Oxford: Clarendon Press.
Astarita, G. (1967): Mass Transfer with Chemical Reaction. Amsterdam: Elsevier Publ. Co.
Atkinson, B. (1974): Biochemical Reactors. London: Pion Ltd.
– Daould, I. S. (1970): Trans. Inst. Chem. Eng. (London) *48*, T 245.
– Davies, I. J. (1972): Trans. Inst. Chem. Eng. *50*, 208.
– Ur-Rahman, F. (1979): Biotechnol. Bioeng. *21*, 221.
Baily, J. E. (1973): Chem. Eng. Commun. *1*, 111.
Bryant, J. (1977): In: Adv. Bioch. Eng. *5*, 101.
Cassano, A. E. (1980): Chem. Eng. Educ. Winter, 14.
Danckwerts, P. V., Kennedy, A. M. (1954): Trans. Inst. Chem. Eng. *32*, 51.
– – Roberts, D. (1963): Chem. Eng. Sci. *18*, 63.
– (1970): Gas Liquid Reactions. New York: McGraw Hill Comp.
Deckwer, W. D., Alper, E. (1980): Chem. Ing. Techn. *52*, 219.
Eadie, G. S. (1942): J. biol. Chem. *146*, 85.
Eisenthal, R., Cornish-Bowden, A. (1974): Biochem. J. *139*, 715.
Emig, G., Hofmann, H. (1975): Chem. Ing. Techn. *47*, 889 ff.
EPA (1977): Environmental Protection Agency Report No. 6254-77-003a.
Fitzer, E., Fritz, W. (1975): Technische Chemie. Berlin-Heidelberg-New York: Springer.
Froment, G. F. (1975): AIChEJ *21*, 1041.
Frößling, N. (1938): Beitr. Geophys. *52*, 170.
Gates, W. E., Marlar, J. T. (1968): JWPCF, R 469.
Hirner, H. (1974): Dissertation, T. U. Stuttgart.
Hofmann, H. (1975): Chimia *29*, 159.
Hofstee, B. H. J. (1952): J. biol. Chem. *199*, 357.
Hsieh, D. P. H., Silver, R. S., Mateles, R. I. (1969): Biotechnol. Bioeng. *11*, 1.
Kolmogoroff (1941): Comp. Rend. Acad. Sci. USSR *30*, 301.
Kornegay, B. H., Andrews, J. F. (1968): JWPCF *40*, 460.
La Motta, E. J. (1976): Biotechnol. Bioeng. *18*, 1359.
Langmuir, I. (1918): J. Amer. Chem. Soc. *40*, 1361.
Levenspiel, O. (1972): Chemical Reaction Engineering. New York: J. Wiley.
Linek, V., Benes, P. (1977): Biotechnol. Bioeng. *19*, 565.
Lineweaver, H., Burk, D. (1934): J. Amer. chem. Soc. *56*, 658.
Luft, G., Herbertz, H. A. (1969): Chem. Ing. Techn. *41*, 667.
Miura, Y. (1976): In: Adv. Biochem. Engng. *4*, 3.
Monod, J. (1942): Recherches sur la Croissance des Cultures Bactériennes. Paris: Hermann.
Moser, A. (1973c): Chem. Ing. Techn. *45*, 1313.
– Lafferty, R. M. (1976): 5th Int. Ferm. Symp. Berlin, Abstract No. 5.21.
– (1977a): Habilitationsschrift, T. U. Graz.
– (1977b): Chimia *31*, 22.
– (1977c): Chem. Ing. Techn. *49*, 612.
– (1978b): 1st Europ. Congress on Biotechnology, Interlaken/Schweiz, Part I, 88.
– (1979a): Ausbildungskurs „Chemische Verfahrenstechnik in den biologischen Operationen", der Société de Chimie Industrielle, Brüssel, 26.–28. November.
– (1979b): Grundlagenseminar „Reaktionstechnik" der Arbeitsgruppe chem. Apparatewesen und Verfahrenstechnik des VÖCh, 8.–12. Oktober, Graz.
– (1980a): In: Proc. UNEP/UNESCO/ICRO-Kurs „Theoretical Basis of Kinetics of Growth, Metabolism and Product Formation of Microorganisms", Akademie der Wissenschaften der

DDR, Jena, Zentralinstitut für Mikrobiologie und Experimentelle Therapie, part II, 27.
- (1980c): In: Proc. „Waste Treatment and Utilization" (Moo-Young, M., Robinson, C. M., eds.), 2nd Intern. Symp., Waterloo, 18.–20. Juni, Canada, Pergamon Press.
- (1980d): 2nd Internat. Symp. on Bioconversion and Biochemical Engineering, IIT, New Delhi, Indien, 3.–6. März.
Pitcher, W. H. (1978): In: Adv. Bioch. Eng. *10*, 1.
Reith, T. (1968): Dissertation, T. U. Delft.
Reuß, M., et al. (1975): Europ. J. Appl. Microb. *1*, 295.
Sano, Y., Yamaguchi, N., Adachi, T. (1974): J. Chem. Eng. (Japan) 7, No. 4, 255.
Schreier, K. (1975): Chemiker Zeitung *99*, 328.
Sylvester, N. D., Kulkarni, A., Carberry, J. J. (1975): Can. J. Chem. Eng. *53*, 313.
Thiele, E. W. (1939): Ind. Eng. Chem. *31*, 916.
Tsao, G. T. (1968): Biotechnol. Bioeng. *10*, 765.
Walker, A. C., Schmidt, C. L. A. (1944): Arch. Biochem. *5*, 445.
Wilderer, P. (1976): Karlsruher Berichte zur Ingenieurbiologie, Heft 8, Universität Karlsruhe (Hartmann, L., ed.)
Wuhrmann, K. (1963): In: Adv. Biol. Waste Treatment, Proc. 3rd Conf. Biol. Waste Treat. (Eckenfelder, W. W., McCabe, J., eds.), S. 27. New York: Pergamon Press.
Yoshida, F., Yagi, H. (1977): Biotechnol. Bioeng. *19*, 561.

5 Formalkinetik von Bioprozessen

In Übereinstimmung mit der Denkweise dieses Textes ist jede Modellbildung nach Abb. 2.13 als adaptiv zu verstehen, bei der schrittweise die Anpassung der Hypothese nicht nur in den Werten für die Parameter k, sondern auch in den Modellfunktionen f erfolgen muß. Alle in diesem Kapitel dargelegten Modellansätze sind also nur als erste Starthilfe der Modellierung eines Bioprozesses zu betrachten. Von Fall zu Fall werden verschiedene *„Submodelle"* für die Erfassung der einzelnen Einflüsse zur Beschreibung eines ganzen Prozesses zu kombinieren sein. Die Gefahr einer Formalkinetik bei Extrapolationen auf andere Bedingungen kann durch Befolgen der in Kapitel 4.3 dargestellten Strategie weitgehend ausgeschaltet werden. Durch die formalkinetische Natur ergibt sich auch, daß jederzeit andere mathematische Funktionen gefunden werden können, die im Rahmen der Meßgenauigkeit dieselbe Aufgabe erfüllen. Für eine Modellerstellung ist also das Erkennen und Erfassen verschiedener Einflüsse (Submodelle) prinzipiell wichtiger als die mathematische Struktur einzelner Funktionen. Der

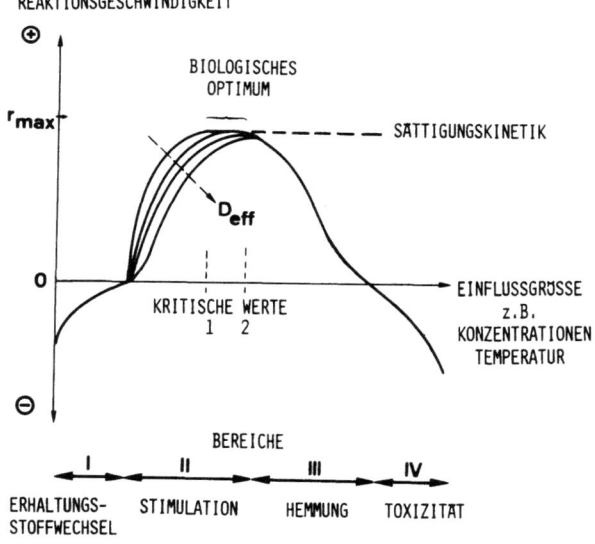

Abb. 5.1. Schematische Darstellung des allgemeinen Verhaltens der Kinetik von Bioprozessen mit verschiedenen Bereichen der Wirkung von Einflußgrößen auf die Reaktionsbzw. Wachstums- und Verbrauchsgeschwindigkeit (Moser, a, b; 1980a). Nähere Erklärung s. Text

„innere" Mangel der Formalkinetik im Vergleich zu strukturierten Modellen (Roels und Kossen, 1978) kann durch konsequente Ausarbeitung z. B. auch bei diskontinuierlichen Prozessen weitgehend ausgeglichen werden (Moser, 1977a, 1978b). Das Bild, das aus den Experimenten auf Basis der wenigen Variablen entsteht, ist meist komplex genug, so daß sich die Zahl der Modellparameter durch die Erfassung verschiedener Einflüsse schnell vergrößert.

Im Laufe einer kinetischen Auswertung ist auch das Entstehen von Artefakten, z. B. bei Linearisierungen, nicht auszuschließen, so daß eine kritische Einstellung immer vorhanden sein muß.

Das Grundphänomen der Kinetik von Bioprozessen als Ausgangssituation für eine kinetische Auswertung ist in Abb. 5.1 schematisch dargestellt (Moser, 1980a). Eine beliebige Geschwindigkeit, die mit dem biologischen Wachstum zusammenhängt, ist in Abhängigkeit von beliebigen Einflußgrößen, z. B. Konzentrationen, pH, Temperatur, skizziert. Dabei beobachtet man die für biologische Prozesse typischen Bereiche mit steigendem Wert der Einflußgröße: Erhaltungsstoffwechsel, Stimulation, Optimum, Hemmung, Toxizität. Das typische biologische Optimum mit r_{max} zwischen den beiden kritischen Konzentrationswerten ist die Konsequenz der stimulierenden und hemmenden Wirkung. Der Einfluß von Stofftransportlimitierungen ist schematisch durch die Größe eines effektiven Diffusionskoeffizienten D_{eff} in der L- und/oder S-Phase eingezeichnet. Das Ziel der Formalkinetik liegt also in der Beschreibung dieser Einflüsse.

5.1 Temperaturabhängigkeit: k(T)

Eine prozeßkinetische Analyse mathematischer Modellfunktionen der Form $r = f(x, k)$ wird nach Gl. 2.22b mit einer Trennung in einen Konzentrations- und einen Temperaturterm operieren, so daß aus dem Typ 3 der Abb. 4.4 die Reaktionsgeschwindigkeitskonstante als T-abhängig zu betrachten ist.

Für einen allgemeineren Ansatz, der auch in der Lebensmitteltechnologie zu verwenden ist, sollte noch der Wassergehalt bzw. die *Wasseraktivität* a_W inkorporiert werden. Die Geschwindigkeit des Trocknens und Aromaverlustes in Lebensmitteln und auch enzymatischer, chemischer und physikalischer Prozesse einschließlich der Zerstörung von mikrobiellen Zellen ist von a_W abhängig (Thijssen, 1979). Somit ist

$$k = k(T, a_W). \tag{5.1}$$

Die T-Abhängigkeit von k bei chemischen Reaktionen folgt allgemein der *Arrhenius-Gleichung*

$$k = k_\infty(a_W) \cdot \exp\left[-\frac{E_a(a_W)}{RT}\right], \tag{5.2a}$$

wobei k_∞ und E_a aus Experimenten in Abhängigkeit von a_W zu bestimmen sind. Der Wert k_∞ ist der maximale Wert der Geschwindigkeitskonstanten, der nach der Stoßtheorie oder auch der Theorie der aktivierten Komplexe noch eine T-Abhängigkeit beinhaltet, so daß es bei höheren T-Werten zu Abweichungen kommt. E_a ist die Aktivierungsenergie in [kcal/mol]. Eine Linearisierung der

130 5 Formalkinetik von Bioprozessen

$$d \ln k = -\frac{E}{R} \cdot d \frac{1}{T}$$

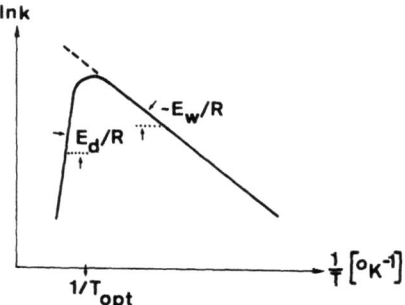

Abb. 5.2. Kinetik des Temperatureinflusses auf biokatalytische Prozesse: Arrhenius-Diagramm am Beispiel Wachstum und Absterben von mikrobiellen Zellen (nach Aiba et al., 1973)

Gl. 5.2a kann im sogenannten *Arrhenius-Diagramm* nach Gl. 5.2b vorgenommen werden:

$$d \ln k = -\left(\frac{E_a}{RT}\right) \cdot d \frac{1}{T} . \tag{5.2b}$$

Dieses Diagramm ist in Abb. 5.2 für einen mikrobiologischen Prozeß dargestellt (Humphrey, 1978). Entsprechend der ambivalenten Wirkung von T, die zuerst

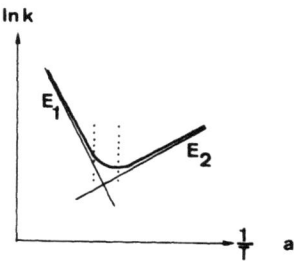

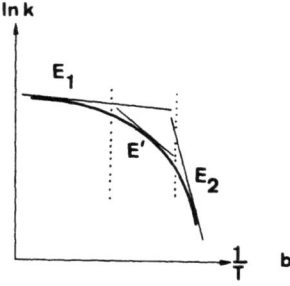

Abb. 5.3. Abweichungen von der einfachen Kinetik von Bioprozessen nach der Arrhenius-Gleichung: a) Sprunghafter Wechsel der Aktivierungsenergien (E_1 und E_2) zweier Enzyme. b) Kontinuierlicher Übergang von einer Aktivierungsenergie zu einer anderen (nach Talsky, 1971). Eine Quantifizierung ist mit Hilfe der Aufteilung in Teilbereiche, in denen die linearen Näherungen mit E_1, E_2 und E' gültig sind, möglich

5.1 Temperaturabhängigkeit: $k(T)$

stimulierend und dann bei höheren Werten zerstörend auftritt, sind darin 2 Geraden enthalten, deren Steigung jeweils der Aktivierungsenergie des Wachstums E_w bzw. Absterbens E_d entspricht.

Geschwindigkeitskonstanten im Falle von Bioprozessen sind z. B. die Werte μ_{max} und k_d. Auch K_S wird eine T-Funktion zeigen, wie aus der Definition der Gl. 3.16i ersichtlich ist.

Es gilt als experimentell bewiesene Tatsache, daß die Arrhenius-Gleichung auch für Bioprozesse verwendbar ist. Zur Gültigkeit derselben wird freilich theoretischerweise vorausgesetzt, daß die Geschwindigkeiten der Teilchen die Form z. B. einer Boltzmann-Verteilung aufweisen. Die Geschwindigkeitsverteilung wird mit steigendem Molekulargewicht enger, so daß im Falle von Enzymen bzw. Zellen keine Verteilung mehr vorliegt. Ohne diesen theoretischen Hintergrund ist die Arrhenius-Gleichung also als typische *Formalkinetik* zu betrachten, deren Parameter Anpassungsparameter sind. Abweichungen von der einfachen Arrheniusbeziehung sind bekannt und können prinzipiell die Form der Kurven in Abb. 5.3 annehmen. Das Bild a) entspricht der sprunghaften Änderung des geschwindigkeitsbestimmenden Schrittes eines Prozesses z. B. von Enzym E_1 zu E_2 mit der jeweiligen Aktivierungsenergie E_1, E_2, während der Fall b) durch allmählichen Übergang entsteht (Talsky, 1971). Kann keine kausale Zuordnung zur Mikrokinetik vorgenommen werden, so wird durch rein numerische Ansätze in der Art der Gl. 2.21 eine Kurvenbeschreibung versucht. Dabei haben sich folgende Funktionen für einen linearen, exponentiellen bzw. hyperbolischen Verlauf bewährt:

$$f(T) = \alpha + \beta \cdot T \tag{5.3a}$$

$$f(T) = \alpha \cdot T^\beta \tag{5.3b}$$

$$f(T) = \frac{\alpha}{\beta - T} \tag{5.3c}$$

α und β sind empirische Koeffizienten.

Die beste Korrelation wird meist mittels des hyperbolischen Ansatzes, wenn nicht nach der Arrhenius-Gleichung erzielt. Man kann z. B. auch den Bereich in Abb. 5.3b noch weiter unterteilen und dieser Teillinearisierung einen scheinbaren Wert E_a' zuordnen.

Besondere Sorgfalt ist bei heterogenen Systemen auf den Einfluß von Stofftransportlimitierungen auf die T-Funktion zu verwenden. In Abb. 5.4 ist ein Arrhenius-Diagramm für den Fall einer starken externen und internen Diffusionskontrolle dargestellt (Dialer und Löwe, 1975). Man erkennt, daß nur im Falle niederer Temperaturen aus der linearen Asymptote der wahre Wert von E bestimmbar ist.

Durch das breite Anwendungsfeld von Verfahren der T-Behandlung in der Lebensmittel- und Sterilisationstechnik ist die *kinetische Analyse der T-Funktion* wichtig. Trotz Schwierigkeiten bei der Interpretation bringt die Anwendung theoretischer Konzepte Aufschluß oder zumindest Hinweise auf Mechanismen. Zufolge der Theorie der aktivierten Komplexe kann Gl. 5.2a aufgeschlüsselt werden

$$k = \frac{k_B \cdot T}{h} \cdot e^{-\Delta H^\ddagger/RT} \cdot e^{\Delta S^\ddagger/R} \tag{5.2c}$$

132   5 Formalkinetik von Bioprozessen

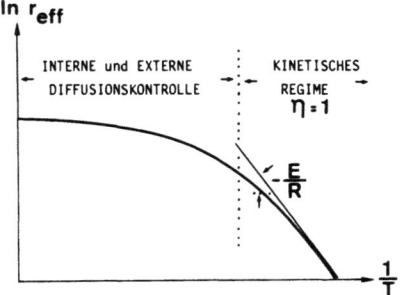

Abb. 5.4. Änderungen der beobachtbaren Aktivierungsenergien bei Stofftransporteinfluß (nach Dialer und Löwe, 1975)

mit $\Delta H^{\ddagger}$ = Bildungsenthalpie des aktivierten Komplexes, $\Delta S^{\ddagger}$ = Bildungsentropie, k_B = Boltzmann-Konstante ($1,38 \cdot 10^{-16}$ erg/°C), h = Planck-Konstante ($6,6 \cdot 10^{-27}$ erg·sec).

Differenziert man Gl. 5.20c, so erhält man (Johnson et al., 1954)

$$\ln \frac{k}{T} = \ln \frac{k_B}{h} + \frac{\Delta S^{\ddagger}}{R} - \frac{\Delta H^{\ddagger}}{R} \cdot \frac{1}{T} \tag{5.2d}$$

und man kann aus der Steigung der Geraden im Arrhenius-Diagramm $\Delta H^{\ddagger}$ bzw. aus dem Achsenabschnitt $\Delta S^{\ddagger}$ ermitteln. Trägt man nun für eine bestimmte Reaktion in wäßrigem Medium in einem Diagramm $\Delta H^{\ddagger}$ [kcal/mol] gegen $\Delta S^{\ddagger}$ [cal/mol·°K] für verschiedene Bedingungen auf, so tritt oft eine Linearisierung ein, deren Steigung als „*isokinetische Temperatur*" T_β bezeichnet wird (Leffler, 1966; Barnes et al., 1969). Diese Auftragung bzw. Beziehung hat den Namen „*Enthalpie/Entropie-Kompensation*", die physiologisch für die Stabilität der Proteine wichtig ist (Lumry und Eyring, 1954). Der Wert T_β liegt immer zwischen 270 und 320 °K, für die thermische Zerstörung von Zellen zwischen 320 und 350 °K. Die Bedeutung dieser Tatsache liegt darin, daß damit ein einheitlicher Mechanismus z. B. des Zellabsterbens durch Proteindenaturierung anzunehmen ist.

Theoretisch läßt sich die Kompensation nach den Gesetzen der Thermodynamik in folgender Beziehung anschreiben

$$\Delta H^{\ddagger} = \Delta G_\beta^{\ddagger} + T_\beta \cdot \Delta S^{\ddagger}, \tag{5.4}$$

womit auch Gl. 5.2d umgeschrieben werden kann. In diesem Sinn ist z. B. die thermische Abtötung von Hefezellen mit der optimalen Wachstumstemperatur T_{max} in Beziehung zu setzen, wobei hier eine modifizierte Kompensation in Form der Gl. 5.5 auftritt:

$$\Delta H^{\ddagger} = \Delta G^{\ddagger}_{T_{max}+n} + (T_{max} + n) \Delta S^{\ddagger} \tag{5.5}$$

mit

$$\Delta G^{\ddagger}_{T_{max}+n} = c(T_{max} + n), \tag{5.6}$$

worin c und n empirische Koeffizienten sind (van Uden et al., 1968).

Auch wenn das Auftreten der Kompensation in manchen Fällen als Artefakt angesehen wird (van Uden und Vidal-Leiria, 1976), so stellt doch diese Methode ein brauchbares Instrument zur Verfügung, um Geschwindigkeitskonstanten und Aktivierungsenergien für verschiedene Bedingungen vorauszusagen.

So kann z. B. Änderungen von E_a mit Änderung in a_W erklärt werden, ohne eine Änderung des Mechanismus annehmen zu müssen (Labuza, 1980).

5.2 Mikrokinetische Ansätze aus der Kinetik chemischer und enzymatischer Reaktionen

Als Grundlage der Kinetik biologischer Systeme ist das sogenannte „*Fließgleichgewicht*" (FGG) anzusehen (von Bertalanffy, 1942), worin sich wieder der Erhaltungssatz der Masse manifestiert. In „offenen" Systemen, d. h. mit kontinuierlichem Zu- und Abfluß, z. B. in Zellen, laufen zwar reversible Reaktionen ab, durch die Transporte jedoch wird der gesamte Prozeß irreversibel. Für den stationären Zustand zeigt sogar das einfachste Schema einer Reaktion

$$A_{ex} \xrightarrow{D_A} A \underset{k_{-1}}{\overset{k_{+1}}{\rightleftharpoons}} B \xrightarrow{D_B} B_{ex} \qquad (5.7)$$

mit Transporten des externen Stoffes A bzw. B (Diffusionskoeffizienten D_A und D_B) Ergebnisse, die für alle FGG typisch sind:

1. Die FGG-Konzentrationen $\bar{c}_i$ sind bei konstantem Flux konstant,
2. Eine zeitliche oder dauernde Änderung der Lage des FGG kann nur durch die kinetischen Parameter $k_{\pm 1}$ bewirkt werden (d. h. z. B. Enzymkonzentrationsänderung).

Für einen zweiten einfachen Mechanismus

$$\begin{aligned} A_{ex} \xrightarrow{D_A} A &\underset{k_{-1}}{\overset{k_{+1}}{\rightleftharpoons}} B \\ &\downarrow k_2 \\ C &\xrightarrow{D_C} C_{ex} \end{aligned} \qquad (5.8)$$

können weitere Eigenschaften von biologischen FGG interpretiert werden:

3. Das Umsatzverhältnis der Reaktanten ist konstant und zeigt keine Abhängigkeit von externen Konzentrationen, d. h. es tritt „Selbststeuerung" ein.

Alle offenen Systeme, nicht nur lebende, haben also das Bestreben, ihr FGG aufrechtzuerhalten. Dieses Lebensprinzip macht das System von Schwankungen der Umgebung unabhängig. Tritt z. B. bei Rückkopplungssystemen ein temporärer „Reiz" auf, d. h. ändern sich die Geschwindigkeitskonstanten, so oszilliert das System, bis sich das alte FGG wieder einstellt. Ist der Reiz permanent, dann stellt sich ein neues FGG ein.

Für die einzelnen Reaktionsschritte sind die Gesetze der Enzymkinetik gültig. In Gl. 2.16a wurden zwei der grundlegenden Mechanismen, von denen eine Geschwindigkeitsgleichung abgeleitet werden kann, kennengelernt. Wie erwähnt, sind prinzipiell die *Reaktionen als reversibel* anzunehmen, so daß folgender Mechanismus realistisch ist

$$E + S \underset{k_{-1}}{\overset{k_{+1}}{\rightleftharpoons}} \{ES\} \underset{k_{-2}}{\overset{k_{+2}}{\rightleftharpoons}} E + P. \qquad (5.9)$$

Dieser allgemeine Fall mit $k_{-2} > 0$ wird also die reversible Reaktion mit berücksichtigen. Die entsprechende Endgleichung der Kinetik (Mahler und Cordes, 1964)

$$r_{ges} = r_+ - r_- = \frac{r_{+max} \cdot r_{-max} \cdot S - r_{+max} \cdot r_{-max} \cdot P/K_{GG}}{K_S \cdot r_{-max} + r_{-max} \cdot S + r_{+max} \cdot P/K_{GG}} \quad (5.10)$$

gilt demnach nicht nur für die sogenannte Anfangsgeschwindigkeit der Vorwärtsreaktion (vgl. Gl. 2.17), die in der Biochemie verwendet wird, sondern gilt über den gesamten Zeitbereich auch gegen Ende zu, wo die Rückreaktion (r_-) sich bemerkbar macht, bis das Gleichgewicht zwischen r_+ und r_- erreicht ist. Die Gleichgewichtskonstante K_{GG}, auch Haldane-Beziehung genannt, zeigt die Begrenztheit von reversiblen Enzymreaktionen durch das thermodynamische Gleichgewicht:

$$K_{GG} = \frac{k_{+1} \cdot k_{+2}}{k_{-1} \cdot k_{-2}} . \quad (5.11)$$

Die Einzelgeschwindigkeiten (r_+ bei $P = 0$ und r_- bis $S = 0$) gehorchen der einfachen Enzymkinetik. Die kinetischen Parameter werden unter anderem aus Gl. 5.11 mittels Spezialmethoden ermittelt.

Auch im Fall der Gl. 2.18 ist der Reaktionsschritt im Realfall mit $k_{-2} > 0$ reversibel anzunehmen. Dieser Ansatz nach Langmuir-Hinshelwood kann gleichzeitig für chemisch heterogen katalysierte und enzymatische Reaktionen verwendet werden und stellt den allgemeinen Ansatz für den kinetischen Typ 2 der Abb. 4.4 dar. Die Lösungsgleichung in diesem Fall lautet

$$r_{ges} = r_+ - r_- = \frac{r_{+max} \cdot K_P \cdot S - r_{-max} \cdot K_S \cdot P}{K_S \cdot K_P + K_P \cdot S + K_S \cdot P} \quad (5.12)$$

und stellt ohne Zweifel eine für reaktionstechnische Berechnungen realistische Gleichung dar, da der Einfluß des gebildeten Produktes durch die reversible Reaktion in Art einer Produkthemmung wirksam ist.

Die Auswertung der Modellparameter ist in allen reversiblen Fällen aufwendig. Für variierte P-Konzentrationen wird in einer doppeltreziproken Darstellung ($1/r$ gegen $1/S$) eine Geradenschar in der Art der Abb. 2.15c entstehen, wo alle Geraden durch den Punkt $1/r_{max}$ gehen. Der K_S-Wert wird also mit steigender P-Konzentration größer. Die kinetischen Parameter können mit Hilfe der Anfangsgeschwindigkeiten r_+ und r_- bestimmt werden.

In der Art der dargestellten Mechanismen (vgl. Gl. 2.16a, 2.18, 4.9) und der kinetischen Endgleichungen in Gl. 2.17, 2.18, 5.10 und 5.12 kann nun auch für verschiedene Typen von *Hemmungen bei Enzymreaktionen* ein Mechanismus angesetzt und eine Gleichung für die Kinetik abgeleitet werden (Mahler und Cordes, 1964):

Für nicht-kompetitive Hemmung

$$r = \frac{r_{max}}{1 + I/K_I} \cdot \frac{S}{K_S + S} . \quad (5.13)$$

Für kompetitive Hemmung

$$r = r_{max} \frac{S}{[K_S/(1 + I/K_I)] + S} . \quad (5.14)$$

Für unkompetitive Hemmung

$$r = \frac{r_{max}}{1 + I/K_I} \cdot \frac{S}{[K_S/(1 + I/K_I)] + S} \, . \qquad (5.15)$$

Ein Vergleich dieser Gleichungen zeigt, daß durch die verschiedene Wirkung von Inhibitoren der Konzentration I mit einer Inhibitionskonstante K_I entweder r_{max} oder K_S oder beide Parameter verändert werden. Dies kann in entsprechenden graphischen Auftragungen demonstriert werden.

Zur Auswertung des Parameters K_I benötigt man zusätzlich eine Auftragung $1/r$ gegen $1/I$ (sogenanntes Dixon-Diagramm). Auch das Walker-Diagramm kann herangezogen werden (Wilderer, 1976).

Zu diesen Hemmtypen ist auch die sogenannte Substratinhibition zu zählen, die bei großen S-Konzentrationen auftreten kann. Nachdem mehrere Mechanismen denkbar sind, nämlich Bildung multipler inaktiver ES-Komplexe, allosterische Hemmung, Ionenstärke-Effekte u.a.m. (Edwards, 1970; Andrews, 1968) wird auf die Ableitung einer kinetischen Gleichung verzichtet. In Kapitel 5.3 ist für den Fall der S-Inhibition eine Gleichung angeführt (Gl. 5.36a), die als Formalkinetik jederzeit durch eine andere Beziehung ersetzbar ist, wenn Hinweise auf einen bestimmten Mechanismus gegeben sind.

Zum Schluß der enzymkinetischen Ansätze wird noch die Kinetik nach Hill dargestellt, die besonders bei Regulationsvorgängen des Stoffwechsels eine wesentliche Rolle spielt (Roels, 1978). Es zeigt sich, daß besonders diejenigen Enzyme, die an wichtigen Schaltstellen des Stoffwechsels sitzen, die Fähigkeit haben, ihre Geschwindigkeit von der normalen Michaelis-Menten-Kinetik zur *Hill-Kinetik* zu ändern, d. h. langsamer ablaufen zu lassen. Dies trägt unter anderem zum Entstehen von Oszillatoren bei.

Die Hill-Kinetik

$$r = r_{max} \frac{S^{n_H}}{K_H + S^{n_H}} \qquad (5.16a)$$

manifestiert die Tatsache, daß mehrere S-Moleküle n_H an einem Enzym an anderen Stellen („allosterisch") wirksam werden können. Der Hill-Koeffizient n_H ist aus einer graphischen Linearisierung der logarithmierten Form bestimmbar:

$$\lg \frac{r}{r_{max} - r} = n_H \cdot \lg S - K_H \, . \qquad (5.16b)$$

Abgesehen von diesen Ansätzen der Enzymkinetik können für eine formalkinetische Formulierung auch Anleihen aus der chemischen Kinetik gemacht werden, wobei der kinetische Typ 1 aus Abb. 4.4 als Grundlage dient. Der Potenzansatz mit verschiedener Reaktionsordnung n unterscheidet sich demnach in den c/t-Kurven der Reaktionskomponenten. In Abb. 5.5 wird der Zeitverlauf der S-Konzentration für $n = 0, 1/2, 1, 2$ mit der Enzymkinetik verglichen. Als Realsituation kann z. B. die Abbaukinetik bzw. O_2-Verbrauchskinetik bei der biologischen Abwasserreinigung genannt werden.

Eine Auswertung der kinetischen Parameter kann entweder differentiell nach Abb. 4.12a erfolgen oder integral, wobei für diese einfachen Fälle die Integration

136   5 Formalkinetik von Bioprozessen

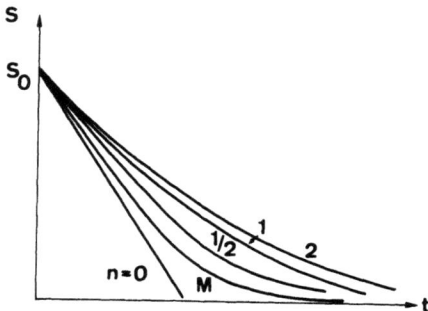

Abb. 5.5. Konzentrations/Zeit-Diagramm für die Substratabnahme bei verschiedener Kinetik: Reaktionsordnung $n = 0, 1/2, 1$ und 2 sowie Enzymkinetik bzw. Monod-Kinetik (M)

möglich ist (Levenspiel, 1972). Entsprechend den integrierten Lösungsgleichungen des *Potenzansatzes* für

$n = 0$: $c_0 - c = k_0 \cdot t$ (5.17)

$n = 1/2$: $2\,(\sqrt{c_0} - \sqrt{c}\,) = k_{1/2} \cdot t$ (5.18)

$n = 1$: $\ln c_0/c = k_1 \cdot t$ (5.19)

$n = 2$: $\dfrac{1}{c} - \dfrac{1}{c_0} = k_2 \cdot t$ (5.20)

wird eine graphische Auftragung direkt der Konzentration gegen die Zeit oder der Wurzel, des Logarithmus oder der reziproken Konzentration gegen die Zeit zu einer Linearisierung führen, aus deren Steigung k_r bestimmbar ist.

5.3 Grundmodelle des Wachstums und Substratverbrauches in homogenen Systemen

Eine Zusammenstellung der bei realen Bioprozessen meist anzutreffenden Phänomene des Wachstums in Abhängigkeit von der S-Konzentration als Funktion verschiedener Einflüsse ist in Abb. 5.6 gezeigt (Moser, 1978b). Als Form der graphischen Auftragung wurde ein einfaches Monod-Diagramm $\mu = \mu\,(S)$ gewählt. Die Fälle 1–6 lassen sich wie angegeben zuordnen.

$\mu\,(S)$: Einfache Funktionen

Für das einfache Wachstum von vorherrschend einzelligen Mikroorganismen in Abhängigkeit von S wurde eine große Zahl von Modellansätzen vorgeschlagen, von denen einige bekannte angeführt werden:

Teissier (1936): $\mu = \mu_{max}\,(1 - e^{-S/K_S})$ (5.21)

Monod (1942): $\mu = \mu_{max}\,\dfrac{S}{K_S + S}$ (5.22)

Moser (1958): $\mu = \mu_{max}\,\dfrac{S^n}{K_S + S^n}$ (5.23)

Contois (1959): $\mu = \mu_{max} \dfrac{S}{K_S \cdot X + S}$ (5.24)

Kono (1968): $r_X = \mu \cdot \phi \cdot X$. (5.25)

Die Gl. 5.21 ist eine Analogie zur Kinetik des organischen Längenwachstums, während Monod analog zur Enzymkinetik formuliert ist. Die meisten Beziehungen sind also Modifikationen der Enzymkinetik. Die Kinetik nach Contois wird besonders bei hohen Zellkonzentrationen zu verwenden sein (Fujimoto, 1963).

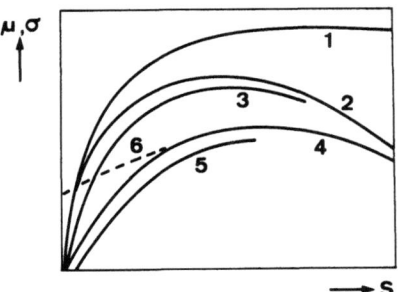

Abb. 5.6. Graphische Darstellung der mathematischen Modelle zur Beschreibung der Abhängigkeit der spezifischen Geschwindigkeiten von Wachstum oder Substratverbrauches (μ bzw. σ) von der limitierenden Substratkonzentration S (Moser, 1978b): *1* Monod-Kinetik, *2* Monod mit S-Inhibition, *3* Monod mit S-Inhibition bei hohem X, *4* wie *3*, mit P-Inhibition, *5* wie *4*, mit endogenem Stoffwechsel, *6* wie *4*, mit sequentiellem Abbau von 2 Substraten, der in einem Teilbereich simultan erfolgt

Der Ansatz nach Kono ist rein numerischer Natur, bei dem die Funktion durch den sogenannten Konsumtionskoeffizienten ϕ flexibel gestaltet wird. ϕ kann aus der Wachstumskurve berechnet werden, für die exponentielle Wachstumsphase gilt $\phi = 1$.

Zusätzlich nennenswert ist noch der Ansatz von Dabes et al. (1973), die eine *„3-Parameter-Gleichung"* von einem mikrokinetischen Ansatz für eine Sequenz von Enzymreaktionen ableiten und die gleichzeitig die sogenannte *Blackman-Kinetik* (1905) als Sonderfall beinhaltet. Weitere Details über mikrokinetische Ansätze sind in einem Übersichtsartikel von Roels und Kossen (1978) zu finden.

Interessant ist der Versuch, einen allgemeinen Ansatz für die Wachstumskinetik zu finden. Dieser nimmt nach Konak (1974) die Form

$$\dfrac{d\mu}{dS} = k(\mu_{max} - \mu)^n \qquad (5.26a)$$

bzw. unter Verwendung des signifikanten Verhältnisses μ/μ_{max}

$$\dfrac{d(\mu/\mu_{max})}{dS} = k \cdot \mu_{max}^{n-1} \cdot \left(1 - \dfrac{\mu}{\mu_{max}}\right)^n \qquad (5.26b)$$

an. Als typische Formalkinetik wird dabei die Änderung von μ mit S durch eine „treibende Kraft" ($\mu_{max} - \mu$) und eine Reaktionsordnung n erfaßt, ohne von einem Mechanismus auszugehen. Diese Gleichung wird mit $n = 1$ identisch mit

138   5 Formalkinetik von Bioprozessen

der Teissier-Beziehung und für $n = 2$ mit der Monod-Kinetik. Zusätzlich gilt folgender Zusammenhang zwischen der Monod-Konstante und dem Konak-Parameter k

$$K_S = \frac{1}{k \cdot \mu_{max}} \ . \tag{5.26c}$$

Ein ähnlicher verallgemeinernder Ansatz lautet (Kargi und Shuler, 1979)

$$\frac{d(\mu/\mu_{max})}{dS} = K \left(\frac{\mu}{\mu_{max}}\right)^m \left(1 - \frac{\mu}{\mu_{max}}\right)^n \tag{5.26d}$$

und beinhaltet einige der vorher genannten Ansätze als Sonderfälle. In Tab. 5.1 erfolgt eine Angabe der Werte für K, m und n für verschiedene Modelle. Die

Tabelle 5.1. *Vergleich der Werte von K, m und n nach Gl. 5.26d für verschiedene Wachstumsmodelle* (Kargi und Shuler, 1979)

Modell	K	m	n
Teissier	$1/K_S$	0	1
Monod	$1/K_S$	0	2
Moser	$(n/K_S)^{1/n}$	$1 - 1/n$	$1 + 1/n$
Contois	$1/K$	0	2

Beziehung der Gl. 5.26d ist flexibel in K, m und n. Einen quantitativen Vergleich dieser und anderer Ansätze für die Funktion $\mu = \mu(S)$ geben Roels und Kossen (1978). Obwohl Abweichungen untereinander auftreten, die zur Formulierung neuer Modelle führen (z. B. Mason und Millis, 1976), sind diese aus der Sicht der Prozeßtechnik unerheblich, da vielfach eine Modelldiskriminierung mit experimentellen Daten unmöglich ist (vgl. Kapitel 2.3). Für die reaktionstechnische Berechnung von Bioprozessen nach der Funktion $\mu = \mu(S)$ kann daher eine der genannten Funktionen dienen, wozu meist die Monod-Beziehung herangezogen wird.

Wachstum von Myzelien und Pellets

Das Wachstum von Pilzen kann bekannterweise in zwei morphologischen Formen erfolgen, nämlich Myzelien (fadenförmige Hyphen dispergiert in Flüssigkeit) oder Pellets (stabile, sphärische Agglomerationen).

Das *Myzelwachstum* gehorcht meist einem exponentiellen Gesetz in der Art der Gl. 2.6 mit $\mu = \mu_{max}$ (van Suidam und Metz, 1980). Exponentielles Wachstum erfolgt nur bei ungehinderter linearer Verzweigung der Hyphen und resultiert aus einer Verknüpfung der linearen Ausdehnungsgeschwindigkeit mit dem Konzept der sogenannten „*Hyphen-Wachstums-Einheit*" (mittlere Hyphenlänge L pro wachsender Spitze Sp, Caldwell und Trinci, 1973). Auf der Basis des *Netzwerk-Theorems* nach Hinshelwood (Dean und Hinshelwood, 1966) quantifiziert Bergter (1978) das Hyphen-Wachstum mit folgenden Gleichungen:

$$\frac{dL}{dt} = k_1 \cdot Sp \quad \text{und} \quad \frac{dSp}{dt} = k_2 \cdot L \tag{5.27a,b}$$

5.3 Grundmodelle des Wachstums und Substratverbrauches

k_1 = mittlere relative Geschwindigkeit des Hyphen-Wachstums [μm·h^{-1}] und
k_2 = mittlere relative Geschwindigkeit der Verzweigung [μm^{-1}·h^{-1}]. Dabei zeigt sich folgender Zusammenhang

$$\mu^2 = k_1 \cdot k_2. \tag{5.27c}$$

Zur Beschreibung des *Wachstums von Pellets* kann neben dem exponentiellen Gesetz auch eine Monod-Beziehung herangezogen werden, doch wird vielfach die logistische Gleichung (Kendall, 1949) in der Form der Gl. 5.31b oder auch das *Gompertzsche Gesetz* (Chiu und Zajic, 1976) vorgezogen:

$$r_X = k_3 \cdot X \cdot \exp(-k_4 \cdot t). \tag{5.28a}$$

Darin sind k_3 und k_4 Konstanten mit der Dimension [h^{-1}].

Das häufigste Modell zur Erfassung des Pellet-Wachstums stellt jedoch das „3. Wurzel-Gesetz" dar (vgl. Metz und Kossen, 1977; bzw. Pirt, 1975).

Für die Zellmasse X, die mit dem Pelletradius R und der Anzahl der Pellets N zusammenhängt,

$$X = \frac{N}{V} \rho \frac{4\pi}{3} R^3 \tag{5.28b}$$

läßt sich dieses Gesetz durch mehrere Funktionen ausdrücken

$$X_t^{1/3} = \alpha_1 \cdot X_0^{1/3} \cdot t \quad \text{bzw.} \quad X_t^{1/3} = X_0^{1/3} + k_5 \cdot t \tag{5.28c,d}$$

mit α_1 = Proportionalitätskonstante und mit

$$k_5 = \mu \cdot \widetilde{d}_P \left(\frac{4\pi}{3} \rho N\right)^{1/3}. \tag{5.28e}$$

Die dazugehörige Geschwindigkeitsgleichung lautet

$$r_X = 3 \cdot \alpha_2 \cdot \widetilde{d}_P \cdot \mu \cdot X^{2/3}, \tag{5.28f}$$

wobei α_2 [kg$^{1/3}$·m^{-2}] eine Konstante darstellt und $\widetilde{d}_P$ = Dicke der peripheren Pelletszone, die allein zum Wachstum beiträgt (Pirt, 1975). Das Gesetz der 3. Wurzel resultiert aus einer Kombination eines exponentiellen Wachstumsgesetzes mit einer Stofftransportlimitierung in der S-Phase, die durch das Konzept mit $\widetilde{d}_P$ wiedergegeben wird.

Funktion $\mu(t)$

Die Gültigkeit aller bisher dargestellten Ansätze beschränkt sich prinzipiell auf die exponentielle und rückgehende Wachstumsphase. Eine vollständige Wachstumskurve für einen diskontinuierlichen Prozeß ist in Abb. 5.7 wiedergegeben. Der Verlauf der Wachstumsgeschwindigkeit mit der Zeit entspricht der Kurve von Abb. 5.1. Weisen technische Bioprozesse eine ausgeprägte Lag-phase oder stationäre bzw. Absterbephase auf, so ist die einfache Wachstumskinetik $\mu(S)$ durch einen Zeitterm zu erweitern, so daß $\mu = \mu(S, t)$.

Die *Lag-Zeit* t_L kann aus der Abb. 5.7 ermittelt werden und es gilt nach Gl. 2.6 (Pirt, 1975)

$$X = X_0 \cdot e^{\mu(t-t_L)}. \tag{5.29}$$

140 5 Formalkinetik von Bioprozessen

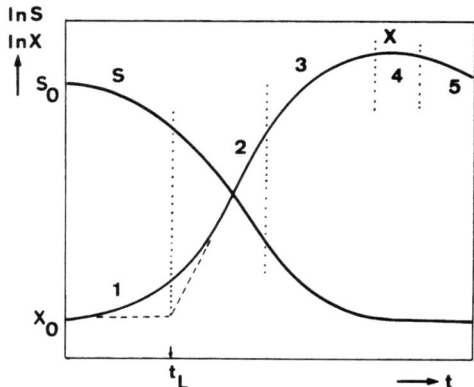

Abb. 5.7. Konzentrations/Zeit-Diagramm zur Darstellung der Wachstumsphasen einer diskontinuierlichen Kultur von Mikroorganismen: *1* Lag-Phase mit t_L = Lag-Zeit und $\mu = 0$, *2* exponentielle Phase mit $\mu = \mu_{max}$, *3* rückgehende Phase mit $\mu = f(S)$, *4* stationäre Phase mit $\mu = k_d$, *5* Absterbe-Phase („Autolyse", „endogene Stoffwechselphase") mit $k_d > 0$

Eine formalkinetische Formulierung der Funktion $\mu(S, t)$ ergibt nach Bergter und Knorre (1972)

$$\mu(S, t) = \mu(S) \cdot (1 - e^{-t/t_L}). \tag{5.30}$$

Die Lag-Zeit zeigt eine direkte Abhängigkeit von der Substratkonzentration (Edwards, 1969). Einen deterministischen Ansatz für die Modellierung der Lag-Phase beschreiben Pamment et al. (1978).

Die Erweiterung der $\mu(S)$-Funktion für eine Gültigkeit in der *stationären Phase* erfolgt in der sogenannten *logistischen Gleichung* (Kendall, 1949), die in einer modifizierten Form zur Beschreibung der gesamten diskontinuierlichen Wachstumskurve diente (vgl. Gl. 2.21a) und erfolgreich für Simulationen herangezogen wurde (Constantinides et al., 1970).

$$r_X = \alpha \cdot X \left(1 - \frac{X}{\beta}\right) \tag{5.31a}$$

bzw.

$$r_X = \mu_{max} \cdot X (1 - X/X_{max}). \tag{5.31b}$$

Mit $\alpha = \mu_{max}$ und $\beta = X_{max}$ ist die Beziehung in Form der Gl. 5.31b zur Wiedergabe der stationären Phase gut geeignet (La Motta, 1976), auch wenn primär in dieser Form keine Abhängigkeit von S gegeben ist. Es wäre denkbar, für $\alpha = \mu(S)$ zu setzen.

Eine Ausdehnung des Grundmodells $\mu(S)$ auf den Bereich der *Absterbephase* kann durch folgenden Ansatz erreicht werden

$$\mu = \mu(S) - k_d, \tag{5.32}$$

wobei die Absterbekonstante k_d [h^{-1}] aus der negativen Steigung der Wachstumskurve mit

$$k_d = -\frac{1}{X} \cdot \frac{dX}{dt} \tag{5.33}$$

ermittelt werden kann. Dieser Ansatz kann leicht modifiziert werden, indem k_d nicht als konstant, sondern als Zeitfunktion angegeben wird. Derselbe Ansatz dient auch zur Quantifizierung des endogenen Stoffwechsels (vgl. Abb. 5.10).

Instationäre Kinetik: $\mu_{max}(t)$ und $K_S(t)$

Ein wichtiger Fall der Zeitabhängigkeit von μ ist die sogenannte instationäre Kinetik. Im Unterschied zum stationären Fall, z. B. im kRK bei F = konstant mit Gleichgewichtskonzentrationen (Gl. 3.40e), zeigt die Kinetik von Bioprozessen starke Abweichungen vom einfachen Verhalten, wenn „Störungen" der Qualität und/oder Quantität im zufließenden Strom auftreten. Diese Situation ist in Abb. 5.8 für eine stufenförmige Störung im Zulauf eines kRK dargestellt. Zur Quantifizierung derartiger Vorgänge sind mehrere Ansätze möglich.

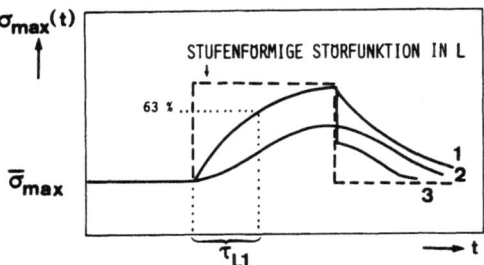

Abb. 5.8. Die zeitliche Änderung der maximalen Substratverbrauchsgeschwindigkeit σ_{max} zur Illustration des instationären Verhaltens (dynamische Kinetik) von Bioprozessen am Beispiel der biologischen Abwasserreinigung: *1* Leicht abbaubares (synthetisches Medium), *2* schwer abbaubares Medium (z. B. Stärke), *3* Mischung von leicht abbaubaren Stoffen und suspendierten Teilchen im Abwasser. τ_{L1} = Verzögerungszeit für $\sigma_{max}(t)$ nach Mona et al. (1979)

Verwendet man die einfache Monod-Funktion direkt, so ist vielfach eine formale Beschreibung möglich. Dabei treten allerdings pseudokinetische Parameter auf, indem μ_{max} und K_S stark veränderte Werte annehmen (Aiba et al., 1976). Young et al. (1970) bzw. Young und Bruley (1973) gehen von der Theorie der Übertragungsfunktion aus und verwenden komplizierte Funktionen mit zeitvariierenden Parametern. Die Werterfassung aus Experimenten ist in diesem Fall sehr erschwert.

Eine empirische Beschreibung der instationären Phänomene, die bei der Änderung der Menge und/oder Konzentration des Zulaufes von Belebtschlammanlagen der biologischen Abwasserreinigung auftreten können, ist mittels der sogenannten *Schlammbelastung* L (B_{TS} in der Abwassertechnik) möglich (Schaezler et al., 1971)

$$L \equiv B_{TS} = \frac{F \cdot S_0}{V \cdot X} \quad [h^{-1}]. \tag{5.34}$$

Diese Größe ist ein Maß für das Substrat, das dem Schlamm, also den Zellen, für ihren Stoffwechsel zur Verfügung steht, und hat dieselbe Dimension wie die relativen biologischen Geschwindigkeiten (Gl. 2.4).

Mona et al. (1979) verwenden dieses Konzept und erfassen die instationären Vorgänge mit Hilfe einer Formalkinetik auf Basis der Monod-Beziehung für die S-Abbaugeschwindigkeit σ, wobei die kinetischen Parameter σ_{max} und K_S als Funktion der Schlammbelastung L definiert werden:

$$\sigma_{max} = k_1 \cdot L \tag{5.35a}$$

und

$$K_S = k_2 \cdot L. \tag{5.35b}$$

Diese Autoren erreichen eine Anpassung an die experimentellen Tatsachen aber erst, wenn Verzögerungsfunktionen in den Ansatz inkorporiert werden. Diese Größen sind τ_{L1} bzw. τ_{L2} und bedeuten die Zeit, nach welcher der stationäre Wert $\bar{\sigma}_{max}$ bzw. $\bar{K}_S$ sich um 63% verändert hat (vgl. Abb. 5.8).

Anstelle der Gl. 5.35a,b treten damit die mathematischen Formulierungen

$$\hat{\sigma}_{max} + \tau_{L1}\frac{d\,\hat{\sigma}_{max}}{dt} = k_1 \cdot L \tag{5.35c}$$

und

$$\hat{K}_S + \tau_{L2}\frac{d\,K_S}{dt} = k_2 \cdot L, \tag{5.35d}$$

wobei die Abweichungsvariablen $\hat{\sigma}_{max}$ und $\hat{K}_S$ wie folgt definiert sind

$$\hat{\sigma}_{max} = \sigma_{max}(t) - \bar{\sigma}_{max} \tag{5.35e}$$

und

$$\hat{K}_S = K_S(t) - \bar{K}_S. \tag{5.35f}$$

Die Bestimmung der kinetischen Parameter ist aus stationären Messungen für k_1 und k_2 möglich bzw. aus dem instationären Konzentrations-Profil des Substrates für τ_{L1} und τ_{L2}.

Funktion $Y(t)$

In den einfachen Ansätzen der Wachstumskinetik wird der Ertragskoeffizient Y (vgl. Gl. 2.8) als konstant betrachtet. In realen Fällen ist dies freilich nicht immer zutreffend, so daß eine Modellerweiterung vorgenommen werden muß. Als mögliche Konzepte bieten sich die entsprechenden Zeitabhängigkeiten in der Art der Gl. 2.21 an oder Y wird als Funktion von μ dargestellt (Pirt, 1975; Ricica, 1969).

S-Inhibition

Ein für technische Prozesse meist nicht zu vernachlässigender Einfluß ist der der S-Inhibition. Technische Nährmedien verwenden hohe S-Konzentrationen zur Erzielung hoher Ausbeuten. Das typische Erscheinungsbild nach Kurve 2 in Abb. 5.6 zeigt sich im Laufe der prozeßkinetischen Analyse in der Art der Abweichung in einer doppeltreziproken Auftragung von Abb. 5.9a.

Ist kein Hinweis auf einen speziellen Mechanismus gegeben, wird meist nach einer Gleichung der Art

$$\mu = \mu_{max}\frac{1}{1 + K_S/S + S/K_I} \tag{5.36a}$$

ausgewertet (Edwards, 1970; Andrews, 1971), die eine sinnvolle Vereinfachung einer von einem Mechanismus abgeleiteten Form darstellt (Bergter, 1972). Eine Abschätzung der kinetischen Parameter ist anhand des Bildes a) in Abb. 5.9 möglich. Eine genauere Auswertung kann nach Bild b) vorgenommen werden, indem diese Kurve eine Computersimulierung der Gl. 5.36a darstellt. Als markanter

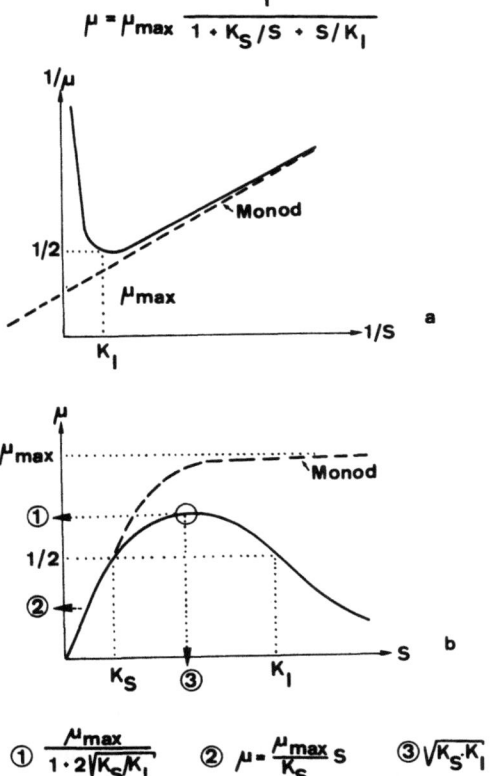

Abb. 5.9. Kinetik der Substratinhibition und graphische Ermittlung der Modellparameter näherungsweise in einem doppelreziproken Diagramm (a) und exakter mit Hilfe einer Computersimulation der kinetischen Gleichung (vgl. Gl. 5.36a) in b) nach Humphrey (1977a)

Punkt wird das Maximum genommen, wobei durch die drei in Bild b) angegebenen Bestimmungsgleichungen die drei kinetischen Parameter ermittelbar sind (Humphrey, 1977a).

Ein weiterer Lösungsweg kann im Fall hoher S-Konzentration zur Bestimmung von K_I und μ_{max} führen, indem eine einfach reziproke Auftragung vorgenommen wird. Aus Gl. 5.36a mit $S \gg K_S$ wird

$$\frac{1}{\mu} = \frac{1}{\mu_{max}} + \frac{1}{\mu_{max} \cdot K_I} \cdot S. \qquad (5.36b)$$

Eine alternative Funktion zur Quantifizierung von S-Inhibitionen geben noch Wayman und Tseng (1976).

144 5 Formalkinetik von Bioprozessen

Funktion μ (pH)

Der Einfluß des pH-Wertes auf Bioprozesse kann im Zusammenhang mit der S-Inhibition behandelt werden. Andreyeva und Biryukov (1973) geben eine Anzahl verschiedener Modelle auf Basis kombinierter Hemmtypen an.

Eine formalkinetische Formulierung kann z. B. anhand der Gl. 5.36a vorgenommen werden, wobei die H^+-Ionen als Substratkonzentration behandelt werden und die Werte für die Konstanten K in Analogie zu Abb. 5.9b für die Konzentration bei halb-maximalem Wert für μ vom stimulierenden und hemmenden Kurventeil genommen wird (Humphrey, 1977b, 1978).

Die russischen Autoren geben eine numerische Kurvenbeschreibung in der Art der Gl. 2.21c zur Erfassung der pH-Abhängigkeit einer Produktbildungsgeschwindigkeit an

$$\pi = \pi_{max} (\pm \alpha_0 \pm \alpha_1 \cdot pH \pm \alpha_2 \cdot pH^2 \ldots) \qquad (5.37)$$

mit α_i = Koeffizienten des Polynoms.

Endogener Stoffwechsel

Zur Quantifizierung des Erhaltungsstoffwechsels, der nach Abb. 5.1 fundamental in allen Bioprozessen, wenn oft auch nur in geringem Ausmaß, vorhanden ist, werden eine Reihe von Modellansätzen verwendet.

Typ 1: Die Bilanzgleichung der Zellmasse in Art der Gl. 5.38a mit k_d = konstant (vgl. Gl. 5.33) und ohne daß k_d eine Funktion von S ist:

$$r_X = [\mu(S) - k_d] X, \qquad (5.38a)$$

wobei die S-Bilanz unverändert in Form der Gl. 2.8a angeschrieben wird, kann als einfachster Ansatz verwendet werden (Andrews, 1971). Bei Verwendung der Monod-Kinetik für den Ausdruck $\mu(S)$ in Gl. 5.38a wurden gute Übereinstimmungen mit der Praxis erreicht (Chiu et al., 1972). Arbeitet man im Falle endogenen Stoffwechsels mit einem Modell ohne einen k_d-Term, so wirkt sich das dahingehend aus, daß der numerische Wert für K_S stark verändert wird und sogar negative Werte entstehen können, die als pseudokinetische Daten physikalisch und biologisch sinnlos sind. In Abb. 5.10 ist die Verfälschung eingezeichnet, die

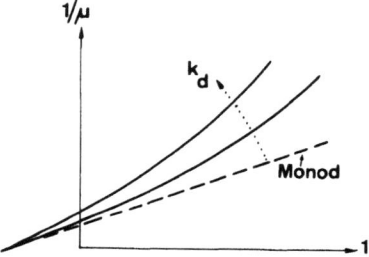

Abb. 5.10. Darstellung des Einflusses des endogenen Stoffwechsels, der nach Gl. 5.38a mit k_d formulierbar ist, auf die Ermittlung der Modellparameter des mikrobiellen Wachstums nach Monod anhand eines doppelt reziproken Diagramms (Moser und Steiner, 1975c)

5.3 Grundmodelle des Wachstums und Substratverbrauches 145

in einem doppelt reziproken Diagramm in einer derartigen Situation entsteht (Moser und Steiner, 1975c). Die unverfälschte Ermittlung der kinetischen Parameter kann mit Hilfe einer Auftragung $1/(\mu + k_d)$ gegen $1/S$ erreicht werden.

Dieser einfache Ansatz nach Gl. 5.38a arbeitet mit einem hypothetischen Schema, wonach

$$S \xrightarrow{\mu} X \xrightarrow{k_d} X_d \qquad (5.38b)$$

ein Teil des Substrates für das Wachstum von Zellen verbraucht wird, die in der Folgereaktion mit k_d absterben. Indirekt wird mit dieser X-Bilanz also auch ein Substratverbrauch, nämlich der Anteil für den endogenen Stoffwechsel, erfaßt.

Typ 2: Ein hypothetischer Mechanismus in der Form einer Parallelreaktion

$$S \underset{\sigma_e}{\overset{\mu}{\diagdown}} \overset{X}{\underset{\text{endogener Stoffwechsel}}{}} \qquad (5.39a)$$

nimmt direkt Rücksicht auf den S-Verbrauch für den Erhaltungsstoffwechsel. Die Bilanzgleichung in diesem Fall lautet für S:

$$-r_S = + \frac{1}{Y_{X/S}} \cdot r_X + \sigma_e \cdot X, \qquad (5.39b)$$

wobei σ_e = Koeffizient für den Erhaltungsstoffwechsel

$$\sigma_e = -\left(\frac{dS}{dt} \cdot \frac{1}{X}\right)_{\text{endogen}}. \qquad (5.39c)$$

Die Bilanzgleichung für X wird hier nur einen Ausdruck $\mu(S)$ beinhalten oder aber auch die Form der Gl. 5.38a.

Die graphische Auftragung der Gl. 5.39b ist in Abb. 5.11 gezeigt. Die entsprechende Gerade hat eine Steigung proportional $1/Y$ und die Achsenabschnitte sind proportional σ_e bzw. k_d'.

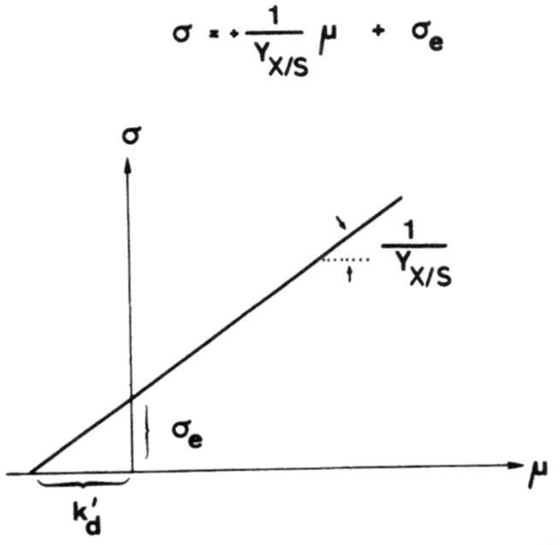

Abb. 5.11. Diagramm zur Ermittlung von Ertragskoeffizienten am Beispiel $Y_{X/S}$ sowie des Parameters σ_e bzw. k_d' des kinetischen Modells für den endogenen Stoffwechsel nach Gl. 5.39b (nach Pirt, 1975)

Typ 3 operiert mit Gl. 5.38a aber mit der Annahme, daß $k_d \neq$ konstant, sondern eine Funktion von S ist. Daher wird auch das Symbol mit μ_d angeschrieben. Eine formalkinetische Formulierung wurde in Anlehnung an eine Monod-Beziehung zur numerischen Beschreibung von experimentellen Kurven angegeben (Humphrey, 1978)

$$\mu_d = \mu_{d,max} \left(1 - \frac{S}{K_d + S}\right). \tag{5.40}$$

Die Ermittlung der Parameter $\mu_{d,max}$ und K_d erfolgt aus den experimentellen Kurven nach Abb. 5.12. Demnach ist μ_d nur bei geringen S-Konzentrationen beobachtbar.

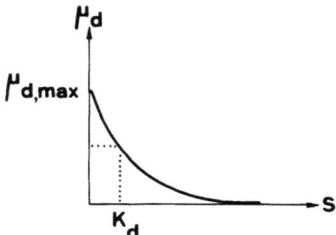

Abb. 5.12. Kinetik des Zellabsterbens durch Substratmangel und Ermittlung der Parameter $\mu_{d,max}$ und K_d nach der kinetischen Modellgleichung 5.40 (nach Humphrey, 1978)

Der k_d-Term aus Gl. 5.38a ist also als summarische Konstante zu betrachten, die das eigentliche Zellabsterben und den Erhaltungsstoffwechsel beinhaltet. Ein derart strukturiertes Modell haben Sinclair und Topiwala (1970) ausgearbeitet. Wie aus Abb. 5.11 zu entnehmen, ist eine Beziehung über $Y_{X/S}$ zwischen σ_e und dem Anteil in k_d gegeben, der dem Erhaltungsstoffwechsel entspricht (k_d').

5.4 Grundmodelle der Produktbildung

Bei der Gewinnung von mikrobiellen Stoffwechselprodukten wird neben der Ausbeute pro Substrat und der maximalen P-Konzentration (vgl. Kapitel 2.2) auch die Bildungsgeschwindigkeit von Interesse sein.

Nach Gaden (1955, 1959) ist eine *Klassifizierung der r-Bildungsprozesse* in bezug auf deren Zusammenhang mit dem Wachstum möglich. Vier Typen von Prozessen lassen sich unterscheiden, die in Abb. 5.13a   h das entsprechende c/t-Diagramm dargestellt sind.

Typ 0: Die Umsetzungen erfolgen auch mit ruhenden Zellen, die nur einen geringen Bedarf an Nährsubstraten für den Erhaltungsstoffwechsel benötigen. Die mikrobiellen Zellen sind also nur die „Enzymträger". Als Beispiele sind die Steroidtransformationen und die Vitamin E-Synthese mit Sacch. cer. anzuführen.

5.4 Grundmodelle der Produktbildung

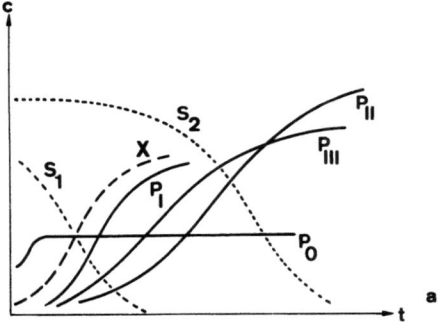

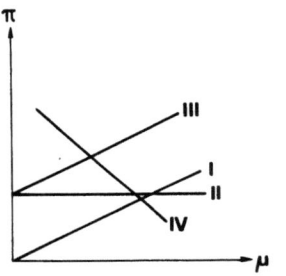

Abb. 5.13. Kinetik mikrobieller Produktbildung: Schematischer Konzentrations/Zeit-Verlauf für die verschiedenen Fälle mikrobieller Produktbildung 0 bis 3 nach Gaden (1955) in a) und Diagramm der spezifischen Produktbildung- bzw. Wachstumsgeschwindigkeit (π bzw. μ) zur Ermittlung der kinetischen Modellparameter nach Gl. 5.42, 5.43 und 5.44. Nähere Erklärung s. Text

Als kinetischer Ansatz kann der Zusammenhang zwischen S-Verbrauch und P-Bildung einfach formuliert werden (vgl. Gl. 2.8)

$$r_P = - Y_{P/S} \cdot r_S , \qquad (5.41)$$

wobei r_S meist durch eine Enzymkinetik wiedergegeben werden kann (Constantinides, 1980), oder unter Zuhilfenahme des Potenzansatzes.

Ein ähnlicher Typ von Prozessen tritt bei der Enzymtechnologie auf.

Der *Typ 1* beinhaltet Prozesse, wo das Produkt wachstumsassoziiert gebildet wird, also direkt aus dem Energiestoffwechsel stammt. Beispiele sind die Alkoholfermentation, die Gluconsäureproduktion (Koga et al., 1967), aber auch Fälle der biologischen Abwasserreinigung.

Im *Typ 2* sind Fermentationsprozesse erfaßt, die keine direkte Verbindung mit dem Wachstum und keinen direkten oder indirekten Zusammenhang zum primären Stoffwechsel aufweisen. Beispiele sind die Penicillin- und Streptomycin-Produktion.

Der *Typ 3* schließlich umfaßt Prozesse mit teilweiser Wachstumsassoziierung. Das Produkt steht also indirekt mit dem Energiestoffwechsel in Beziehung (z. B. Citronen- und Aminosäurenproduktion).

Eine Erkennung des Typs von Produktbildung kann mit Hilfe von graphischen Auftragungen von c/t, r_P/t oder π/t erreicht werden.

Die Grundlage einer formalkinetischen Quantifizierung ist in Abb. 5.13b in Form eines Diagrammes der spezifischen Produktbildungsgeschwindigkeit π in Abhängigkeit von μ dargestellt.

Für *wachstumsassoziierte Produktbildungen* (Typ 1) gilt:

$$\pi = Y_{P/X} \cdot \mu. \tag{5.42}$$

Für den Typ 2 ist kein Zusammenhang mit μ, meist aber einer mit der Zellmasse X gegeben, so daß

$$r_P = k_P \cdot X. \tag{5.43}$$

Teilweise wachstumsassoziierte Produktbildung (Typ 3) wird somit durch eine Kombination von Gl. 5.42 und Gl. 5.43 erfaßbar:

$$\pi = Y_{P/X} \cdot \mu + k_P. \tag{5.44}$$

In Abb. 5.13b ist noch ein Typ 4 eingezeichnet, der eine negative Korrelation von π und μ aufweist und z. B. im Fall der Melaninproduktion durch Aspergillus niger auftritt

$$\pi = \pi_{max} - Y_{P/X} \cdot \mu. \tag{5.45}$$

Die verschiedenen Enzymbildungen durch mikrobiologische Zellen lassen sich ebenfalls mit den Typen 1–4 beschreiben (Terui, 1972).

Für den Fall der wachstumsassoziierten P-Bildung ist statt Gl. 5.42 auch eine Monod-Form anschreibbar

$$\pi = \pi_{max} \frac{S}{K_S + S}. \tag{5.46}$$

Wie in Gl. 5.41 dargelegt, kann fallweise eine formalkinetische Erfassung günstigerweise über andere Konzentrationen erfolgen. Dies wurde z. B. im Falle der Penicillinproduktion erfolgreich in der Form $\pi = f(O)$ durchgeführt (Giona et al., 1976).

Die allgemeine Form der Gl. 5.44 mit den Grenzfällen der Gl. 5.42 und 5.43 entspricht einem logistischen Ansatz (Luedeking und Piret, 1959), der später im Konzept von Kono und Asai (1969a,b) unter Verwendung des *Konsumtionskoeffizienten* ϕ verallgemeinert wurde:

$$r_P = k_1 \cdot \mu_{max} \cdot \phi \cdot X + k_2 (1-\phi) X. \tag{5.47}$$

Diese Autoren beschreiben die verschiedenen Fälle der wachstumsassoziierten bzw. nichtassoziierten P-Bildung durch Variation der Parameter $k_i \gtrless 0$, die rein numerisch aus den experimentellen Kurven ermittelt werden.

Eine sehr brauchbare Verallgemeinerung der mikrobiellen Produktbildung im Zusammenhang mit dem Wachstum wird von Ryu und Humphrey (1972) in folgender Gleichung erzielt:

$$\frac{\pi}{\pi_{max}} = \frac{\epsilon \cdot \mu/\mu_{max}}{1 + (\epsilon - 1) \mu/\mu_{max}}. \tag{5.48}$$

Dabei ist ϵ das Verhältnis zwischen Michaelis-Menten-Konstanten der jeweiligen enzymatischen Reaktion, die zum Wachstum bzw. zur Produktbildung führen.

5.4 Grundmodelle der Produktbildung   149

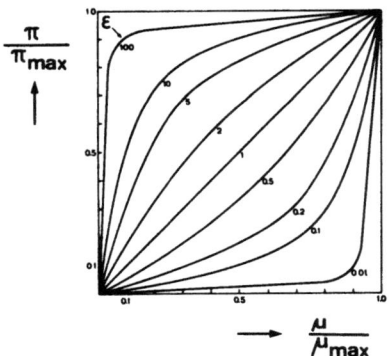

Abb. 5.14. Graphische Darstellung der theoretischen Beziehung zwischen der Produktbildung und dem mikrobiellen Wachstum nach Gl. 5.48 in einem π/μ-Diagramm (Roels und Kossen, 1978 nach Ryu und Humphrey, 1972). Erklärung s. Text

Die Aussage dieser Gl. 5.48 ist in Abb. 5.14 dargestellt (Roels und Kossen, 1978) und beinhaltet, daß für $\epsilon > 1$ eine zur Monod-Beziehung homologe Gleichung in der Art der Gl. 5.46 entsteht, während für $\epsilon = 1$ der Typ der Gl. 5.42 und für $\epsilon < 1$ eine parabolische Beziehung resultiert.

Der Typ der nicht-wachstumsassoziierten P-Bildung ist am schwierigsten modellierbar. Einen einfachen und plausiblen Ansatz dafür stellt das sogenannte „Reifezeit-Konzept" dar (Brown und Vass, 1973). Zwischen Produktbildung und Wachstum wird die Reifezeit t_M als eine Art Zeitverzögerung angenommen, wie dies in Abb. 5.15a dargestellt ist. Der Ansatz lautet:

$$\left(\frac{dP}{dt}\right)_t = Y_{P/X} \cdot \left(\frac{dX}{dt}\right)_{t-t_M} \tag{5.49a}$$

bzw.

$$P_t = Y_{P/X} \cdot X_{t-t_M}. \tag{5.49b}$$

Aus einer graphischen Auftragung der P-Konzentration gegen die Zellmassekonzentration X mit richtiger Wahl für t_M entsteht eine Gerade, deren Steigung der Ertragskoeffizient ist. Diese graphische „trial and error"-Methode ist in Abb. 5.15b wiedergegeben.

Zur vollständigen Erfassung der Produktbildungskinetik ist in manchen Fällen ein Ausdruck für den P-Zerfall mit dem kinetischen Koeffizienten k_{PZ} bei zu langer Verweilzeit im Reaktor ins Modell zu inkorporieren. Für die Penicillinproduktion lautet dann in Variation der Gl. 5.43 (Constantinides et al., 1970)

$$r_P = k_P \cdot X - k_{PZ} \cdot P. \tag{5.50}$$

Eine detaillierte Modelldiskriminierung scheitert oft auch im Fall der P-Bildungskinetik an der natürlichen Streuung der Meßdaten, so daß mit der Formalkinetik weitgehend Auslangen gefunden werden muß. Ein Hinweis in dem Zusammenhang der Modelldiskriminierung bezieht sich auf den Typ 2 und 3. Im Falle, daß $\mu = \mu_{max}$ werden nämlich Gl. 5.42 und 5.43 identisch und es gilt

$$k_P = Y_{P/X} \cdot \mu_{max}. \tag{5.51}$$

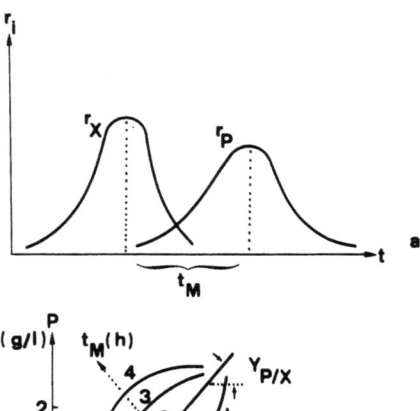

Abb. 5.15. Graphische Darstellung des sogenannten Reifezeitkonzeptes mikrobieller Produktbildung und die Ermittlung der Parameter t_M (Reifezeit) und $Y_{P/X}$ nach Gl. 5.49 mit Hilfe einer graphischen „trial and error"-Methode (nach Brown und Vass, 1973)

Einen interessanten Weg einer Formulierung der P-Bildung zeigen Aiba und Hara (1965), worin die Fähigkeit zur P-Bildung vom mittleren Alter $\overline{\Lambda}$ der Zellen abhängt:

$$r_P = \pi(\overline{\Lambda}) \cdot X. \tag{5.52a}$$

Das *mittlere Alter* kann mittels der Beziehung

$$\overline{\Lambda}(t_i) = \frac{X_0 \cdot \Lambda_0 + \int_{t_0}^{t_i} \cdot X \cdot d\tau}{X(t_i)} \tag{5.52b}$$

(mit $t_0 \leqslant \tau \leqslant t_i$, wobei meist $\Lambda_0 = 0$) aus einer numerischen Integration der Wachstumskurve berechnet werden.

Fishman und Biryukov (1973) verwenden dieses Konzept für die kinetische Modellierung von sekundären Metabolitproduktionen. Von einer graphischen Auftragung von π gegen $\overline{\Lambda}$ kann aus der Steigung der Wert von $\pi(\overline{\Lambda})$ bestimmt werden. Als Resultat geben diese Autoren eine Beziehung unter Verwendung eines numerischen Ansatzes in der Art der Gl. 2.21c an:

$$\pi(\overline{\Lambda}) = \alpha_0 + \alpha_1 \cdot \overline{\Lambda} - \alpha_2 \cdot \overline{\Lambda}^2. \tag{5.52c}$$

Abschließend wird daran erinnert, daß formalkinetische Ansätze für prozeßtechnische Vorausberechnungen des Umsatzes u.a.m. dienen. Besteht Interesse an einer Prozeßoptimierung mit Qualitätsansprüchen, so werden dafür mikrokinetische Ansätze in der Art des von Calam et al. (1971) beschriebenen vorzuziehen sein. Nähere Ausführungen und Hinweise sind in der Literatur gegeben (Reuß, 1977; Roels und Kossen, 1978).

5.4 Grundmodelle der Produktbildung

Wärmebildung bei Fermentationen

Grundsätzlich kann die Wärmebildung bei mikrobiellen Prozessen mit denselben Ansätzen der Produktbildung z. B. nach Gl. 5.42 quantifiziert werden. Im Speziellen hat sich folgende Gleichung als gültig erwiesen, die Terme für eine Wachstums- und Produktbildungsassoziierung und für den endogenen Stoffwechsel beinhaltet (Cooney et al., 1969; Mou und Cooney, 1976):

$$\frac{1}{X} \frac{d \Delta H_V}{dt} \equiv \pi_{\Delta H} = 1/Y_{X/\Delta H} \cdot \mu + 1/Y_{P/\Delta H} \cdot \pi + \pi_{\Delta H, e}. \quad (5.53a)$$

Die Ertragskonstanten Y sind analog Gl. 2.8b definiert, wobei diese die Dimension [g/kcal] haben und $\pi_{\Delta H, e}$ [kcal/gX·h]. Die Ermittlung von Y bzw. $\pi_{\Delta H, e}$ erfolgt analog Abb. 5.11.

Eine vereinfachte Beziehung für die Wärmebildungsgeschwindigkeit kann für aerobe Prozesse im Zusammenhang mit der O_2-Verbrauchsgeschwindigkeit gegeben werden:

$$r_{\Delta H} = Y_{\Delta H/O} \cdot r_O. \quad (5.53b)$$

Darin ist $Y_{\Delta H/O}$ eine stammspezifische Größe, die unabhängig von μ und S ist.

Wie schon im Zusammenhang mit der Wärmetransportgeschwindigkeit in Kapitel 3.3 betont wurde, werden aus praktischen Gründen die *Reaktionsenthalpien* als metabolische mit der Dimension [kcal/g·X] bzw. [kcal/g·S] angegeben. In Tab. 5.2 erfolgt eine Zusammenstellung dieser ΔH_R-Werte für Fermentationen (Bronn, 1971). Eine Systematisierung in aerobe bzw. anaerobe Prozesse bei verschiedenen Substratklassen ist möglich, wobei die Werte nicht vom Mikroorganismenstamm abhängen.

Tabelle 5.2. *Metabolische Reaktionsenthalpien ΔH_R für Fermentationen*

Prozeß	$-\Delta H_R$ [kcal/g·X]	$-\Delta H_R$ [kcal/g·S]
Hexosen $\xrightarrow{O_2} X$	2,6	1,4
Hexosen $\xrightarrow{\text{ohne } O_2} P + X$	1,5–2,7	0,117–0,162
Paraffine $\xrightarrow{O_2} X$	6,8	6,8

Für eine Berechnung der Wärmebilanz sei darauf hingewiesen, daß die ΔH_R-Werte mit einer Prozeßgeschwindigkeit multipliziert und so in die richtige Dimension übergeführt werden müssen (beachte, daß $\Delta H_R \sim Y_{\Delta H/X}$ bzw. $Y_{\Delta H/S}$):

$$r_{\Delta H} = \frac{d \Delta H_V}{dt} = \Delta H_R \cdot r_X \quad (5.54)$$

$$[\text{kcal}/\text{l} \cdot \text{h}] = [\text{kcal/g}] \cdot [\text{g}/\text{l} \cdot \text{h}]$$

Fermentationen sind also prinzipiell exergone Prozesse ($\Delta G < 0$) bzw. exotherm mit $\Delta H < 0$. In der Literatur sind zur Zeit nur spärliche Daten vorhanden.

5.5 Modelle heterogener Bioprozesse

In direktem Zusammenhang mit den in Kapitel 4.4 dargelegten allgemeingültigen Grundlagen des Einflusses von internem und externem Stofftransport ist in der Literatur eine große Anzahl von Arbeiten über die Porendiffusion speziell bei trägergebundenen Enzymen zu finden (z. B. Pitcher, 1978). Als Ergebnis wird dieselbe Art von graphischen Auftragungen wie in Abb. 4.18 angegeben, bei der ein Wirkungsgrad in Abhängigkeit eines Thiele-Moduls dargestellt ist. Zur Formulierung eines geeigneten Moduls benötigt man die Kenntnis des schwer meßbaren D_{eff}-Wertes. Folgende Formulierung hat sich günstig erwiesen, da diese direkt von experimentellen Messungen der volumenbezogenen Reaktionsgeschwindigkeit r_S^* abzuleiten ist (Pitcher, 1975) (vgl. Gl. 4.30):

$$\Phi_2 = \frac{d^2}{D_{eff}} \cdot \frac{1}{S} \cdot r_{S,\,eff}^* \equiv \Phi^2 \cdot \eta_r \tag{5.55}$$

Abb. 5.16 zeigt eine derartige Auftragung des Wirkungsgrades der Reaktion gegen den Thiele-Modul bei Variation des K_S-Wertes für ebene Geometrien (Pitcher, 1975). Für den Fall komplexer kinetischer Ansätze z. B. S- und P-Inhibition werden numerische Lösungen beschrieben (Moo-Young und Kobayashi, 1972).

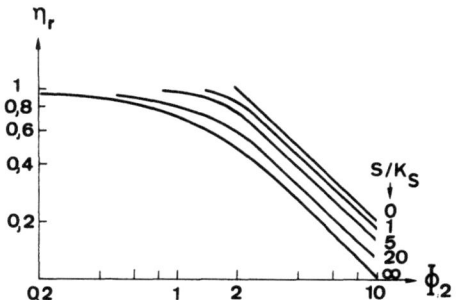

Abb. 5.16. Diagramm des Wirkungsgrades der Reaktion η_r als Funktion des modifizierten Thiele-Moduls Φ_2 nach Gl. 5.55 für enzymkatalysierte Reaktionen bei Variation des K_S-Wertes im Falle plattenförmiger Geometrie der Festphase (Pitcher, 1975). Dieses Diagramm ist eine Analogie zu Abb. 4.18a

Die wohl umfangreichste Analyse und Darstellung heterogener Modellansätze für Bioprozesse stammt von Atkinson und seiner Arbeitsgruppe und findet ihren Ausdruck in der Formulierung der sogenannten „Biologischen Geschwindigkeitsgleichung" (BGGl.), die allgemein für heterogene mikrobiologische und biochemische Systeme, also für die Fermentations- und Enzymtechnologie gilt (Atkinson, 1974).

Diese Modellgleichung verwendet denselben Ansatz von Gl. 4.25a mit den Randbedingungen 4.25b, wobei die Reaktionsgeschwindigkeit durch die bei Filmen leichter meßbare Größe der Substratverbrauchsgeschwindigkeit bezogen auf die Oberfläche der biologischen Masse r_S' [g/m² · h] ausgedrückt wird. Der Zusammenhang mit der spezifischen Geschwindigkeit σ [h⁻¹] ist durch die Beziehung

$$\sigma = r_S' \frac{A_S}{V \cdot \rho} = r_S' \frac{a_S}{\rho} \tag{5.56}$$

gegeben, wobei a_S = spezifische Oberfläche der biologischen Masse mit der Dichte ρ. Die Lösung nimmt die allgemeine Form

$$r'_S = f(a_S \cdot \sigma_{max}, K_S, D_S, d, S) \tag{5.57a}$$

an, die als heterogener Modellansatz im Unterschied zu homogenen Ansätzen, vgl. Kapitel 5.3, nicht nur biologische Koeffizienten σ_{max} und K_S beinhaltet, sondern auch physikalische Parameter wie den effektiven Diffusionskoeffizienten in der S-Phase D_S und die charakteristische Dicke der biologischen Masse d.

Die Koppelung zwischen Kinetik und Transport in Gl. 5.57a kommt besser zum Ausdruck, wenn man die allgemeine Form unter Verwendung der 3 Koeffizienten der BGGl. k_1, k_2 und k_3 umschreibt

$$r' = f(k_1, k_2, k_3, d, S), \tag{5.57b}$$

wobei
$$k_1 = a_S \cdot \frac{\sigma_{max}}{K_S} \tag{5.57c}$$

$$k_2 = 1/K_S \tag{5.57d}$$

$$k_3 = \sqrt{\frac{k_1}{D_S}}. \tag{5.57e}$$

Von diesen Definitionen kann abgelesen werden, daß k_1 und k_2 rein kinetische Parameter sind, während k_3 eine Transportlimitierung in der S-Phase verkörpert. Im Falle keiner Limitierung bei $d \leq d_{krit}$ wird also $\eta_r = 1$.

Obwohl das Wirkungsgradkonzept angewendet wird, werden die Auftragungen in Form der Monod-Diagramme μ gegen S bzw. σ gegen S ausgeführt. Die entsprechenden η_r/Φ-Diagramme könnten ebenso verwendet werden. Die mathematisch aufwendige genaue Form der Lösung kann übersichtlicher graphisch dargestellt werden, wie dies in Abb. 5.17 demonstriert ist. Bei zunehmender Dicke der Filme bzw. Flocken verschiebt sich die Kurve zu höheren S-Werten.

Die BGGl. zeigt, daß nur eine kinetische Gleichung für verschiedene Geometrien der biologischen Masse existieren kann. In der Vergangenheit wurde nämlich

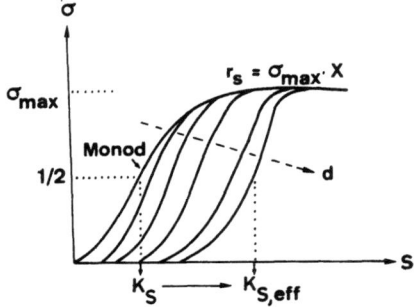

Abb. 5.17. Kinetik heterogener Bioprozesse: Diagramm der spezifischen Substratverbrauchsgeschwindigkeit σ in Abhängigkeit von der Substratkonzentration S bei variierender Dicke d der biokatalytischaktiven Masse im Falle von Flocken- und Filmgeometrie. Die Monod-Kinetik tritt als Grenzfall bei kleinen d-Werten auf. Nähere Erklärung im Text (nach Atkinson, 1974; mit Erlaubnis von Pion, London)

oft mit einer Reaktion formal nullter Ordnung bei mikrobiellen Flocken gearbeitet und mit erster Ordnung bei mikrobiellen Filmen. Die Entstehung derartig vereinfachter Ansätze kann mittels der vollständigen Lösung der BGGl. erklärt werden. In Tab. 5.3a werden die verschiedenen Grenzfälle für den Fall mikrobieller Flocken mit den Gln. 5.58a–c aus der BGGl. abgeleitet, während in Tab. 5.3b dasselbe für filmförmige Geometrie gezeigt wird (Gl. 5.59a–c). Aus beiden Zusammenstellungen kann man erkennen, daß eine kinetische Beziehung des Monod-Typs für den homogenen Fall ohne D_S entsteht. Im Fall der biologischen Filme ist nach Gl. 5.58b eine Reaktion erster Ordnung tatsächlich anzutreffen und als realistisch zu betrachten. Höhere S-Konzentrationen sind bei Flocken eher erreichbar, so daß hier auch die nullte Ordnung dominierend auftritt.

Tabelle 5.3a. *Zusammenstellung der Gleichungen, die sich aus der Biologischen Geschwindigkeitsgleichung (Atkinson, 1974) für die verschiedenen Grenzfälle im Falle flockenförmiger Geometrie der biokatalytischen Masse ergeben*

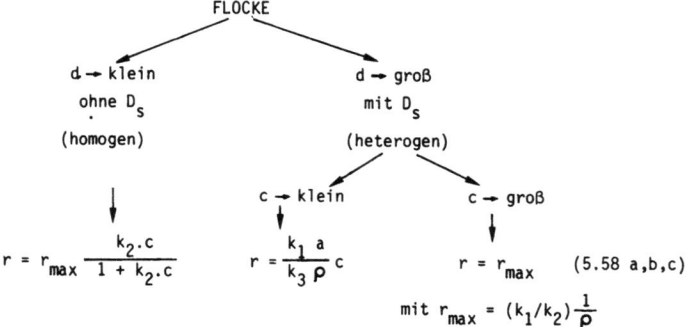

Tabelle 5.3b. *Zusammenstellung der Gleichungen, die sich aus der Biologischen Geschwindigkeitsgleichung (Atkinson, 1974) für die verschiedenen Grenzfälle im Falle filmförmiger Geometrie der biokatalytischen Masse ergeben*

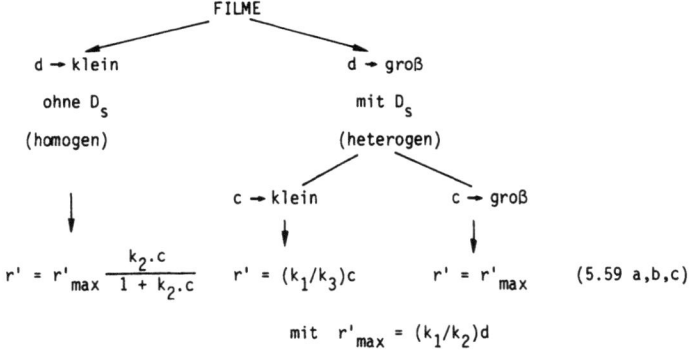

Diese Aussage wird auch in Abb. 5.17 für mikrobiologische Flocken bestätigt, während die Situation bei Filmgeometrie erst in einer Auftragung von r'_S gegen S ersichtlich werden kann, da diese den experimentell beobachtbaren Tatsachen entspricht. Dies ist in Abb. 5.18 wiedergegeben, wo eine Gerade entsprechend der Gleichung $r'_S = k \cdot S$ als Asymptote aller Kurven für verschiedene Dicken d bei niederen S-Konzentrationen entsteht.

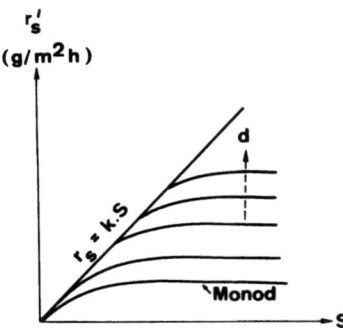

Abb. 5.18. Biofilmkinetik: Diagramm der auf die effektive Biofilmoberfläche bezogenen Substratverbrauchsgeschwindigkeit r'_S als Funktion der Substratkonzentration S bei variierender Dicke des biokatalytischen Filmes d. Als realer Grenzfall tritt bei niederen Werten für S eine Kinetik mit formal erster Ordnung in S auf. Erklärung s. Text (nach Atkinson, 1974; mit Erlaubnis von Pion, London)

Als allgemeiner Schluß aus diesen Betrachtungen kann die Aussage betrachtet werden, daß durch die Verwendung des Konzeptes des *Wirkungsgrades* mit der genaueren Definition (vgl. Gl. 5.57)

$$\eta_r = f(k_3 \cdot d, k_2 \cdot S) = f(\Phi, S/K_S) \tag{5.60}$$

das eigentlich heterogene System zu einem pseudohomogenen reduziert werden kann. Die Transporteinflüsse in der Festphase werden dadurch mittels eines Faktors summarisch erfaßt, ohne daß die Differentialgleichungen für den Transport in der S-Phase mit in Betracht gezogen werden müssen. Das Problem kann somit vereinfacht nach Gl. 5.61

$$r_S = \sigma_{max} \cdot \frac{S}{K_S + S} \cdot X \cdot \eta_r \tag{5.61}$$

angeschrieben werden.

Neben dieser prozeßkinetischen Formulierung nach Atkinson, die von der Theorie des Stofftransportes mit biochemischer Reaktion abgeleitet wurde, sind noch andere kinetische Ansätze bekannt, die allerdings makrokinetischer Natur sind.

In Anlehnung an das äußere Bild des Einflusses des Stofftransports in Abb. 5.17, wo mit steigender Dicke der biologischen Masse ein erhöhter K_S-Wert entsteht, läßt sich eine Beziehung auf Basis der Monod-Gleichung finden

$$r_S = \sigma_{max} \frac{S}{K_{eff} + S} \cdot X, \tag{5.62a}$$

wobei

$$K_{eff} = K_S + K_W. \tag{5.62b}$$

K_{eff} ist also die Summe der Monod-Konstanten K_S und eines formalen Koeffizienten für den *volumetrischen Stofftransportwiderstand* K_W in der S-Phase (Powell, 1967). Die Verwendung dieses Ansatzes wird neuerdings befürwortet (Humphrey, 1978).

156 5 Formalkinetik von Bioprozessen

Eine zweite Alternative eines kinetischen Ansatzes wird von *Harremoës* (1977, 1978) gegeben, der dasselbe Geschehen der Abb. 5.17 mit Hilfe einer Kinetik beschreibt, die formal die Reaktionsordnung 1/2 hinsichtlich S aufweist:

$$r_S = k_{1/2} \cdot S^{1/2} \cdot X. \tag{5.63}$$

Die integrierte Form eines derartigen Ansatzes wurde bereits in Gl. 5.18 beschrieben, die gleichzeitig eine Methode der Parameterestimierung darstellt.

Wurden bisher die sogenannten internen Transportlimitierungen quantifiziert, so werden zum Schluß dieses Kapitels externe Transportlimitierungen erwähnt. Den Fall einer Limitierung an der G/L-Grenzfläche, also des OTR-limitierten Wachstums, haben Reuß und Wagner (1973) beschrieben und das Entstehen einer linearen Wachstumsphase erklärt. Dieses für Transportlimitierungen typische Erscheinungsbild wird in der Praxis meist erfolgreich durch turbulentes Mischen und gutes Belüften bekämpft, um maximale Produktivitäten zu erzielen. Eine makrokinetische Formulierung in diesem Fall kann unterbleiben, da eine Prozeßkinetik durch eine *Doppel-Substrat-Limitierung*, nämlich Glukose S und O_2, in der Form der gekoppelten Gleichungen 5.64 gegeben ist:

$$r_X = \mu_{max} \frac{S}{K_S + S} \cdot \frac{O}{K_O + O} X \tag{5.64a}$$

$$r_S = -\frac{1}{Y_{X/S}} \cdot r_X. \tag{5.64b}$$

$$r_O = k_L \cdot a \, (O^* - O) - \sigma_O \cdot X. \tag{5.64c}$$

Formulierungen von gleichzeitiger interner und externer Limitierung sind in der Literatur zu finden (Hamilton et al., 1974; Grouws et al., 1976).

Das Erscheinungsbild linearen Wachstums als Folge eines Enzymsystems mit konstanter Aktivität wird von Knorre et al. (1978) genauer untersucht und modelliert.

5.6 Kinetik von Multi-komponenten Systemen

In Realsituationen, z. B. der biologischen Abwasserreinigung, Lebensmitteltechnik, aber auch in der Fermentationstechnik (Melasse, Bierwürze u.a.m.), treten komplexe Fälle auf, die nicht mehr durch die einfachen Modellansätze $\mu = \mu(S)$ von Kapitel 5.3 erfaßt werden können. Technische Fermentationen werden zum Großteil mit *komplexen Nährmedien* durchgeführt, die aus ökonomischen Gründen nicht den synthetischen Nährlösungen entsprechen können. Diese sind hinsichtlich ihrer Zusammensetzung optimal, d. h. weisen in allen Komponenten die minimale Konzentration auf, so daß eine Komponente, z. B. Glukose, limitierend auftreten kann. Im Laufe eines Wachstumsprozesses in komplexen Medien werden die wertvollen und leicht verwertbaren Bestandteile nach einer Zeit erschöpft sein. Zum Abbau der restlichen Komponenten müssen erst die Enzyme in den Zellen synthetisiert werden, was sich in einer Verringerung der Wachstumsgeschwindigkeit äußert. Eine kinetische Auswertung würde eine kurze exponentielle Phase und eine lange Phase mit langsamer werdendem

Wachstum entsprechend Abb. 5.6 ergeben. Der dabei auftretende hohe K_S-Wert, im Falle der Auswertung nach einer einfachen Monod-Kinetik, wäre als pseudokinetische Konstante anzusehen.

Multi-S-Kinetik (Fermentations-, Abwassertechnik)

Für die kinetische Beschreibung von Multi-S-Reaktionen sind eine Vielzahl von Ansätzen bekannt, die den unterschiedlichen experimentellen Situationen entsprechen, so daß eine Vereinheitlichung auf den ersten Blick schwierig erscheint. Vom empirischen, phänomenologischen Blickpunkt aus lassen sich diese Situationen am besten in sequentiellen und simultanen S-Abbau unterteilen. Ein streng *sequentieller Abbau* ist z. B. bei der Diauxie zu beobachten, wo zwischen den Abbauphasen von 2 Substraten eine deutliche Lag-Phase auftreten kann (Enzymsynthese bzw. andere Regulationen).

Ein allgemeiner Ansatz für sequentiellen S-Verbrauch scheint in der Art der Beziehung

$$\mu = \mu(S_1) + \mu(S_2) \cdot f_1 \tag{5.65}$$

gegeben zu sein, wobei der Faktor f_1 einen formalen Ausdruck für die katabolische Repression darstellt, die für den Verbrauch von S_2 wirksam ist, solange S_1 im Medium vorhanden ist (Bergter und Knorre, 1972). Einen ähnlichen Ansatz für diauxisches Wachstum nach Gl. 5.65 geben Imanaka et al. (1972), wobei die einfache Beziehung

$$f_1 = \frac{S_2}{S_1 + S_2} \tag{5.66}$$

zur Erfassung der Regulation verwendet wird. Die gegenseitige Hemmwirkung von Substraten beim Abbau wird durch Wechselwirkungsterme in den kinetischen Gleichungen berücksichtigt (Knorre, 1977; Yoon et al., 1977; Aris und Humphrey, 1977).

$$\mu = \mu_1(S_1, S_2) + \mu_2(S_2, S_1) \tag{5.67}$$

mit z. B.

$$\mu_1(S_1, S_2) = \mu_{max,1} \frac{S_1}{K_{S1} + S_1 + a_2 \cdot S_2} . \tag{5.68}$$

Dabei stellt die Größe a_2 einen stöchiometrischen Koeffizienten dar, der für eine Kurvenanpassung an experimentelle Daten variiert werden muß (Yoon et al., 1977). Diese Autoren leiten die Beziehung der Gl. 5.68 von einem Monod-Ansatz für 2-S-Systeme ab.

Dem streng sequentiellen Abbau wird nach Bader (1978) ein „*nicht-wechselwirkendes*" *Modell* zugrunde gelegt, das in reiner Form freilich selten anzutreffen sein wird.

Ein anderes Konzept für die formalkinetische Beschreibung der Diauxie verwendet eine kritische S-Konzentration, die direkt meßbar und daher anschaulich ist (Moser, 1978b,d). Dieser Wert von $S_{1,krit}$ ist die Konzentration, ab der für kurze Zeit ein simultaner, überlappender Abbau von S_2 und S_1 erfolgt, so daß

$$f_1 = \frac{1}{1 + S_1/S_{1,krit}} \tag{5.69}$$

in Gl. 5.65 eingesetzt werden kann.

158 5 Formalkinetik von Bioprozessen

Der *simultane Abbau*, der besonders bei der biologischen Abwasserreinigung anzutreffen ist (Wuhrmann et al., 1958) wird meist als Summe von Einzelreaktionen aufgefaßt

$$r_{ges} = \sum_i r_i \tag{5.70a}$$

bzw. auf Basis der Enzymkinetik

$$r_{ges} = \sum_i \frac{\sigma_{max,i} \cdot S_i}{K_{S,i} + S_i} X \tag{5.70b}$$

mit

$$\sigma_{max} = \sum_i \sigma_{max,i} . \tag{5.70c}$$

Interessant dabei ist die Problematik, welche Kinetik für reaktionstechnische Berechnungen ausschlaggebend ist, die Summenkinetik oder die Kinetik der einzelnen Reaktionen. Wolfbauer et al. (1978) verwenden den Wuhrmann-Ansatz und bestätigen, daß eine Summe von Einzelreaktionen mit formal nullter Ordnung als Grenzfall der Enzymkinetik mit kleinen K_S-Werten – eine *Summenkinetik* ergibt, die formal nach erster Ordnung verläuft. Dieselben Autoren kommen zum Schluß, daß für die Reaktorauslegung die Kinetik nullter Ordnung relevant ist.

Mit einer ähnlichen Summenkinetik erster Ordnung, die in der biologischen Abwasserreinigung für die Verschmutzungskomponenten S_i (z. B. BSB, CSB-Wert) oft die einzig realistische darstellt, arbeiten erfolgreich andere Gruppen (Eckenfelder und Ford, 1970; Tucek et al., 1971; Oleszkiewicz und Eckenfelder, 1974; Grau et al., 1975; Joschek et al., 1975; Krötzsch et al., 1976; Oleszkiewicz, 1977). In der Beziehung nach Joschek et al. (1975)

$$-r_S = k_S \cdot S \cdot X \cdot f(T) \tag{5.71a}$$

zeigt die Geschwindigkeitskonstante der Summenkinetik einen Zusammenhang mit kinetischen Parametern (Moser und Lafferty, 1977d)

$$k_S = \frac{\mu_{max}}{Y_{X/S} \cdot K_S} \; [\text{l/g} \cdot \text{h}], \tag{5.71b}$$

wobei der endogene Stoffwechsel indirekt durch einen erhöhten K_S-Wert enthalten ist (Moser und Steiner, 1975c). Die Beziehung von Grau et al. (1975):

$$-r_S = k \cdot X \left(\frac{S}{S_0}\right)^n \tag{5.71c}$$

mit der integrierten Form für $n_S = 1$

$$S = S_0 \cdot \exp\left(-\frac{k \cdot X \cdot t}{S_0}\right) \tag{5.71d}$$

verwendet eine Korrektur mit a und b für abbaubare und nicht abbaubare Substrate in der Form

$$S = \frac{\text{BSB}}{a} - b \tag{5.71e}$$

5.6 Kinetik von Multi-komponenten Systemen

und zeigt gute Übereinstimmung mit der empirischen Beziehung von Tucek et al. (1970) für den Fall $n_S = 2$.

In erster Näherung kann Gl. 5.71d in der Form

$$\frac{S}{S_0} = 1 - \frac{k \cdot X \cdot t}{S_0} \tag{5.71f}$$

angeschrieben werden.

Eckenfelder und Ford (1970) verwenden die Form

$$\frac{S_0}{S} = 1 + k \cdot X \cdot t, \tag{5.71g}$$

während Krötzsch et al. (1976) das Verhältnis von Substrat zu Zellmasse einbeziehen

$$-r_S = k_n \left(\frac{S}{X}\right)^n \tag{5.71h}$$

und mit einer Contois-Kinetik rechnen.

Eine Zusammenstellung der typischen Kurven für sequentiellen und simultanen Abbau von Mischsubstraten bringt Abb. 5.19, wobei als Übergangsfall der überlappende Abbau in Bild b) gezeigt wird. Eine einheitlichere Formulierung der Formalkinetik von Multi-S-Reaktionen scheint mit Hilfe des Konzeptes der kritischen S-Konzentration möglich (Moser, 1980e). Das Entstehen der formalen Reaktionsordnung $n_S = 1$ für die Summenkinetik ist daraus zu ersehen.

Eine allgemeine Formulierung der Kinetik von Multi-S-Reaktionen hat auch die Erkenntnis einzuschließen, die im Fall der Glukose-O_2-Limitierung in der Gl. 5.64a beschrieben wurde. Diese multiplikative Zusammenstellung kinetischer Terme nach McGee et al. (1972), die von mehreren Arbeiten bestätigt wurde (Reuß und Wagner, 1973; Ryder und Sinclair, 1972; Howell und Atkinson, 1976; Petrova et al., 1977) wird von Bader (1978) als „wechselwirkendes" Modell bezeichnet, das durch einen Enzymmechanismus deutbar ist. Demnach ist es durchaus realistisch, daß zwei Substrate gleichzeitig limitierend auftreten können (z. B. auch Shehata und Marr, 1971). Nach Bader existiert keine einheitliche Formulierung für wechselwirkende und nicht-wechselwirkende Fälle.

Tsao und Hanson (1975) bzw. Tsao und Yang (1976a,b) entwickelten andere kinetische Gleichungen. Diese Autoren unterscheiden zwischen sogenannten essentiellen Substraten S_E (z. B. Glukose, O_2) und beschleunigenden S_i und leiten von einem einfachen Mechanismus in der Art der FGG-Systeme nach Gl. 5.7 und 5.8 eine kinetische Modellgleichung ab:

$$\mu = \left(\mu_{max,0} + \sum_i \frac{\mu_{max,i} \cdot S_i}{K_{S,i} + S_i}\right) \cdot \prod_j \frac{S_{E,j}}{K_{S_{E,j}} + S_{E,j}}. \tag{5.72}$$

Demnach bilden die beschleunigenden Substrate eine Summe ($\sum_i$), während die essentiellen Substrate als Produktsumme ($\prod_j$) aufscheinen.

Als wichtiges Naturprinzip in dem Zusammenhang der Verwertbarkeit von Multikomponentensystemen zeigt sich, daß generell dasjenige Substrat, das den höheren μ-Wert bewirkt, zuerst abgebaut wird (Pardee, 1961; Harder und Dijkhuizen, 1975).

160   5 Formalkinetik von Bioprozessen

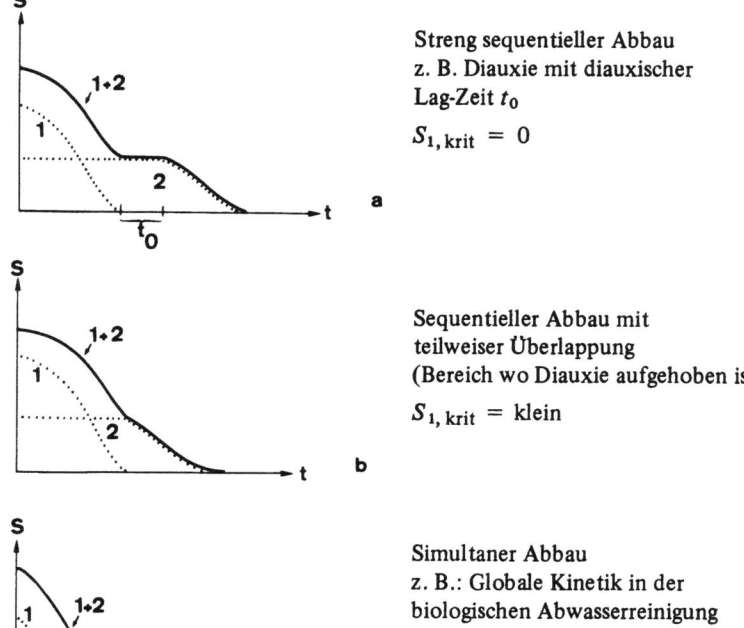

Abb. 5.19. Multi-Substrat-Kinetik: Konzentrations/Zeit-Diagramme für streng sequentiellen Substratabbau (Diauxie) in a), simultane Substratelimination in c) sowie teilweise überlappenden Substratverbrauch in b) (Aufhebung der Diauxie) am Beispiel der 2-S-Reaktion (Moser, 1980 a, e). Eine Summenkinetik mit formal erster Ordnung in S tritt in (b) und (c) auf

Die Schwierigkeit der experimentellen Ermittlung der kinetischen Parameter in derartigen Situationen von Multi-S-Kinetik kann anhand eines Beispiels der 2-S-Limitierung gezeigt werden. In Abb. 5.20 ist das Walker-Diagramm dargestellt und angedeutet, daß nur eine Aufteilung der Reaktion in zwei voneinander unabhängige Teilreaktionen 1 und 2 zu einer befriedigenden Linearisierung führt (Wilderer, 1976).

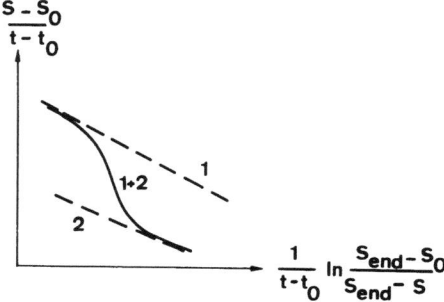

Abb. 5.20. Darstellung einer 2-S-Limitation in einem Walker-Diagramm (vgl. Abb. 4.13b) (Wilderer, 1976)

5.6 Kinetik von Multi-komponenten Systemen

Diese Schwierigkeiten werden durch die *summarischen Analysenmethoden* noch verstärkt, was sich besonders bei der kinetischen Modellierung nachteilig auswirkt. Auch sind die Werte für BSB, CSB und TOC nicht ohne weiteres korreliert (Aziz und Telbut, 1980). Mit dem normalerweise verwendeten BSB_5-Analysenwert, der sich nach einem Zeitintervall von 5 Tagen ergibt, wird nicht nur der O_2-Verbrauch für den *S*-Abbau, sondern auch endogene Atmung und O_2-Verbrauch durch andere Organismen (Freßkette, vgl. Abb. 5.22) und für den Abbau von *N*-Komponenten erfaßt. Als Ersatz für den BSB_5 als echtes Maß für den *S*-Abbau wird der sogenannte *Plateau-BSB* angegeben (Wilderer et al., 1970), der nach einem Tag auftritt und nur die *S*-Veratmung beinhaltet. Nur für diese gilt nämlich in Anlehnung an Gl. 2.8 die kinetische Formulierung

$$BSB_t = Y_{O/S} \cdot (S_t - S_0) \tag{5.73a}$$

bzw.

$$\sigma_O = Y_{O/S} \cdot \sigma_S, \tag{5.73b}$$

d. h. der strenge Zusammenhang, daß σ_O als Maß für die *S*-Abbaugeschwindigkeit σ_S genommen werden kann. $Y_{O/S}$ ist der „spezifische O_2-Bedarf".

Ein zusätzliches Problem bei der Quantifizierung der Kinetik in der biologischen Abwasserreinigung ist neben der Zeitabhängigkeit der instationären Vorgänge (vgl. Gl. 5.35) die sogenannte *Schlammadsorption*. In Abb. 5.21 ist das

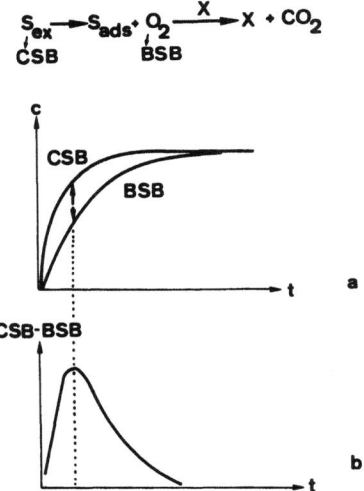

Abb. 5.21. Kinetik der Schlammadsorption bei der biologischen Abwasserreinigung: Zeitlicher Verlauf des CSB- und BSB-Wertes nach dem Reaktionsschema der *S*-Adsorption mit nachfolgender *S*-Elimination in a) und Ermittlung der Adsorptionsgeschwindigkeit aus der Differenz CSB–BSB in b) (Theophilou et al., 1978)

experimentelle Ergebnis nach Theophilou et al. (1978) dargestellt. In Bild a) weisen der Zeitverlauf des CSB als Maß für die *S*-Elimination aus der L-Phase (σ_S) und der echte O_2-Verbrauch σ_O des Schlammes eine Verschiebung auf.

Diese Differenz ist in Bild b) nach dem Schema

$$S_{ex} \xrightarrow{\overline{D_S}} S_{ads} + O_2 \xrightarrow{X} X + CO_2 \qquad (5.74a)$$

als eine dem Reaktionsschritt vorgeschaltete Adsorption, die sehr rasch verläuft, erfaßt. Zur kinetischen Formulierung können Ansätze der Form

$$r_{S_{ads}} = \frac{\alpha_1 \cdot S}{\alpha_2 + S} - \alpha_3 \cdot S \qquad (5.74b)$$

verwendet werden. α_i sind empirische Koeffizienten. Im Endeffekt wird durch diese „Biosorption" von Substrat aus der L-Phase und Speicherung in der S-Phase eine Reaktionsordnung von null hinsichtlich S auch bei niedrigen S-Konzentrationen in der L-Phase (pseudohomogene Messung, vgl. Kapitel 4.2) entstehen. Diese Situation ist in Abb. 5.6 als Kurve 6 eingezeichnet und kann mitverantwortlich dafür sein, daß bei Reaktorauslegungen der nach der Summenkinetik $n_S = 1$ zu erwartende Volumenvorteil für einen kRR gegenüber einem kRK nicht in dem Maße aufscheint (Moser, 1977; Wolfbauer et al., 1978).

Kinetisch analoge Fälle für den Effekt der Schlammadsorption sind die Speicherung von Substraten in den Zellen bzw. der überlappende Abbau eines zweiten Substrates (Moser, 1978c), aber auch das Auftreten von mixotrophem Wachstum z. B. bei Algen durch gleichzeitige Verwertung von Lichtenergie und chemisch gebundener Energie aus Substraten (Follman et al., 1977). Als formalkinetischer Ansatz für diese Fälle ist Gl. 5.65 mit Gl. 5.69 günstigerweise zu verwenden.

Mischpopulation

Bei der Behandlung von Mehrkomponentensystemen wird neben dem Fall der Multi-S-Reaktion auch der der Mischpopulation zu erörtern sein (Jannasch und Mateles, 1974; Aris und Humphrey, 1977; Yoon und Blanch, 1977). In der Abwassertechnik spielt die zeitliche Änderung der Organismenzusammensetzung (Biozoenose) eine zentrale Rolle. Der Zusammenhang zwischen Umweltbedingungen, d. h. Nährstoffangebot und Organismenvergesellschaftung, ist in Abb. 5.22 schematisch wiedergegeben (Wilderer und Hartmann, 1978). Die eingangs vorhandene organische Substanz wird von den Bakterien (Population X_1) besonders hinsichtlich der C-Komponenten verwendet. Die N-Verbindungen werden in konventionellen Anlagen erst nach längerer Verweilzeit durch Nitrifikanten (Population X_2) und Denitrifikanten (Population X_3) abgebaut, während P-Verbindungen durch mehrmaligen Wechsel zwischen aeroben, anoxischen und anaeroben Zonen durch bestimmte Populationen gespeichert werden. Die Bakterien ihrerseits dienen wieder bakterienfressenden Organismen (z. B. Protozoen, Ziliaten) als Nahrung. Diese sind in einer „Freßkette" miteinander verknüpft (Populationen X_i).

In diesem komplexen Prozeßschema kann nun für jeden einzelnen Reaktionsschritt eine Kinetik in Analogie zur Enzymkinetik als gültig angesehen werden.

Das Verhalten von Mischpopulationen ist also grundsätzlich ähnlich dem von Reinkulturen und das Modell nach Monod kann verwendet werden, auch wenn

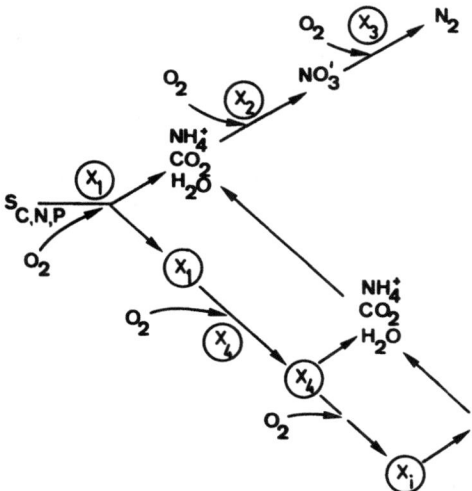

Abb. 5.22. Reaktionsfolgen mit einer Mischpopulation („Biozoenose") in schwach belasteten Belebtschlammverfahren bei der biologischen Abwasserreinigung als Funktion der zeitlichen Änderung der Umweltbedingungen (Mischsubstrat $S_{C, N, P}$). X_1 Bakterien (saprophytische), X_2 nitrifizierende Bakterien, X_3 denitrifizierende Bakterien, X_4 bis X_i Organismen der „Freßkette" (nach Wilderer und Hartmann, 1978)

die kinetischen Parameter μ_{max}, K_S und Y nicht streng konstant bleiben (Gaudy und Gaudy, 1972). Weitergehende Informationen über die Populationsdynamik sind in der Literatur zu entnehmen (z. B. Noack, 1968; Bleecken, 1979).

Pseudokinetik

Pseudokinetische Parameter entstehen bei einer kinetischen Auswertung, wenn wissentlich oder unwissentlich einfachere Modelle als sie der realen Situation entsprechen herangezogen werden, also immer wenn die Modellidentifizierung nicht vor der Parameterestimierung vorgenommen wird (vgl. Kapitel 2.4).

Interessanterweise wirken sich die meisten Verfälschungen auf den K_S-Wert aus. Abschließend wird nun eine Aufzählung gebracht, welche Faktoren dazu beitragen (Moser, 1978c).

1. Große Flocken bzw. dicke Filme (vgl. Abb. 5.17)
2. Ungenügende Mischung der L-Phase
3. Multi-S-Kinetik
4. Ionenstärke der L-Phase
5. Hohe Zelldichten (vgl. Gl. 5.24)
6. Instationäres Verhalten
7. Endogener Stoffwechsel
8. Bestimmter Fall von P-Inhibition (vgl. Gl. 5.14)
9. In Zellmasse gespeichertes Substrat
10. Überlappender, simultaner Abbau eines zweiten Substrates.

Bedenkt man, daß der K_S-Wert noch von der Größe der Zellen abhängt (Transportlimitierung durch D_S!) und nur im Idealfall mit dem K_S-Wert der entsprechenden Enzyme bzw. Mitochondrien identisch werden kann (Kessick,

164   5 Formalkinetik von Bioprozessen

1974; Hartmeier et al., 1971), so kann man direkt die Güte des K_S-Wertes als Maß für den Fortschritt der Kenntnisse der Wechselwirkung zwischen Kinetik und Transporten und damit für die Vertraubarkeit prozeßtechnischer Berechnungen nehmen. Der K_S-Wert spielt nämlich eine entscheidende Rolle für die Wahl des Reaktors mit optimalem Umsatz (vgl. Kapitel 6).

Daß die Monod-Beziehung überhaupt in so vielen Fällen anwendbar ist, mag mit der Tatsache zusammenhängen, daß alle Teilschritte des Gesamtvorganges bei Bioprozessen, nämlich Oberflächenanlagerung, Membrantransport und Enzymkinetik einer hyperbolischen Funktion gehorchen. Damit spiegeln sich gewisse mikrokinetische Strukturen in der makroskopisch beobachtbaren Formalkinetik wider.

Mehrkomponentensysteme der Lebensmitteltechnik

Fast alle Reaktionen in Lebensmitteln, nämlich Qualitätsverminderung durch Zerstörung von Vitaminen, Enzymen und Farben (Chlorophyll), Maillardreaktionen sowie die Abtötung von lebenden Zellen und auch mikrobielle Sporen und andere chemische Reaktionen laufen nach formal erster Ordnung ab. Bräunungsreaktionen werden oft auch nach nullter Ordnung beschrieben (Saguy und Karel, 1980), während Sporen in einer Folgereaktion mit je erster Ordnung summarisch nach zweiter Ordnung zerstört werden (Prokop und Humphrey, 1967).

Als allgemeiner Ansatz aus Gl. 5.1 und 5.19 gilt somit

$$\frac{d \ln c_i}{dt} = - k_i (T, a_W) \tag{5.75}$$

bzw. speziell für die Sterilisation von biologischem Material

$$\frac{dN}{dt} = - k_d(T) \cdot N \tag{5.76a}$$

mit N = Anzahl der Zellen und k_d = Absterbegeschwindigkeitskonstante [h^{-1}]. Fallweise werden bei der Sterilisation Abweichungen beobachtet, so daß ein erweiterter Ansatz

$$\frac{dN}{dt} = - k_d(T) \cdot N \cdot c^\alpha \cdot t^\beta \tag{5.76b}$$

zum Ziel führt. α und β sind empirische Koeffizienten und c = Konzentration des desinfizierenden Mittels im Falle der Anwendung chemischer Desinfektionsmittel wie Cl_2, $HOCl$ u.ä.m.

Eine reaktionstechnische Bearbeitung derartiger Systeme basiert darauf, daß die k-Werte der verschiedenen Reaktionen unterschiedliche Größenordnung aufweisen (Fennema, 1975; Harris und Karmas, 1975; Thijssen, 1979). In Abb. 5.23 ist eine idealisierte Situation mit gleichen Anfangskonzentrationen dargestellt. Zur Erzielung keimfreier Lebensmittel, die auch bei längerer Lagerung haltbar sind, müssen Zellen, Sporen und Enzyme zerstört werden, ohne gleichzeitig den Vitamingehalt, die Farbe und das Aroma wesentlich zu beeinträchtigen. Aufgrund der kinetischen Daten ist dies in einem Reaktor mit einer mittleren Verweilzeit von $\bar{t} = t_{St}$ möglich. Entsprechend der Reaktionsordnung 1 wird der optimale Effekt in kRR gegeben sein, die im Unterschied zu kRK eine enge Verteilung um die mittlere Verweilzeit $\bar{t}$ realisieren (Moser et al., 1980b).

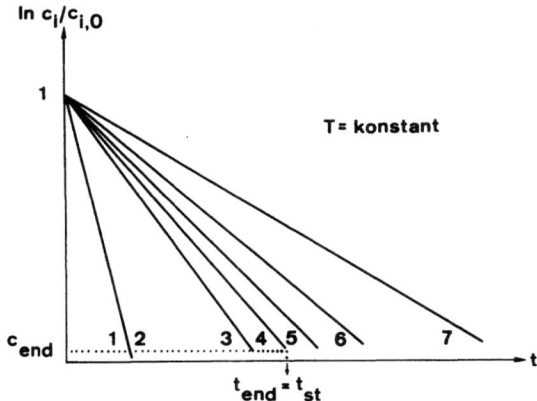

		$k(s^{-1})$
1	MIKROBIELLE ZELLEN	$10^1 - 10^{13}$
2	ENZYME	"
3	SPOREN VON MIKROORGANISMEN	0,5 - 20
4	THERMORESISTENTE ENZYME (PEROXIDASE)	0,37
5	CHLOROPHYLL	0,2
6	VITAMINE	0,02
7	NICHTENZYMATISCHE BRÄUNUNGSREAKTIONEN	0,008

Abb. 5.23. Schematische Darstellung der Situation der Bioprozesse in Multikomponentensystemen der Lebensmitteltechnik in einem normierten Konzentrations/Zeit-Diagramm mit Angabe der kinetischen Geschwindigkeitskonstanten k der beteiligten Reaktionen *1-7* (Moser et al., 1980b). Erklärung im Text

Als Indikator für diese in Abb. 5.23 ablesbare Zeit $\bar{t}$ wird in der Lebensmitteltechnik das hitzebeständige Enzym Peroxidase genommen ($k = 0,36$ sec^{-1} bei $T = 121$ °C). Dieselbe Problematik der Wahl des optimalen Reaktors gilt für Sterilisationen, wo ebenfalls kRR den kRK überlegen sind. Wichtig ist noch der Hinweis, daß man sich mit dem Erreichen eines sogenannten Sterilisationsniveaus c_{St} (Abb. 5.23) zufrieden gibt, da entsprechend der Kinetik erster Ordnung eine Reaktion auf $c \to 0$ erst bei $t \to \infty$ auftreten würde. Meist wird $c_{St} = 10^{-4}$ gewählt. Als Indikation für „vollständige" Sterilisation werden die sehr hitzebeständigen Sporen von Bacillus stearothermophilus mit einem Wert von $k = 2,9$ [min^{-1}] bei 121 °C genommen.

Literatur

Aiba, S., Hara, H. (1965): J. gen. microb. *11*, 41.
- Humphrey, A. E., Millis, N. F. (1973): Biochemical Engineering, S. 147 und Ref. 7 und 26 in § 5.2. New York: Academic Press.
Andrews, J. F. (1968): Biotechnol. Bioeng. *10*, 707.
- (1971): In: Biotechnol. Bioeng. Symp. *2*, 5.
Andreyeva, L. N., Biryukov, V. V. (1973): In: Biotechnol. Bioeng. Symp. *4*, 61.
Aris, R., Humphrey, A. E. (1977): Biotechnol. Bioeng. *19*, 1375.
Atkinson, B. (1974): Biochemical Reactors. London: Pion Ltd.

Aziz, J. A., Tebbut, T. H. Y. (1980): Water Res. *14*, 319.
Bader, F. G. (1978): Biotechnol. Bioeng. *20*, 183.
Barnes, R., Vogel, H., Gordon, I. (1969): Proc. nat. Acad. Sci. (Wash.) *62*, 263.
Bergter, F. (1972): Wachstum von Mikroorganismen. Jena: VEB G. Fischer Verlag.
− Knorre, W. A. (1972): Z. allg. Mikrobiol. *12*, 613.
− (1978): Z. allg. Mikrobiol. *18*, 5.
Bertalanffy, L. von (1942): Theoretische Biologie. Berlin: Borntraeger.
Blackman, F. F. (1905): Ann. Bot. *19*, 281.
Bleecken, St. (1979): Populationsdynamik einzelliger Mikroorganismen, Modellbildung und -anwendung. Fortschritte der experimentellen und theoretischen Biophysik *23*. Leipzig: VEB G. Thieme.
Bronn, W. K. (1971): Chem. Ing. Techn. *43*, 70.
Brown, D. E., Vass, R. C. (1973): Biotechnol. Bioeng. *15*, 321.
Calam, C. T., Ellis, S. H., McCann, M. J. (1971): J. Appl. Chem. Biotechnol. *21*, 181.
Caldwell, I. Y., Trinci, A. P. J. (1973): Arch. f. Mikrobiol. *88*, 1.
Chiu, S. Y., Erickson, L. E., Fan, L. T., Kao, I. C. (1972): Biotechnol. Bioeng. *14*, 207.
Chiu, Y. S., Zajic, J. E. (1976): Biotechnol. Bioeng. *18*, 1167.
Constantinides, A., Spencer, J. L., Gaden, E. L. (1970): Biotechnol. Bioeng. *12*, 803.
− (1980): Biotechnol. Bioeng. *22*, 119.
Contois, D. E. (1959): J. gen. Microb. *21*, 40.
Cooney, Ch. L., Wang, D. I. C., Mateles, R. I. (1969): Biotechnol. Bioeng. *11*, 269.
Dabes, J. N., Finn, R. K., Wilke, C. R. (1973): Biotechnol. Bioeng. *15*, 1159.
Dean, A. C. R., Hinselwood, C. N. (1966): Growth, Function and Regulation in Bacterial Cells, Oxford.
Dialer, K., Löwe, A. (1975): In: Chemische Technologie (Winnacker, K., Küchler, L., eds.), 3. Aufl., Bd. 7. München: C. Hanser.
Eckenfelder, W. W., Ford, D. L. (1970): Water Pollution Contr. Austin, Texas: Pemberton Press.
Edwards, V. H. (1970): Biotechnol. Bioeng. *12*, 679.
− (1969): Biotechnol. Bioeng. *11*, 99.
Fennema, Q. F. (1975): Principles of Food Science Part II, S. 54 ff. New York und Basel: Marcel Dekker.
Fishman, V. M., Biryukov, V. V. (1973): In: Biotechnol. Bioeng. Symp. *4*, 663.
Follman, H., Märkl, H., Vortmeyer, D. (1977): Dechema-Jahrestagung 23.−24. Juni in Frankfurt/Main, Vortrag Nr. 9.15.
Fujimoto, Y. (1963): J. theoret. Biol. *5*, 171.
Frouws, M. J., Vellenga, K., Dewilt, H. G. J. (1976): Biotechnol. Bioeng. *18*, 53.
Gaden, E. L., Jr. (1955): Chem. Ind. London *154*, 192.
− (1959): J. Biochem. Microb. Technol. Eng. *1*, 413.
Gaudy, A. F., Gaudy, E. T. (1972): In: Adv. Biochem. Eng. *2*, 97.
Giona, A. R., Marrelli, L., Toro, L., de Santis, R. (1976): Biotechnol. Bioeng. *18*, 473 und 493.
Grau, P., Dohanyos, M., Chudoba, J. (1975): Water Res. *9*, 637.
Hamilton, B. K., Gardner, C. R., Colton, C. K. (1974): AIChEJ *20*, 503.
Harder, W., Dijkhuizen, L. (1975): 6th Continuous Culture of Microorganisms, Oxford, 297.
Harremoes, P. (1977): Vatten *2*, 122.
− (1978): In: Water Pollution Microbiology, Vol. 2, S. 71.
Harris, R. S., Karmas, E. (1975): Nutritional Evaluation of Food Processing, 2nd Ed., AVI Publ. Comp. Westport, Connecticut, S. 211 ff.
Hartmeier, W., Bronn, W. K., Dellweg, H. (1971): Chem. Ing. Techn. *43*, 76.
Howell, J. A., Atkinson, B. (1976): Biotechnol. Bioeng. *18*, 15.
Humphrey, A. E. (1972): Chem. Reaction Eng. Adv. Chem. Ser. *109*, 603.

- (1977a): Encycl. Chem. Process Des. *4*, 359.
- (1977b): Chem. Eng. Prog. *85*.
- (1978): Amer. Chem. Soc. Symp. Serie, *72*.
Imanaka, T., Kaieda, T., Sato, K., Taguchi, H. (1972): J. Ferment. Technol. *50*, 633.
Janasch, H. W., Mateles, R. I. (1974): In: Adv. Microb. Physiol. *11*, 165.
Johnson, F. H., Eyring, H., Polissar, M. J. (1954): The Kinetic Basis of Molecular Biology. New York: J. Wiley.
Joschek, H. I., Dehler, J., Koch, W., Engelhardt, H., Geiger, W. (1975): Chem. Ing. Techn. *47*, 422.
Kargi, F., Shuler, M. L. (1979): Biotechnol. Bioeng. *21*, 1871.
Kendall, D. G. (1949): J. Roy. Statist. Soc. B *11*, 230.
Kessick, M. A. (1974): Biotechnol. Bioeng. *16*, 1545.
Koga, S., Burg, C. R., Humphrey, A. E. (1967): In: Appl. Microbiol. *15*, 683.
Konack, A. R. (1974): J. Appl. Chem. Biotechnol. *24*, 453.
Kono, T. (1968): Biotechnol. Bioeng. *10*, 105.
- Asai, T. (1969a): Biotechnol. Bioeng. *11*, 19.
- - (1969b): Biotechnol. Bioeng. *11*, 293.
Knorre, W. A. (1976): In: Mathematische Modellbildung in Naturwissenschaft und Technik, S. 221. Berlin: Akademie-Verlag.
- Gutke, R., Bergter, F. (1978): Z. Allg. Mikrob. *18*, 255.
Krötzsch, P., Kürten, H., Daucher, H., Popp, K. H. (1976): Chem. Ing. Techn. MS 351.
Labuza, Th. P. (1980): Food Technol., February, 67.
La Motta, E. J. (1976): Biotechnol. Bioeng. *18*, 1029.
Leffler, J. E. (1966): J. Org. Chem. *31*, 533.
Lumry, R., Eyring, H. (1954): J. Phys. Chem. *58*, 110.
Mahler, H. R., Cordes, E. H. (1966): Biological Chemistry. New York: Harper International.
Mason, T. J., Millis, N. F. (1976): Biotechnol. Bioeng. *18*, 1337.
Metz, B., Kossen, N. W. F. (1977): Biotechnol. Bioeng. *19*, 781.
Meyrath, J., Bayer, K. (1973): 3. Symp. Techn. Mikrob. Berlin, Berichtsband, 117.
McGee, R. D., Drake, J. F., Fredrickson, A. G., Tsuchiya, H. M. (1972): Can. J. Microbiol. *18*, 1733.
Mona, R., Dunn, I. J., Bourne, J. R. (1979): Biotechnol. Bioeng. *21*, 1561.
Monod, J. (1942): Recherches sur la croissance des cultures bactériennes. Paris: Hermann.
Moo-Young, M., Kobayashi, T. (1972): Can. J. Chem. Eng. *50*, 162.
Moser, A., Steiner, W. (1975c): Europ. J. Appl. Microbiol. *1*, 281.
- (1977a): Habilitationsschrift, T. U. Graz.
- Lafferty, R. M. (1977c): Zbl. Bakt. I. Abt. Ref. *252*, 60.
- (1978b): 1st Europ. Congress on Biotechnology, Interlaken, Schweiz, 25.–29. September, Part I, 88.
- (1978c): Gas-Wasser-Fach. Wasser/Abwasser *119*, 242.
- (1978d): Proc. 6th Intern. Spec. Symp. on Yeast, Montpellier/France, 2.–8. Juli, SI 16.
- (1980a): UNEP/UNESCO/ICRO: Training course on "Theoretical Basis of Kinetics of Growth, Metabolism and Product Formation of Microorganisms". Akademie der Wissenschaften der DDR. Zentralinstitut für Mikrobiologie und Experimentelle Therapie, Jena, Part II, 27.
- Kosaric, N., Margaritis, A. (1980b): 30th Canad. Chem. Engng. Conference, Edmonton/Alberta, 19–22. Oktober.
- (1980c): In Proc. 2nd Internat. Symp. Waste Treatment and Utilization, 18–20. Juni, Waterloo, Canada. Oxford, N. Y.: Pergamon Press.
- (1980e): 6th Internat. Ferm. Symp., London/Ontario, Canada, 20.–25. Juli.
Moser, F. (1977): Verfahrenstechnik *11*, 670.

Mou, D. G., Cooney, Ch. L. (1976): Biotechnol. Bioeng. *18*, 1371.
Noack, D. (1968): Biophysikalische Prinzipien der Populationsdynamik in der Mikrobiologie, Fortschritte der experimentellen und theoretischen Biophysik *8*. Leipzig: VEB G. Thieme.
Oleskiewicz, J. A. (1977): Prog. Wat. Techn. *9*, 777.
Pamment, N. B., Hall, R. J., Barford, J. P. (1978): Biotechnol. Bioeng. *20*, 349.
Pardee, A. B. (1961): Symp. Soc. Gen. Microb. *11*, 19.
Petrova, T. A., Knorre, W. A., Gutke, R., Bergter, F. (1977): Z. Allg. Mikrob. *17*, 531.
Pirt, S. J. (1975): Principles of Microbe and Cell Cultivation. Oxford: Blackwell Scientific Publ.
Pitcher, W. H. (1978): In: Adv. Biochem. Engng. *10*, 1.
Powell, E. O. (1967): In: Microb. Physiol. and Cont. Culture, H.M.S.O., London, S. 34.
Prokop, A., Humphrey, A. E. (1970): In: Disinfection (Bernardo, M. A., ed.), S. 61. New York: Marcel Dekker.
Reuß, M., Wagner, F. (1973): 3. Symp. Techn. Mikrobiol. Berlin, S. 89.
− (1977): In: Fortschritte der Verfahrenstechnik *15*F, 549.
Ricica, J. (1969): In: Fermentation Advances (Perlman, D., ed.), S. 427. New York: Academic Press.
Roels, J. A. (1978): Proc. 1st Europ. Congress on Biotechnology, Interlaken/Schweiz, Dechema, Bd. 82, S. 221.
− − Kossen, N. W. F. (1978): In: Progress Ind. Microbiol. *14*, 95.
Ryder, D. N., Sinclair, C. G. (1972): Biotechnol. Bioeng. *14*, 787.
Ryu, D. Y., Humphrey, A. E. (1972): J. Ferment. Technol. *50*, 424.
Saguy, I., Karel, M. (1980): Food Technol., February, 78.
Schaezler, D. J., McHarg, W. H., Busch, A. W. (1971): Biotechnol. Bioeng. Symp. *2*, 107.
Shehata, T. E., Marr, A. G. (1971): J. Bact. *107*, 210.
Sinclair, C. G., Topiwala, H. H. (1970): Biotechnol. Bioeng. *12*, 1069.
Talsky, G. (1971): Angew. Chem. *83*, 553.
Teissier, G. (1936): Ann. Physiol. Physicochim. Biol. *12*, 527.
Terui, G. (1972): In: Microbial Engng. Proc. 1st Intern. Symp. Adv. Microb. Eng., Marianske-Lazne (Sterbacek, Z., ed.), S. 377. London: Butterworth.
Theophilou, J., Wolfbauer, O., Moser, F. (1978): Gas-Wasser-Fach. Wasser/Abwasser *119*, 135.
Thijssen, H. A. C. (1979): Lebensm.-Wiss. u.-Technol. *12*, 308.
Tsao, G. T., Hanson, Th. P. (1975): Biotechnol. Bioeng. *17*, 1591.
− − Yang, C. M. (1976a): Biotechnol. Bioeng. *18*, 1827.
− − (1976b): 5th Internat. Ferm. Symp., Berlin, Abstract Nr. 5.03.
Tucek, F., Chudoba, J., Madera, V. (1971): Water Res. *5*, 647.
Van Suidam, J. C., Metz, B. (1980): Biotechnol. Bioeng. (Im Druck.)
Van Uden, N., Abranches, P., Cabeca-Silva, C. (1968): Arch. Microbiol. *61*, 381.
− Vidal-Leiria, M. M. (1976): Arch. Microbiol. *108*, 293.
Wayman, M., Tseng, M. C. (1976): Biotechnol. Bioeng. *18*, 383.
Wilderer, P., Engelmann, G., Schmenger, H. (1977): Gas-Wasserfach. Wasser/Abwasser *118*, 357.
− (1976): Karlsruher Berichte zur Ingenieurbiologie *8*, 1−145.
− Hartmann, L. (1978): In: Münchner Beiträge zur Abwasser-, Fischerei- und Flußbiologie *29*, 9.
Wolfbauer, O., Klettner, H., Moser, F. (1978): Chem. Eng. Sci. *33*, 953.
Wuhrmann, K., Beust, F. von, Ghose, T. K. (1958): Schweiz. Z. Hydrol. *20*, 284.
Yoon, H., Blanch, H. W. (1977): J. Appl. Chem. Biotechnol. Bioeng. *19*, 1193.
− Klinzing, G., Blanch, H. W. (1977): Biotechnol. Bioeng. *19*, 1193.
Young, T. B., Bruley, D. F., Bungay, A. R. (1970): Biotechnol. Bioeng. *12*, 747.
− Bungay, A. R. (1973): Biotechnol. Bioeng. *15*, 377.

6 Prozeßentwurf
Methoden der Voraussage des Umsatzes bzw. der Produktivität

Im Zusammenhang mit den Arbeitsmethoden der Bioprozeßtechnik in Kapitel 2 wurden die Probleme der Prozeßentwicklung erörtert und der Unterschied zwischen einer empirischen und systematischen Vorgangsweise dargelegt (vgl. Abb. 2.3 und 2.11). Wie aus Abb. 2.9 zu entnehmen ist, bildet der Problemkreis der Umsatzermittlungen die Stufe der Synthese der Daten, die für die Kinetik und die Bioreaktoren nach einer Strategie bestimmt wurden.

Ein Hauptzweck der Ermittlung der Kinetik besteht ja darin (vgl. Kapitel 2.4), mit einiger Sicherheit vorauszusagen, welche Reaktorführung optimalen Umsatz bzw. optimale Produktion erzielen würde. Alle dargestellten Methoden sind in erster Linie als Arbeitshypothesen in Übereinstimmung mit der Strategie nach Abb. 2.13 bzw. 2.11 anzusprechen.

Vielfach dominieren in der Praxis freilich die Probleme der Sterilhaltung, der Stammverbesserung und der Produktaufarbeitung, die ja die Ökonomie wesentlich beeinflussen, so daß eine einmal in Betrieb genommene Anlage mit einem RK nur in den Betriebsbedingungen modifiziert wird und es zu keiner Umstellung auf einen anderen Reaktortyp kommen wird. Bei Neuplanungen werden jedoch Überlegungen des optimalen Reaktortyps bzw. der optimalen Operationsweise mehr ins Blickfeld rücken, besonders wenn für die Zukunft nicht nur small-scale/high-price, sondern auch large-scale/low-price processes konkurrenzfähig werden (vgl. Abb. 1.2).

Die Probleme, die bei verschiedenen Reaktortypen durch Wechselwirkung mit der Physiologie auftreten, werden erst langsam erkannt (Melling, 1977; Finn und Fiechter, 1979).

Das vorliegende Kapitel wird sich also mit den allgemeinen Methoden befassen, die geeignet sind, auf Basis der überwiegend in dkRK ermittelten Kinetik Voraussagen des Prozeßentwurfes zu treffen.

Allen Methoden gemeinsam ist der Grundsatz, daß der Umsatz U sowohl von der Kinetik als auch von den Transportvorgängen abhängig ist. Im Fall der technisch wichtigen aeroben Prozesse läßt sich die *Entwurfsgleichung* für kontinuierliche Verfahren in erster Näherung wie folgt formulieren (Levenspiel, 1972):

$$U = f(r_i, \text{OTR}, \text{VZV}, J). \tag{6.1}$$

Diese Gl. 6.1 stellt eine allgemeine Form des Erhaltungssatzes der Masse dar (vgl. Gl. 2.2), der wie immer den Ausgangspunkt darstellt.

Der Einfluß von OTR auf die Kinetik und damit Produktivität wurde in Gl. 5.64 angedeutet und formuliert, so daß an dieser Stelle in erster Linie der

170   6 Prozeßentwurf

Prozeßentwurf für verschiedene Operationsweisen wie z. B. ideale kRK ein- und mehrstufig mit und ohne Zellrückführung, ideale kRR, kontinuierliche Reaktoren mit beliebiger VZV und Mikromischung und einfache Mehrphasenmodelle in Betracht gezogen werden.

6.1 1-Phasen (L-) Reaktoren vom Typ des kRK: 1-stufiger kRK

Die Bilanzgleichung des kRK, die für den stationären Fall bereits mit Gl. 3.40f genannt wurde, dient als Grundlage zur Beschreibung des Verhaltens einer kontinuierlichen Kultur in einem 1-stufen kRK. Setzt man die Beziehung nach Gl. 5.22 ein, so erhält man für die Gleichgewichtskonzentrationen $\bar{X}$ und $\bar{S}$

$$\bar{X} = Y(S_0 - \bar{S}) \tag{6.2a}$$

$$\bar{S} = D \frac{K_S}{\mu_{max} - D} . \tag{6.2b}$$

Nimmt man die kinetischen Parameter μ_{max}, K_S und Y aus der diskontinuierlichen Kultur als in erster Näherung auch für den kRK als gültig an, so kann man mit Gl. 6.2 das Grundverhalten einer kRK-Kultur voraussagen. Abweichungen durch Nichtübereinstimmung zwischen Kinetik im dkRK und kRK sind in einem zweiten Arbeitsschritt zu berücksichtigen. In Abb. 6.1a sind die Werte für $\bar{X}$ und $\bar{S}$ als Funktion der Verdünnungsgeschwindigkeit der L-Phase D (vgl. Gl. 3.40d) in

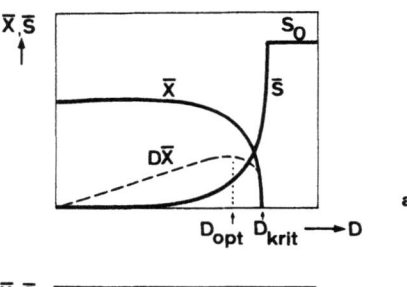

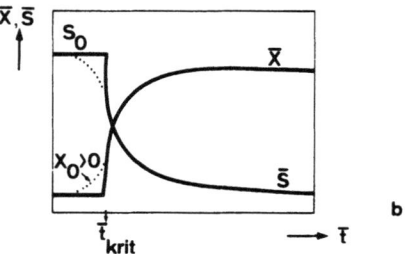

Abb. 6.1. Schematische Darstellung des theoretischen Verhaltens einer kontinuierlichen Kultur von Mikroorganismen mit einfacher Monod-Kinetik in einem Rührkessel (sogenannter Chemo-, Realstat) mit $X_0 = 0$: Stationäre Konzentration der Zellen ($\bar{X}$) bzw. des Substrates ($\bar{S}$) als Funktion der Verdünnungsgeschwindigkeit $D = F/V$ bzw. mittleren Verweilzeit $\bar{t} = 1/D$ in a) bzw. b). In b) ist auch der Fall für $X_0 > 0$ eingezeichnet

graphischer Form aufgetragen und ergeben das typische Bild. Es existiert ein kritischer Wert D_{krit}, wo in 1-stufigem kRK Auswaschen der Zellen erfolgt und ein optimaler Wert D_{opt}, bei dem die Produktivität (Pr) des kRK optimal ist. Diese berechnet sich unter Verwendung von Gl. 6.2.

$$\text{Pr}_{kRK} = D \cdot \bar{X} = D \cdot Y\left(S_0 - D\frac{K_S}{\mu_{max} - D}\right) . \tag{6.3}$$

Die Verdünnungsgeschwindigkeit, bei der Pr_{opt} auftritt, errechnet sich aus der ersten Ableitung der Gl. 6.3 hinsichtlich D, die null zu setzen ist:

$$D_{opt} = \mu_{max}\left(1 - \sqrt{\frac{K_S}{K_S + S_0}}\right), \tag{6.4}$$

so daß der Wert für Pr_{opt} aus Gl. 6.3 und 6.4 berechenbar ist.

Im Vergleich dazu berechnet sich die Produktivität eines dkRK nach Gl. 2.10 unter Verwendung der einfachen Wachstumskinetik zu

$$\text{Pr}_{dk} = \frac{Y \cdot S_0}{\frac{1}{\mu_{max}} \cdot \ln\frac{X_{max}}{X_0} + t_0} . \tag{6.5}$$

Ein Vergleich zwischen kontinuierlichem und diskontinuierlichem Wachstumsprozeß ergibt

$$\frac{\text{Pr}_{kRK}}{\text{Pr}_{dk}} = \ln\frac{X_{max}}{X_0} + t_0 \cdot \mu_{max} \tag{6.6}$$

und läßt erkennen, daß kontinuierliche Prozesse des mikrobiologischen Wachstums mit hohen μ_{max}-Werten (z. B. Hefen und Bakterien) vorteilhaft werden (Aiba et al., 1973).

Analog zu Bild a) in Abb. 6.1 kann die graphische Auftragung von $\bar{X}$ und $\bar{S}$ in Abhängigkeit von der mittleren Verweilzeit $\bar{t}$ dargestellt werden, wie dies in Abb. 6.1b für den Fall $X_0 = 0$ und $X_0 > 0$ gezeigt ist. Der Wert $\bar{t}$ stellt gleichzeitig die mittlere Verweilzeit der Zellen im kRK dar, ist also das sogenannte „Schlammalter" bei biologischen Belebtschlammverfahren.

In gleicher Vorgangsweise können nun verschiedene Funktionen der Kinetik von Bioprozessen nach Kapitel 5.3 herangezogen werden, um das Verhalten im kRK-Prozeß anzugeben (Pirt, 1975).

Mit Gl. 3.42 und 3.43 wurden die Bilanzgleichungen des kRK mit variablem Volumen bereits dargelegt, womit eine Voraussage semi-, dis- und semidiskontinuierlicher Verfahren möglich ist (vgl. Fig. 3.15 und 3.16). So ergibt sich z. B. nach Gl. 3.43 für den quasi-stationären Zustand mit $dX/dt = 0$ und $X \approx Y \cdot S_0$ ein Ausdruck für den Zuwachs an Zellmasse

$$V \cdot \frac{dX}{dt} = F \cdot Y \cdot S_0, \tag{6.7a}$$

so daß daraus die Zellmasse, die in diesem Gleichgewichtszustand geerntet werden kann, $X \cdot V$ [kg], berechnet werden kann:

$$X \cdot V = X_0 \cdot V + F \cdot Y \cdot S_0 \cdot t. \tag{6.7b}$$

Mehrstufige kRK (kRK-Kaskade)

Eine Methode des Entwurfes für NkRK, die erste Abschätzungen erlaubt und als Arbeitshypothese anzusprechen ist (vgl. Abb. 2.13, 2.11 und 6.13), ergibt sich aus einer Analogie zur chemischen Reaktionstechnik mit der sogenannten „periodischen Geschwindigkeitskurve". Danach werden die kinetischen Daten aus den Messungen eines dkRK in eine graphische Auftragung der Form r_X gegen X

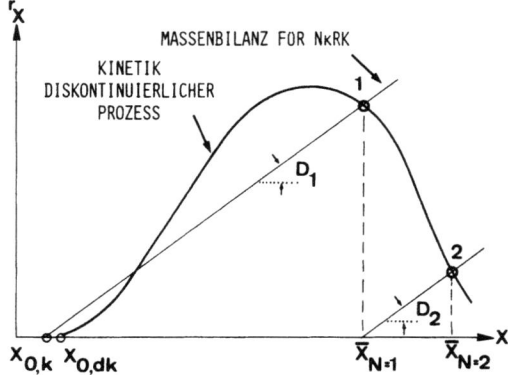

Abb. 6.2. Graphisches Verfahren zur Ermittlung der Durchflußgeschwindigkeit D einer Rührkesselkaskade (NkRK) zur Durchführung eines kontinuierlichen, mikrobiellen Wachstumsprozesses auf Basis diskontinuierlicher Daten. Erklärung s. Text (nach Luedeking und Piret, 1959). Die Kurve der Kinetik diskontinuierlicher Prozesse im r_X/X-Diagramm stellt eine Analogie zur chemischen Reaktionstechnik dar

gebracht (vgl. Abb. 6.2). Der Umsatz ist immer eine Kombination von Kinetik und Massenbilanz, so daß letztere für den N-ten Reaktor des kontinuierlichen Prozesses nach Gl. 3.40e

$$\frac{dX_N}{dt} = \frac{F}{V}(X_N - X_{N-1}) \tag{6.8}$$

in die graphische Darstellung der Abb. 6.2 einzutragen ist.

Für die erste Stufe mit $X_{0,k}$ wird die Gerade entsprechend der Gl. 6.8 mit einer Steigung $F/V_1 = D_1 = \mu_1$ in Abb. 6.2 zu legen sein. Der Schnittpunkt 1 mit der Kurve der Kinetik ergibt die Konzentration an $\bar{X}$ für $N = 1$. Ein optimales Reaktorsystem wird mit maximaler Steigung also bei $D_1 \to \mu_{max}$ arbeiten. Durch die Gefahr des Auswaschens wird jedoch der Wert für D_{opt} nach Abb. 6.1a zu nehmen sein. Der erste Schnittpunkt im unteren Bereich verkörpert einen instabilen Arbeitspunkt (Lag-Phase).

In derselben Art können weitere Geraden für $N = 2,3$ usw. entsprechend Gl. 6.8 mit den jeweiligen Ausgangskonzentrationen des vorherigen Reaktors gelegt werden. Die Steigung der Geraden entspricht jeweils dem Wert für D, z. B. für die zweite Stufe aus einer Bilanz für den stationären Zustand

$$\mu_2 = D_2 \frac{\bar{X}_2 - \bar{X}_1}{\bar{X}_2}. \tag{6.9}$$

Bei F = konstant für das Gesamtsystem kann somit eine Optimierung der Volumina der einzelnen Stufen der Kaskade vorgenommen werden.

Beim Entwurf dieser Einstrom-NkRK ist zu bedenken, daß damit keine Optimierung der Produktivität erzielt wird, sondern eine Umsatzoptimierung. Zur Verdeutlichung dessen wird in Abb. 6.3 ein Diagramm in der Art der Abb. 6.1 für einen 2-stufigen Prozeß dargestellt (Herbert, 1964). Man erkennt, daß die

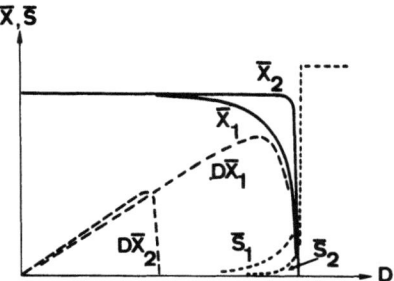

Abb. 6.3. Theoretische Beziehung zwischen stationären Werten der Zellmassekonzentrationen $\bar{X}_1$ und $\bar{X}_2$ bzw. Substratkonzentrationen $\bar{S}_1$ und $\bar{S}_2$ und der Durchflußgeschwindigkeit für einen Einstromprozeß in einer Rührkesselkaskade mit $N = 2$. Die Produktivitäten sind mit $D\bar{X}$ eingezeichnet (nach Herbert, 1964)

Produktivität des 2-stufigen kRK (Pr = $D \cdot \bar{X}_2$) kleiner als $D \cdot \bar{X}_1$ ist, jedoch der S-Abbau ($\bar{S}_2$) vollständiger als beim 1-stufigen kRK ($\bar{S}_1$) erfolgt.

Diese Prozeßführungsvariante wird demnach besonders im Fall teurer Substrate anzuwenden sein, z. B. Steroidtransformation (Ryu und Lee, 1975), oder auch, wenn geringe Ausflußkonzentrationen wie in der biologischen Abwasserreinigung gefordert werden.

Mit Hilfe eines 2-stufigen Prozesses kann auch eine kontinuierliche Kultur mit wirklich maximaler Wachstumsgeschwindigkeit aufrechterhalten werden, was bei 1-stufigem Verfahren nicht möglich ist.

kRK mit Zellrückführung

Die Produktivität des kRK läßt sich durch Anwendung einer Zellmasserückführung wesentlich erhöhen, wobei gleichzeitig eine Aufkonzentrierung der Zellkonzentration in einem Absetzbecken oder Zentrifuge mit dem Faktor $\beta = X_r/X$ erfolgt. Mit einem Rückführstrom der Stärke F_r und $r = F_r/F$ ergibt eine Massenbilanz für X und S (vgl. Abb. 6.4a) (Humphrey, 1978)

$$\frac{dX}{dt} = D \cdot 0 + r \cdot D \cdot X_r + \mu \cdot X - D(1+r)X \qquad (6.10a)$$

$$\frac{dS}{dt} = D \cdot S_0 + r \cdot D \cdot S - \frac{\mu \cdot X}{Y} - D(1+r)S \qquad (6.10b)$$

und im Gleichgewichtszustand mit $\bar{X}$ und $\bar{S}$ ergibt sich dafür

$$\bar{X} = \frac{D}{\mu} Y (S_0 - \bar{S}) \qquad (6.11a)$$

mit

$$\overline{S} = K_S \frac{\mu}{\mu_{max} - \mu} \tag{6.11b}$$

und $\overline{X}_{ex} = Y(S_0 - \overline{S})$. (6.11c)

Im Vergleich zum kRK ohne Rückführung mit $\mu = D$ gilt für den kRK mit Zellrückführung

$$\mu = D(1 + r - r \cdot \beta) \tag{6.12}$$

so daß in diesem Fall also mit höheren Zellkonzentrationen

$$\overline{X}_{rkRK} = \overline{X}_{kRK}(1 + r - r \cdot \beta) \tag{6.13}$$

operiert werden kann. Damit können also höhere Durchflußgeschwindigkeiten als im kRK erreicht werden, das Auswaschen erfolgt erst bei höheren Werten für D. Wie aus Abb. 6.4b ersichtlich ist, resultiert damit auch eine höhere Produktivität.

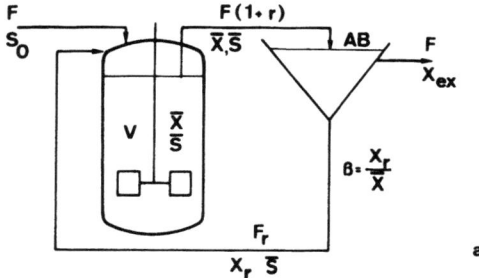

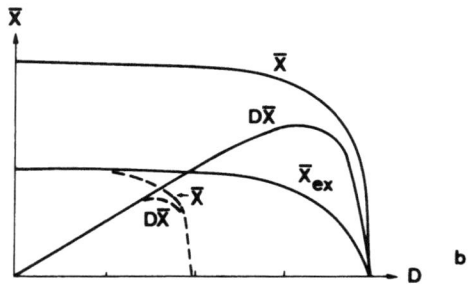

Abb. 6.4. Fließbild eines kontinuierlichen Rührkessels mit Zellmasserückführung (Recyclestromstärke F_r) der durch ein Absetzbecken AB aufkonzentrierten Zellmasse (Eindickungsverhältnis β) in a) und theoretische Beziehung zwischen stationären Zellmassekonzentrationen $\overline{X}$ und der Durchflußgeschwindigkeit D in b) (nach Herbert, 1960). Zum Vergleich sind die Werte für den 1-stufigen kRK eingetragen (– – –)

Der Fall einer Kaskade mit Zellrückführung mit einer größeren Zahl von kRK wurde von Powell und Lowe (1964) untersucht und zeigt, daß mit $N \geqslant 5$ annähernd das Verhalten eines Rohrreaktors erzielt werden kann (vgl. Kapitel 3.3). Damit ist auch die S-Ausnutzung besser, wie übrigens in allen Reaktoren mit Pfropfenströmungscharakteristik. Diese Aussage steht im Einklang mit Abb. 6.3.

6.2 1-Phasen (L-) Reaktoren: Vergleich zwischen idealem kRR und idealem kRK

Reaktorsysteme mit Pfropfenströmung, d. h. $N \geqslant 5$ bzw. $Bo \geqslant 7$ (vgl. Kapitel 3.3) sind im Unterschied zu RK-Typen durch eine enge Verweilzeitverteilung charakterisiert. Die Auswirkungen auf Bioprozesse lassen sich anhand der Abb. 6.5 diskutieren, in der die $f(t)$-Funktionen des idealen kRK und des idealen kRR

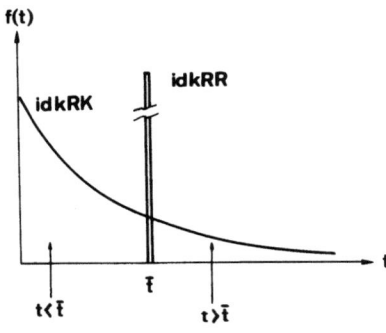

ANTEIL DER ZELLEN IM IDEALEN KONTINUIERLICHEN ROHRKESSEL, DIE NICHT ZUR PRODUKTION BEITRAGEN

ANTEIL DER ZELLEN IM IDEALEN KONTINUIERLICHEN ROHRKESSEL, DIE ZUR PRODUKTION BEITRAGEN

Abb. 6.5. Schematische Darstellung des Vergleiches zwischen idealem kontinuierlichem Rührkessel (id kRK) und idealem kontinuierlichem Rohrreaktor (id kRR) im Falle von Bioprozessen, die die Einhaltung einer bestimmten Verweilzeit $\bar{t}$ verlangen. (Produktion sekundärer Metaboliten $\bar{t} = t_M$; Sterilisation $\bar{t} = t_{St}$; Hitzebehandlung von Lebensmitteln)

gegenübergestellt sind (vgl. Abb. 3.7a). Für Bioprozesse, die die Einhaltung einer bestimmten Reaktionszeit erfordern, wird sich also ein beträchtlicher Vorteil für kRR ergeben. Beispiele für derartige Bioprozesse sind die Bildung sekundärer Stoffwechselprodukte, die Sterilisation zur Abtötung von Zellen und Sporen bzw. die Hitzebehandlung von Lebensmitteln.

Fermentationsprozesse zur Produktion sekundärer Metaboliten

Die Kinetik der Produktion sekundärer Metaboliten kann mit Hilfe des Reifezeitkonzeptes nach Gl. 5.49 erfaßt werden, so daß für eine kontinuierliche Durchführung derartiger Produktionen die Bedingung $\bar{t} = t_M$ einzuhalten ist, d. h. die mittlere Verweilzeit der Flüssigkeit (mit den suspendierten Zellen) $\bar{t}$ muß gleich der Reifezeit t_M sein.

Diesem Konzept zufolge werden in einem kRK alle Zellen mit $t < \bar{t}$, d. h. $t < t_M$ noch nicht „reif" zur Produktion sein. Nur die Zellen mit einer Verweilzeit $t \geqslant \bar{t}$, d. h. $t \geqslant t_M$ werden zur Produktion beitragen. Mit Hilfe der mathematischen Funktion der Verweilzeit der L-Phase des kRK nach Gl. 3.11 kann die Zellverweilzeitverteilung mit

$$X(t) \equiv \bar{X} \equiv f(t) = D \cdot e^{-D \cdot t} \tag{6.14}$$

176 6 Prozeßentwurf

angeschrieben werden. Die Produktkonzentration wird sich demnach aus Gl. 5.49 ergeben:

$$\bar{P} = Y_{P/X} \cdot \int_{t_M}^{\infty} X(t) \cdot dt = Y_{P/X} \cdot \bar{X} \cdot e^{-D \cdot t_M}. \tag{6.15}$$

In einem kRR hingegen, mit $\bar{t} = t_M$, wird die maximale Produktivität sich einfach direkt aus

$$\text{Pr}_{max, kRR} = D \cdot \bar{P} = D \cdot \bar{X} \cdot Y_{P/X} \tag{6.16}$$

berechnen, da alle Zellen dieselbe optimale Verweilzeit haben. Ein Vergleich zwischen Gl. 6.15 und 6.16 läßt unschwer erkennen, daß die Produktivität im kRR der des kRK überlegen ist (vgl. Abb. 6.5).

Ein zusätzlicher Vorteil zugunsten des kRR in diesem Fall resultiert aus der Tatsache, daß Sekundär-Metaboliten wie z. B. Penicillin bei zu langer Verweilzeit im Reaktor „zerfallen". Dies wurde in Gl. 5.50 formuliert. Damit würde für alle Zellen im kRK mit $t > t_M$, die zur Produktion erst fähig sind, gleichzeitig dieser negative Effekt durch den Zerfallsterm ($-k_{PZ}$) überlagert sein.

Sterilisation

Die Kinetik des Abtötens von mikrobiellen Zellen nach Gl. 5.76a gehorcht formal dem Gesetz erster Reaktionsordnung hinsichtlich der Zellzahl:

$$\ln \frac{N_0}{N_{St}} = -k_d(T) \cdot t_{St}. \tag{6.17}$$

Aus einer logarithmischen Auftragung der Zellzahl gegen die Zeit wird also für eine gegebene Temperatur eine Gerade mit der Steigung k_d entstehen, die für einen bestimmten gewünschten Endwert der Sterilisation N_{St} (sogenanntes Sterilisationsniveau, meist mit 10^{-4} angenommen) eine gewisse Reaktionszeit für die Sterilisation t_{St} einzuhalten gebietet.

Mit der Bedingung $\bar{t} = t_{St}$ können analoge Überlegungen zu Abb. 6.5 angestellt werden, die wiederum die prozeßtechnischen Vorteile von kRR gegenüber kRK zur Aussage haben.

Für eine praktische Berechnung im Falle der Sterilisation muß noch das T/t-Profil des kontinuierlichen Sterilisators berücksichtigt werden, da k_d nach Gl. 5.2 temperaturabhängig ist. Zur Festlegung der effektiven Haltezeit bei der Sterilisationstemperatur wird folgender Ansatz grundsätzlich als Entwurfskriterium verwendet, wobei das Integral für die Aufheiz- und Abkühlphase graphisch bestimmt werden kann (Aiba et al., 1973):

$$\ln \frac{N_1}{N_2} = k_\infty \cdot \int_{t_1}^{t_2} e^{-E_a/RT} \cdot dt. \tag{6.18}$$

Weiters kann im Realfall eine Abweichung von der idealen Pfropfenströmung mit Hilfe des Dispersionsmodells nach Gl. 3.4 erfaßt werden, wobei ein Reaktionsterm entsprechend der Kinetik hinzuzufügen ist. Unter Verwendung einer dimensionslosen Größe für die Kinetik, der *Damköhlerschen Zahl 1. Art* Da_I nach

$$Da_I = \frac{k_d \cdot L}{v} \tag{6.19}$$

ergibt sich für den Fall ausgeprägter Pfropfenströmung die Lösung

$$\frac{N(L)}{N_0} = \exp\left(-Da_I + \frac{Da_I^2}{Bo}\right) \tag{6.20}$$

die als Nomogramm zur Ermittlung von t_{St} in Abhängigkeit von Bo bei verschiedenen k_d-Werten dienen kann (Aiba et al., 1973).

Die Berechnung von Sterilisationen kann ebenso auch mit Hilfe der Gl. 6.21, 6.22 sowie 6.24 vorgenommen werden.

Lebensmitteltechnik

Ein gleichlautendes Problem läßt sich im Falle der Hitzebehandlung zur Konservierung von Lebensmitteln formulieren, nur daß durch das Mehrkomponentensystem (vgl. Kapitel 5.6) komplexere Zustände auftreten (Qualitätsansprüche). Das Mehrkomponentensystem besteht aus mikrobiellen Zellen, Sporen, Enzymen, Vitaminen, Farbstoffen wie Chlorophyll, Aminosäuren sowie dem unerwünschten Auftreten von Bräunungsreaktionen. Eine Hitzebehandlung soll nun Zellen, Sporen und Enzyme inaktivieren, um zur Haltbarkeit zu gelangen, ohne gleichzeitig die Qualität durch Zerstören der Vitamine, des Aromas, der Farbe und durch Bräunungsreaktionen zu beeinträchtigen. Damit ist die Verwendung von kRR von Vorteil, wobei die Verweilzeit wieder gleich der Sterilisationszeit t_{St} ist. Als Maß dafür wird ein hitzebeständiges Enzym, die Peroxidase genommen, deren k-Wert zwischen den kinetischen Konstanten der gewünschten und unerwünschten Reaktionen liegt (vgl. Abb. 5.23). Diese prozeßtechnischen Vorteile für kRR müssen auch bei der Einführung neuer Technologien wie z. B. der Wirbelschichtreaktoren berücksichtigt werden (Baxerres et al., 1977).

Prozesse mit Enzymkinetik (Wachstumsprozesse der Fermentationstechnik und Enzymtechnik)

Waren die Vorteile von kRR gegen kRK in allen bisherigen Fällen klar gegeben, so sind die Verhältnisse bei Prozessen, denen auch formal eine Enzymkinetik zugrunde liegt, eben durch diese Kinetik nicht so deutlich. Die Enzymkinetik nach Gl. 2.17 bzw. die Monod-Kinetik nach Gl. 4.15 beinhalten die Grenzfälle der Reaktionsordnung null (vgl. Gl. 4.21) und eins (vgl. Gl. 4.18) hinsichtlich S, je nachdem, welchen Wert das Verhältnis K_S/S einnimmt.

Für den dkRK gilt Gl. 2.2c und mit der kinetischen Ähnlichkeit auch für den idealen kRR (Gl. 3.44), so daß die zur Erzielung eines gewünschten Umsatzes U_{ex} nötige mittlere Verweilzeit $\bar{t}$ nach

$$t_{dkRK} \equiv \bar{t}_{kRR} = -\int_{c_0}^{c_{ex}} \frac{1}{r}\,dc \equiv c_0 \int_{U_0}^{U_{ex}} \frac{1}{r}\,dU \tag{6.21a}$$

berechnet werden kann.

178   6 Prozeßentwurf

Für den idealen kRK herrscht eine konstante Konzentration ($c_R = c_{ex}$) und somit

$$\bar{t}_{kRK} = \frac{c_{ex} - c_0}{r} \equiv -c_0 \frac{U_{ex}}{r} \; . \tag{6.22a}$$

Gl. 6.21a und 6.22a sind allgemein verwendbar (z. B. Sterilisation) und können im Falle einer Enzymkinetik für den S-Abbau eines Bioprozesses wie folgt formuliert werden

$$\bar{t}_{kRR} = \int_{S_0}^{S_{ex}} \frac{Y(K_S + S)}{\mu_{max} \cdot S \cdot X} \, dS \tag{6.21b}$$

bzw.

$$\bar{t}_{kRK} = \frac{(S_0 - S_{ex}) Y (K_S + S)}{\mu_{max} \cdot S \cdot X} \; . \tag{6.22b}$$

Daraus ist mit $\bar{t} = V/F$ das jeweilige Volumen berechenbar, das für einen bestimmten Umsatz im kRR bzw. kRK nötig ist. Das Ergebnis derartiger Berechnungen ist in Abb. 6.6 als Verhältnis der Volumina V_{RK}/V_{RR} in Abhängigkeit vom K_S-Wert angegeben (Moser et al., 1974b). Die verschiedenen Kurven gelten für verschiedene Werte von S_0 und S_{ex} bzw. für verschiedenen Umsatz. Aus dieser Darstellung kann der entscheidende Einfluß des K_S-Wertes entnommen werden. Der K_S-Wert bestimmt, ob für einen kontinuierlichen Bioprozeß kRR Vorteile gegenüber kRK aufweisen könnten. Auf die Wichtigkeit des K_S-Wertes wurde schon früher hingewiesen (vgl. Kapitel 5.6). Der Bereich des numerischen Wertes für K_S ist für Enzymreaktionen sehr niedrig und bewegt sich auch für mikrobielles Wachstum bei niederkonzentrierten Verhältnissen in der Größenordnung von 10 mg/l (Monod, 1942). In der Literatur sind große Schwankungen bei der Angabe des K_S-Wertes für biotechnische Prozesse vorhanden, so daß für die graphische Auftragung in Abb. 6.6 Werte bis 200 mg/l genommen wurden. Das Auftreten pseudokinetischer Parameter verunsichert gerade im Fall des K_S-Wertes

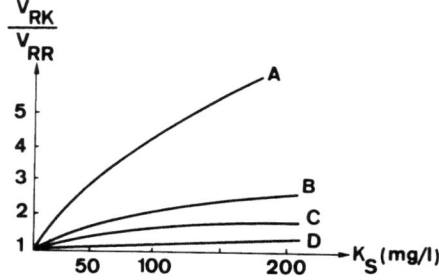

Abb. 6.6. Rechnerischer Vergleich des Reaktorvolumes eines Rührkessels (V_{RK}) und eines Rohrreaktors (V_{RR}) (vgl. Gl. 6.21 und 6.22) zur Demonstration des Einflusses des K_S-Wertes auf den Umsatz kontinuierlicher Bioprozesse mit Monod-Kinetik (Moser et al., 1974b)

	S_0 (g/l)	S (g/l)	U (%)
Kurve A	0,5	0,02	96
B	0,1	0,02	80
C	0,5	0,1	80
D	0,2	0,1	50

die Aussagekraft. Auch sind große Unterschiede zwischen den Werten aus dis- und kontinuierliche Verfahren vorhanden, so daß der K_S-Wert am sichersten direkt aus kontinuierlichen Prozessen bestimmt werden sollte.

Doch selbst bei niedrigen K_S-Werten ist ein deutlicher Volumenvorteil für den kRR gegeben, wie aus Abb. 6.6 entnommen werden kann, wenn auf hohen Umsatzgrad, d. h. niedere Endwerte von S ($S_{ex} \approx 20$ mg/l) Wert gelegt wird! Derartig niedrige Konzentrationen werden vor allem bei der biologischen Abwasserreinigung gefordert, so daß Reaktoren vom Typ des kRR vorgeschlagen wurden (Moser, 1977; Wolfbauer et al., 1978). Im Falle von Fermentationsprozessen mag normalerweise diese Bedingung nicht so wichtig sein, höchstens im Falle teurer Substrate, so daß der Vorteil von kRR noch nicht zum Tragen kommt (Finn und Fiechter, 1979).

Prinzipiell weisen alle Reaktoren vom Typ des kRR (Rohr-, Blasensäulen-, Turmreaktoren u.ä.m.) den Vorteil auf, maximale Produktivität und maximalen Umsatz gleichzeitig in einem einzigen Reaktor zu realisieren.

Betrachtet man die Wirklichkeit verschiedener Prozesse, so weisen diese eine verschiedene Art von Kinetik auf. Wie in Abb. 6.7 dargestellt, zeigen Reaktionsbzw. Umsetzungs- oder Bildungsgeschwindigkeiten unterschiedlichen Verlauf in Abhängigkeit von der Konzentration: *normalkatalytische Prozesse* wie im Fall der Enzymtechnik (Bild a) oder *autokatalytische Prozesse* in Bild b), die dominierend beim mikrobiologischen Wachstum sind (vgl. Gl. 2.6) (Levenspiel, 1972). Biotechnische Prozesse stellen eine Kombination dar, indem eine autokatalytische Phase zu Beginn in eine mit normaler Kinetik übergeht (nach der exponentiellen Wachstumsphase).

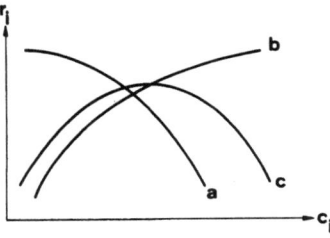

Abb. 6.7. Die Abhängigkeit der Reaktions- bzw. Bildungs- oder Umsetzungsgeschwindigkeit r_i von der Konzentration c_i einer Komponente i im Falle *a* normalkatalytischer Prozesse (z. B. Enzymtechnik), *b* autokatalytischer Prozesse (z. B. biologisches Wachstum), *c* biotechnischer Prozesse (Fermentations-, Abwassertechnik mit Wachstum und Produktbildung)

Erinnert man sich an die Entwurfsgleichung für den kRR bzw. kRK, so ergibt sich, daß $\bar{t}$ graphisch aus einem Diagramm $1/r$ gegen c ermittelt werden kann! Entsprechend Gl. 6.22a ist $\bar{t}_{kRK}$ die Fläche des Rechteckes mit der Endkonzentration des gewünschten Umsatzes bzw. nach Gl. 6.21a entspricht die Fläche unter der Kurve dem Wert für $\bar{t}_{kRR}$. Wählt man also in Anlehnung an Abb. 6.7 eine entsprechende Darstellung der Kinetik verschiedener Prozesse, wie sie in Abb. 6.8a–c gezeichnet sind, so kann $\bar{t}$ ermittelt werden. Man erkennt, daß im Fall normalkatalytischer Prozesse, z. B. der Enzymtechnik, kRR immer vorteilhaft sein werden (Lilly und Dunnill, 1971, 1972; Wandrey et al., 1979), während für biotechnische Prozesse meist eine Kombination eines kRK und eines kRR in zweiter Stufe optimal sein wird (Bischoff, 1966; Levenspiel, 1972; Topiwala, 1974).

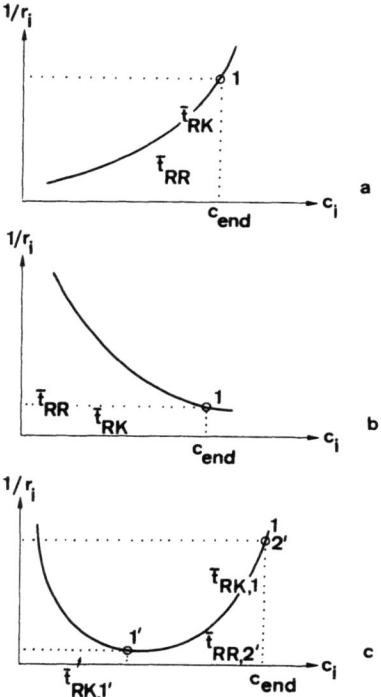

Abb. 6.8. Diagramme der reziproken Reaktionsgeschwindigkeit $1/r_i$ als Funktion der Konzentration c_i nach Levenspiel (1972) von Prozessen entsprechend Abb. 6.7 *a–c*, die nach Gl. 6.21 und Gl. 6.22 zur graphischen Ermittlung der mittleren Verweilzeit von kontinuierlichen Rührkesseln (kRK) und kontinuierlichen Rohrreaktoren (kRR) herangezogen werden können

Die in Abb. 6.8a–c dargestellte Ermittlung von $\bar{t}$ kann rein graphisch vorgenommen werden, oder aber auch mit Hilfe mathematischer Formulierungen der Kinetik (vgl. Gl. 6.21b und 6.22b). Unter Verwendung von Umsatzvariablen auf Basis des relativen Umsatzes (vgl. Gl. 2.11b) nach Topiwala (1974)

$$U_{rel} = \frac{X}{Y \cdot S_0} \tag{6.23}$$

ergibt sich aus Gl. 6.21b

$$\bar{t}_{kRR} = \int_0^{U_{ex}} \frac{1}{r_X} \cdot Y \cdot S_0 \cdot dU = \int_0^{U_{ex}} \frac{K_S/S_0 + (1-U)}{\mu_{max}(1-U)} dU = \int_0^{U_{ex}} f(U) \cdot dU \tag{6.24}$$

und aus Gl. 6.22 b

$$\bar{t}_{kRK} = f(U) \cdot (U_{ex} - U_0), \tag{6.25}$$

wobei
$$f(U) = X_{max}/r_X. \qquad (6.26)$$

Dieselbe Strategie und graphische Auftragung verwendet Ricica (1969a,b) für den Entwurf einer kRK-Kaskade zur Produktion von sekundären Metaboliten (Streptomycin) und wählt als Kriteria für die verschiedenen 6 Stufen die Werte von μ_{max}, σ_{max}, pH_{opt}, π_{max}, S_{min} und P_{max}.

6.3 1-Phasen (L-) Reaktoren mit beliebiger Verweilzeit und Mikro-Mischung

Graphische Methode

Für nicht-autokatalytische Prozesse beschreibt Reusser (1961) eine graphische Vorgangsweise zur Voraussage der Ausbeute, die in einem kontinuierlichen Reaktor beliebiger Verweilzeit zu erwarten ist, wenn die Kinetik aus dem diskontinuierlichen Prozeß bekannt ist. Eine mathematische Formulierung ist damit nicht verbunden.

In Abb. 6.9a ist ein Doppeldiagramm des Zeitverlaufes der diskontinuierlichen Kinetik und der VZV des kontinuierlichen Reaktors gezeichnet, wobei normierte Werte zum leichteren Vergleich verwendet werden (P_{end} = Endkonzentration zur

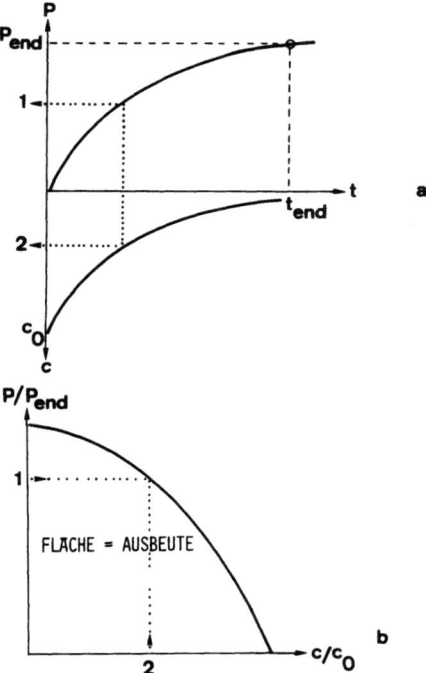

Abb. 6.9. Ermittlung der in einem geplanten kontinuierlichen normalkatalytischen Prozeß zu erwartenden Ausbeute an Produkt: Doppeldiagramm des Konzentrations/Zeit-Verlaufes der Produktion im diskontinuierlichen Prozeß $(P/P_{end})/(t/t_{end})$ und der Kurve des kontinuierlichen Reaktors mit beliebiger Verweilzeitverteilung (c/c_0) in a) und Ermittlungsdiagramm in b). Erklärung im Text (nach Reusser, 1961)

182　6 Prozeßentwurf

Zeit t_{end}; c_0 = gesamte Impulskonzentration, die zu Beginn der VZV-Messung zugegeben wurde).

Dieses Diagramm kann nun dazu dienen, die t-Achse zu eliminieren, indem für jeweils t = konstant von der Kurve der Kinetik und VZV die Werte abgelesen und in ein eigenes Diagramm (vgl. Abb. 6.9b) eingetragen werden. Die Fläche unter der so entstandenen Kurve ergibt direkt die Ausbeute, die im stationären Zustand des kontinuierlichen Verfahrens zu erwarten ist.

Diese graphische Methode gilt nur für Fälle, wo die Reaktionsgeschwindigkeit mit der Konzentration absinkt (vgl. Abb. 6.7a), und wurde z. B. für die Antibiotikaproduktionsvoraussage verwendet.

Für autokatalytische und biotechnische Prozesse nach Abb. 6.7b und c kann eine dem Sinn nach identische Methode zum Ziel führen, wobei die Lösung nur mit Hilfe der mathematischen Formulierung erreichbar ist (vgl. Gl. 6.27 und 6.29).

Berechnung

Die einfachste Vorstellung eines Reaktors ist die, daß sich jedes unabhängige Flüssigkeitselement wie ein dkRK verhält. Dies ist der Fall des Mikromischungsmodells der *totalen Segregation* mit $J = 1$ (vgl. Abb. 3.2b). Die ausströmende Flüssigkeit ist dann der Mittelwert aller einzelnen dkRK, die im Gesamtsystem für verschiedene Zeitlängen verweilten. In mathematischer Formulierung ausgedrückt ist die Ausflußkonzentration durch Gl. 6.27 gegeben (Danckwerts, 1958):

$$c_{\text{ts}} = \int_0^\infty c_{\text{dk}}(t) \cdot f(t)\, dt \tag{6.27}$$

mit $f(t)$ = VZV-Funktion nach der Impulsmethode (vgl. Gl. 3.5 bzw. 3.10) und c_{dk} = Konzentration der Komponente im dkRK.

Auf das Beispiel der Sterilisation (vgl. Gl. 5.76a) angewendet, ergibt sich für den Konzentrationswert aus dem dkRK der Ausdruck

$$N = N_0 \cdot e^{-k_{\text{d}} \cdot t} \text{St}, \tag{6.28a}$$

so daß damit die Sterilisation z. B. in einem kRK mit der VZV nach Gl. 3.11 berechnet werden kann:

$$N_{\text{St}} = \int_0^\infty N_0 \cdot e^{-k_{\text{d}} \cdot t} \text{St} \cdot \frac{1}{\bar{t}} \cdot e^{-t/\bar{t}} \cdot dt. \tag{6.28b}$$

Betrachtet man den zweiten Grenzfall des Mikromischens aus Abb. 3.2, den Zustand der *maximalen Mischung* (mm) mit $J = 0$, so unterscheiden sich die Flüssigkeitselemente im Reaktor durch ihre „Lebenserwartungen" ($\lambda = 1 - \bar{t}$). Aus einer differentiellen Massenbilanz ergibt sich nach Vereinfachungen (Zwietering, 1959)

$$\frac{dc}{dt} = r + \frac{f(t)}{1 - F(t)} \cdot (c - c_0). \tag{6.29}$$

Für den Fall einer Reaktion erster Ordnung geht Gl. 6.29 in die einfachere Gl. 6.27 über.

Diese Ansätze für totale Segregation und maximale Mischung wurden für die Vorausberechnung mikrobiellen Wachstums mit Gl. 5.22 und Gl. 2.8a in kRK und kRR verwendet (Tsai et al., 1969, 1971; Fan et al., 1970, 1971). Das Ergebnis ist graphisch in Abb. 6.10 dargestellt, wobei die Form des Diagramms der

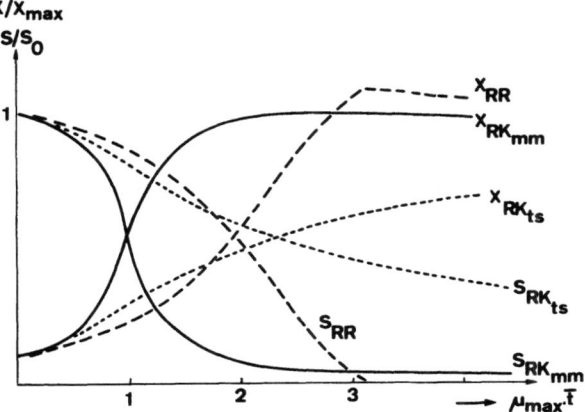

Abb. 6.10. Darstellung eines Diagrammes der dimensionslosen Konzentrationen von Zellmasse X und Substrat S einer kontinuierlichen Kultur in Abhängigkeit von der dimensionslosen mittleren Verweilzeit $\bar{t}$ in Art der Abb. 6.1b mit $X_0 > 0$: Rechnerischer Vergleich zwischen kontinuierlichem Rührkessel mit maximaler Mischung (RK_{mm}) bzw. mit totaler Segregation (RK_{ts}) und kontinuierlichem Rohrreaktor (RR) unter Annahme einer Kinetik nach Gl. 2.8a und 5.32 mit 5.22 (Tsai et al., 1969)

Abb. 6.1b mit $X_0 > 0$ gewählt ist. Man erkennt, daß im Bereich $0 < \mu_{max} \cdot \bar{t} < 2$ die Konzentration an X im kRK_{mm} höher ist als die entsprechende Konzentration im kRK_{ts} bzw. im kRR. Damit ist der Einfluß des Mikrovermischens deutlich gemacht. Weiters sieht man noch in Übereinstimmung mit Abb. 6.6 die Tatsache, daß restloser S-Abbau im kRR früher als im kRK eintritt und auch etwas höhere X-Konzentrationen bei den gegebenen K_S-Werten im kRR vorhanden sind.

Abschließend sei noch erwähnt, daß der Einfluß des Makromischens im Falle einer Reaktion mit $n = 0$ bedeutungslos ist, während dasselbe für die Mikromischung im Falle $n = 1$ gilt. Modell-Untersuchungen des Mikrovermischens werden daher bei chemischen Reaktionen mit $n = 2$ durchgeführt (Danckwerts, 1958).

6.4 Pseudohomogenes Modell für Film-Bioreaktoren

Mit der Annahme der Pseudohomogenität nach Kapitel 4.2, d. h. daß kein Konzentrationsprofil in S über den Querschnitt eines Tropfkörpers auftritt, können die komplizierten Modelle für Film-Bioreaktoren vereinfacht werden (Kornegay und Andrews, 1969).

184 6 Prozeßentwurf

Kinetik als geschwindigkeitsbestimmender Schritt

Da die Flüssigkeit mit der Stärke F [m³/h] in Pfropfenströmung über die Länge des Reaktors einen Gradienten aufweist, wird die Massenbilanz für S über ein differentielles Volumenelement in Anlehnung an Abb. 3.19 und Gl. 3.45a ohne Rückführung lauten:

$$F(S + dS) = F \cdot S - r_S \cdot dV_X \qquad (6.30a)$$

bzw.

$$F \cdot dS = -\frac{\mu}{Y} \cdot X \cdot dV_X. \qquad (6.30b)$$

Der ausschlaggebende Wert für X ist freilich nicht die gesamte Masse an X, sondern die aktive Masse des Filmes an der äußeren Oberfläche. Das Volumen der aktiven Biomasse V_X kann als das Produkt der differentiellen Dicke dz, des Querschnitts A, der spezifischen Oberfläche des Tropfkörpers a_S [m²/m³] und der Filmdicke d ausgedrückt werden

$$dV_X = a_S \cdot d \cdot A \cdot dz, \qquad (6.31)$$

so daß die Endgleichung für die S-Verbrauchsgeschwindigkeit mit der Tiefe

$$-\frac{dS}{dz} = \frac{\mu}{Y} \cdot a_S \cdot X \cdot d \cdot A \cdot \frac{1}{F} \qquad (6.32)$$

lautet. Mit der Monod-Kinetik wird damit die Massenbilanz

$$F \cdot dS + \frac{\mu_{max} \cdot X \cdot S \cdot a_S \cdot d \cdot A}{Y(K_S + S)} \, dz = 0. \qquad (6.33)$$

Mit konstanter Filmdicke und konstantem K_S-Wert ergibt die Integration in den Grenzen $z = 0$ mit S_0 und $z = z$ mit S_{ex} die Gl. 6.34, die den S-Verbrauch im Tropfkörper mit Pfropfenströmung und Monod-Kinetik beschreibt:

$$\ln \frac{S_{ex}}{S_0} = \frac{S_0 - S_{ex}}{K_S} - \frac{\mu_{max} \cdot a_S \cdot d \cdot X \cdot z}{Y \cdot K_S \cdot F}. \qquad (6.34)$$

Eine entsprechende graphische Auftragung von $\ln S_{ex}/S_0$ gegen $(S_0 - S_{ex})$ ergibt eine Gerade mit der Steigung $1/K_S$, wobei aus dem Achsenabschnitt $S_{ex}/S_0 = 1$ der Wert für den zweiten Term auf der rechten Seite der Gl. 6.34 abgelesen werden kann. Sowohl dieser Wert als auch K_S hängen von der Durchflußgeschwindigkeit F ab und sind somit pseudokinetische Konstanten, die jedoch aus Experimenten bei variiertem F bestimmbar sind. Die Übereinstimmung zwischen Pfropfenströmungsmodell und Experimenten wird von den Autoren mit einem Korrelationskoeffizienten $r = 0,96$ angegeben!

Transportvorgänge als geschwindigkeitsbestimmender Schritt

Wird die S-Verbrauchsgeschwindigkeit nicht von der Kinetik, sondern — was im Fall von Tropfkörpern wahrscheinlicher ist — von der Transportgeschwindigkeit des Substrates durch die L/S-Oberfläche (k_{L2} in Abb. 4.16) bestimmt, so ergibt eine differentielle Massenbilanz

$$F \cdot dS = -k_{L2} \cdot a_S (S_L - S_S^*) \cdot A \cdot dz \qquad (6.35)$$

und da bei Transportlimitierung $S_S^* \to 0$, resultiert nach Integration der Gl. 6.35 die Beziehung:

$$\ln \frac{S_{ex}}{S_0} = - \frac{k_{L2} \cdot a_S \cdot z}{F/A} \quad . \tag{6.36}$$

Nach La Motta (1976) ist

$$k_{L2} = k_{L2}^0 \cdot v_{S,L}^{0,7} \tag{6.37}$$

mit $v_{S,L}$ = superfizielle Strömungsgeschwindigkeit der L-Phase, die identisch mit (F/A) ist, so daß

$$\frac{S_{ex}}{S_0} = \exp\left[-\frac{(k_{L2}^0 \cdot a_S) z}{v_{SL}^{0,3}}\right] \quad . \tag{6.38}$$

Dieses Ergebnis der Ableitung eines Reaktormodells unter der Voraussetzung der Stofftransportlimitierung wird durch empirisch ermittelte Modellgleichungen, die eine formale Reaktionsordnung von 1 aufweisen, gestützt. Diese zeigen dieselbe Form der Gl. 6.38, wobei $(k_{L2}^0 \cdot a_S)$ und die Hochzahl für v_{SL} als empirisch zu ermittelnde Koeffizienten auftauchen (Eckenfelder, 1966; Oleszkiewicz, 1977).

6.5 G/L-Reaktormodell für Bioprozesse

Bestehen für Bioreaktoren keine Zweifel, daß im Fall von filmförmiger Geometrie der Biomasse ein heterogener Modellansatz eher der Realität entspricht und bestenfalls durch einen Wirkungsgrad pseudohomogen betrachtet werden kann, so ist im Fall der G/L-Grenzfläche noch nicht restlos gesichert, ob Transportbeschleunigungen bei Bioprozessen auftreten (vgl. Kapitel 4.4).

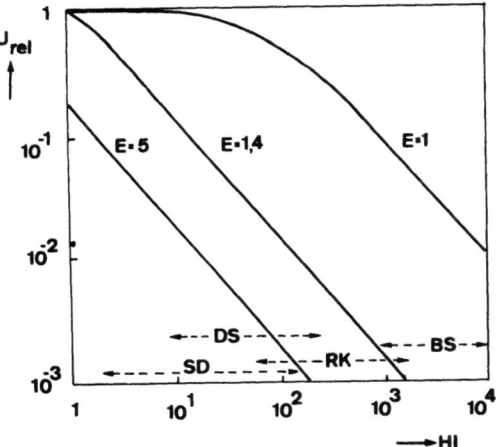

Abb. 6.11. Abhängigkeit des relativen Umsatzes U_{rel} vom Hinterlandsverhältnis Hl in G/L-Reaktoren (Blasensäulen BS, Rührkessel RK, Dünnschichtreaktoren DS, Strahldüsenreaktoren SD) im Falle von aeroben Bioprozessen mit verschieden „schnellen" Reaktionen, dargestellt durch den Beschleunigungsfaktor E des O_2-Transportes (nach Nagel et al., 1972)

186 6 Prozeßentwurf

Im Falle derartiger Wechselwirkungen zwischen Kinetik und Transportvorgängen würde der Entwurf von Bioreaktoren darauf Rücksicht zu nehmen haben, indem die Ansätze für 1-Phasen (L-) Reaktoren durch die Betrachtungsweise als G/L-Reaktoren zu ersetzen wären.

Die Auswirkungen derartiger Situationen lassen sich aus einer Analogie zur chemischen Reaktionstechnik in Abb. 6.11 diskutieren (Nagel et al., 1978). Der relative Umsatz wird demnach stark von der Größe der G/L-Grenzfläche abhängen, wenn „schnelle" Reaktionen ablaufen. Die Austauschfläche im Vergleich zum Flüssigkeitsvolumen wird durch Hl nach Gl. 3.28 ausgedrückt, die Schnelligkeit von Reaktionen durch Ha (vgl. Gl. 4.31), wobei der Beschleunigungsfaktor des OTR (E) nach Gl. 4.34 definiert ist und als Parameter in Abb. 6.11 eingetragen ist. Laufen schnelle Reaktionen also in der G/L-Grenzfläche ab, so sind im Reaktor große Austauschflächen zu schaffen, was z. B. durch Strahldüsen (SD) erfolgen kann.

Die Frage, ob derartig schnelle Reaktionen bei Bioprozessen möglich sind, wurde in Kapitel 4.4 erörtert und kann noch anhand der Abb. 6.12, die das Ergebnis von Modellberechnungen darstellt (Moser, 1980d), in der Wechselwirkung zwischen Kinetik und Transportvorgängen diskutiert werden.

Demnach wird der Beschleunigungsfaktor für den O_2-Eintrag, E, mit zunehmendem k_{L1}-Wert abnehmen, auch wenn hohe Zellkonzentrationen von 70 g/l im Reaktor vorliegen (Kurve a). Wie in Abb. 6.12 zum Ausdruck kommt,

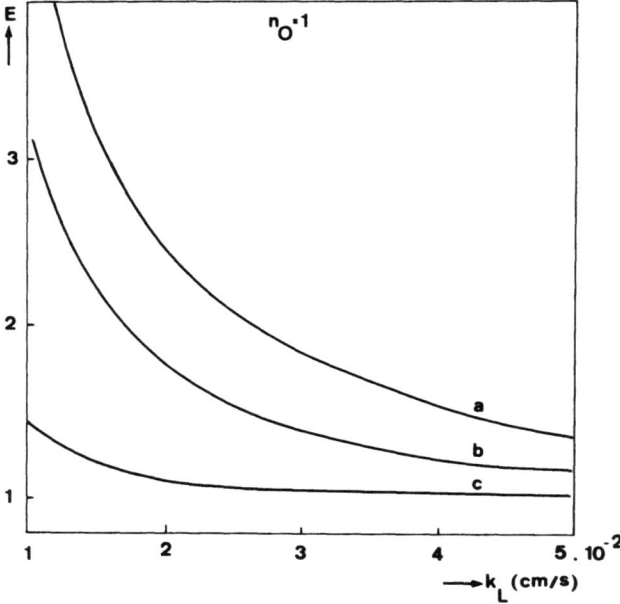

Abb. 6.12. Der nach Gl. 4.34 berechnete Beschleunigungsfaktor E für den O_2-Transport bei aeroben Bioprozessen in Abhängigkeit vom Stofftransportkoeffizienten k_L als Funktion der Kinetik der Atmung im Falle erster Ordnung in O_2 (Kurve a), zusätzlicher S-Limitierung (Kurve b) mit $S/K_S = 0.5$ und im Falle eines hohen K_O-Wertes: $K_O = 1$ mg/l (Kurve c). ($X = 70$ g/l; $\sigma_{O,max} = 0.25$ h^{-1}; $K_O = 4 \cdot 10^{-5}$ g/l) (Moser, 1980d)

wird das Auftreten von OTR-Beschleunigungen bei Fermentationen prinzipiell bestätigt, auch wenn der Effekt stark von der Kinetik der Atmung, d. h. vom $\sigma_{O,max}$-Wert und besonders vom K_O-Wert und dessen Verfälschung durch andere kinetische Effekte abhängt. Im Falle der Atmungsgeschwindigkeit nach formal erster Ordnung wird bei zusätzlicher S-Limitierung ($n_S = 1$) der Wert von E_{OTR} vermindert (Kurve b). In gleicher Weise wirkt ein höherer K_O-Wert, z. B. 1 mg/l (Kurve c). Die Kurven in Abb. 6.12 gelten für Mikroorganismen mit einem mittleren O_2-Verbrauch (z. B. Hefen mit $\sigma_{O,max} = 0{,}25\ h^{-1}$). Prinzipiell sind $\sigma_{O,max}$-Werte bis 3 $[h^{-1}]$ bekannt. Bei $n_O = 0$ ist $E \sim 1$.

6.6 Schlußwort

Anstelle einer allgemeinen Schlußbemerkung wird in Abb. 6.13 zusammenfassend das Gesamtschema der Strategie der Bioprozeßtechnik gezeigt. Nach Erarbeitung der qualitativen Eigenschaften des Systems Biokatalysator/Substrat

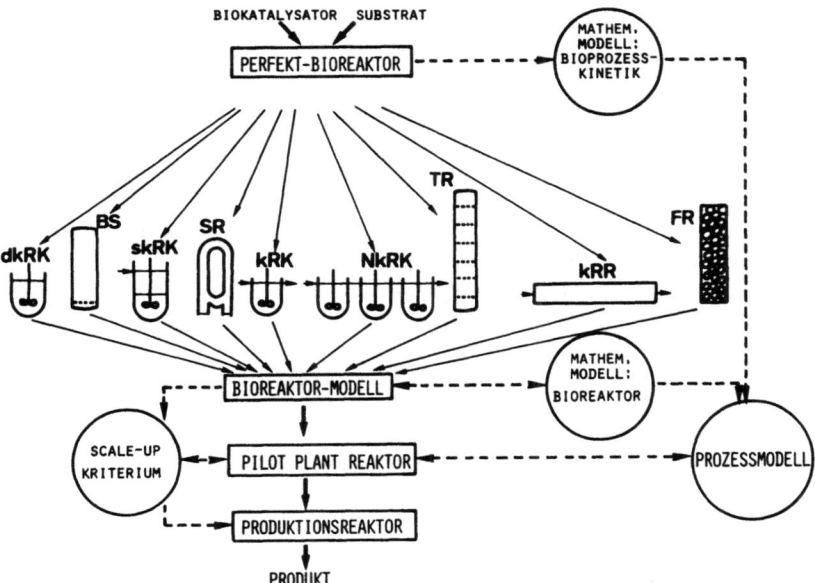

Abb. 6.13. Zusammenfassendes Schaubild der Arbeitsstufen der Strategie einer systematischen Prozeßentwicklung bei Bioprozessen auf Basis der Wechselwirkungen zwischen Kinetik (vgl. Kapitel 5) und Transportvorgängen (vgl. Kapitel 3), welche im Laufe der prozeßkinetischen Analyse (vgl. Kapitel 4) zu klären sind. Als spezielle Situation einer Prozeßentwicklung ist der Fall der Entwicklung und Verwendung neuartiger Bioreaktoren dargestellt (diskontinuierliche Rührkessel dkRK, Blasensäulen BS, semikontinuierliche Rührkessel skRK, Schlaufenreaktoren SR, kontinuierlicher Rührkessel kRR, kontinuierliche Rührkesselkaskaden NkRK, Turmreaktoren TR, kontinuierliche Rohrreaktoren kRK, Filmreaktoren FR)

im mikrobiologischen Labor bildet die quantitative Erfassung und mathematische Modellierung der Kinetik der Bioprozesse im „Perfekt-Bioreaktor" die erste Arbeitsphase (vgl. Kapitel 4, 5), die Quantifizierung und Modellierung der verschiedenen Bioreaktoren im „Bioreaktormodell" die zweite Phase (Kapitel 3), während der Prozeßentwurf (Kapitel 6) erst abgeschlossen ist, wenn ein Prozeßmodell aus Kinetik und Transportvorgängen (und ein scale-up-Kriterium) aus zusätzlichen Experimenten in Pilot-Anlagen erarbeitet wurde.

Alle in diesem Kapitel dargelegten Methoden sind in Übereinstimmung mit der Strategie nach Abb. 2.13 und 2.11 als Arbeitshypothesen anzusprechen. Die dazu herangezogenen Daten der Kinetik wurden primär in diskontinuierlichen Prozessen ermittelt. Diese sind jedoch durch die Verknüpfung zwischen Reaktorführung und biologischem Verhalten nicht streng auf andere Operationsweisen übertragbar (vgl. Tab. 4.3). Erst die Einhaltung der Vorgangsweise einer systematischen Prozeßentwicklung, die in diesem Text befürwortet und dargelegt wird, kann schrittweise zu einer sicheren Planung biotechnischer Prozesse führen.

Literatur

Aiba, S., Humphrey, A. E., Millis, N. F. (1973): Biochemical Engineering. New York: Academic Press.
Atkinson, B. (1974): Biochemical Reactors. London: Pion Ltd.
Bailey, J. E. (1973): Chem. Eng. Commun. *1*, 111.
Baxerres, J. L., Haewsungcharern, A., Gibert, H. (1977): Lebensm.-Wiss. und -Technol. *10*, 191.
Bischoff, K. B. (1966): Can. J. Chem. Eng. *45*, 281.
Danckwerts, P. V. (1958): Chem. Eng. Sci. *8*, 93.
Eckenfelder, W. W. (1966): Industrial Water Pollution Control, Chap. 13. New York: McGraw-Hill.
Fan, L. T., Erickson, L. E., Shah, P. S., Tsai, B. I. (1970): Biotechnol. Bioeng. *12*, 1019.
– Tsai, B. I., Erickson, L. E. (1971): AIChEJ *17*, 689.
Finn, R. K., Fiechter, A. (1979): In: Symp. Soc. Gen. Microbiol. *20*, 83.
Herbert, D. (1960): In: Proc. „Symp. Cont. Culture of Microorganisms", London. Soc. Chem. Ind. Monogr. *12*, 21.
– (1964): In: Continuous Cultivation of Microorganisms (Malek, I., et al., eds.), S. 23. Prag: Czechoslovak Academy of Science.
Humphrey, A. E. (1978): Amer. Chem. Soc. Symp. Series 72.
Kornegay, B. H., Andrews, J. F. (1969): Proc. 24th Ind. Waste Conf. Purdue, 1398.
La Motta, E. J. (1976): Biotechnol. Bioeng. *18*, 1359.
Levenspiel, O. (1972): Chemical Reaction Engineering. New York: J. Wiley & Sons.
Lilly, M. D., Dunnill, P. (1971): Process Bioch. *6* (8), 29.
– – (1972): Biotechnol. Bioeng. Symp. *3*, 221.
Luedeking, R., Piret, E. L. (1959): J. Biochem. Microbiol. Tech. Eng. *1*, 431.
Melling, J. (1977): In: Enzyme and Fermentation Biotechnology, Vol. 1 (Wiseman, A., ed.), S. 10. Chichester.
Monod, J. (1942): Recherches sur la croissance des cultures bactériennes. Paris: Hermann.
Moser, A., Preselmayr, W., Scherbaum, H. (1974b): In: Proc. 4th Intern. Symp. in Yeasts, Part I, S. 117.
– (1980d): 2nd Intern. Symp. on Bioconversion and Biochemical Engineering, IIT, New Delhi, Indien, 6.–9. März.
Moser, F. (1977): Verfahrenstechnik *11*, 670.
Nagel, O., Kürten, H., Sinn, R. (1972): Chem. Ing. Techn. *44*, 367.
– Hegner, B., Kürten, H. (1978): Chem. Ing. Techn. *50*, 934.
Oleszkiewicz, J. A. (1977): Prog. Wat. Tech. *9*, 777.

Pirt, S. J. (1975): Principles of Microbe and Cell Cultivation. Oxford: Blackwell Scientific Publ.
Powell, O., Lowe, J. R. (1964): In: Continuous Cultivation of Microorganisms (Malek, I., et al., eds.), S. 45. Prag: Czechoslovak Academy of Science.
Reusser, F. (1961): Appl. Microbiol. *9*, 361.
Ricica, J. (1969a): In: Fermentation Advances (Perlman, D., ed.), S. 427. New York: Academic Press.
– (1969b): Folia Microbiol. *14*, 322.
Ryu, D. D. Y., Lee, B. K. (1975): Process Bioch. *10* (1/2), 15.
Topiwala, H. H. (1974): Biotechnol. Bioeng. Symp. *4*, 681.
Tsai, B. I., Erickson, L. E., Fan, L. T. (1969): Biotechnol. Bioeng. *11*, 181.
– Fan, L. T., Erickson, L. E., Chen, M. S. K. (1971): J. Appl. Chem. Biotechnol. *21*, 307.
Wandrey, C., Flaschel, E., Schügerl, K. (1979): Biotechnol. Bioeng. *21*, 1649.
Wolfbauer, O., Klettner, H., Moser, F. (1978): Chem. Eng. Sci. *33*, 953.
Zwietering, Th. N. (1959): Chem. Eng. Sci. *11*, 1.

Sachverzeichnis

Abbaukinetik 161
Absolute Reaktionsgeschwindigkeit 21, 24
Absterbephase 140
Abwasser 9
Abwasseranlagen 53
Abwasserkinetik 157
Abweichungsquadrate 46
Abweichungsvariable 142
Adaptive Modellbildung 45
Adhäsivfermenter 55
Adsorptionsisotherme
   s. Langmuir-Kinetik
Airliftreaktor 55
Aktivierungsenergie 129, 130
Aktuelle Konzentration 71
Allosterische Hemmung 135
Alter, mittleres 150
Analyse, kinetische 31, 37
Analysenmethode, summarische 161
Anpassungsparameter 36
Ansprechverhalten 73
Antwortfunktion 64, 74
Anzapfreaktor 105
Äquivalentstufenzahl 68
Arithmetischer Mittelwert 46
Arrhenius-Diagramm 130
Arrhenius-Gleichung 129
Atkinson-Gleichung 153
Ausbeute 27
Ausgasen 70
Ausnutzungsgrad 75, 80
Austauschfläche 70
Auswachsen 56
Autokatalytischer Prozeß 179, 180
Axialer Dispersionskoeffizient
   s. Dispersionskoeffizient

Balanziertes Wachstum 109
Batch s. Operationsweise
Belüfteter Rohrreaktor 54

Belüftung s. O_2-Eintragskoeffizient
Belüftungskonstante 72
Belüftungszahl 80
Beschleunigungsfaktor 122, 123, 185, 186
Betriebskosten 27
Betriebsweise s. Operationsweise
Bilanzgleichung 20, 87 ff.
Bildungsgeschwindigkeit 21
Biodisk 55, 97
Biofilmkinetik 155
Biohochreaktor 54
Biokatalytische Masse 22
Biologische Abwasserreinigung 53, 157
– Geschwindigkeitsgleichung 152
– Testsysteme 80, 81
Biologischer Filmfermenter 97, 98
– Rasen 97
Biomasse s. Zellkonzentration
Bioprozeß 8, 17
Bioprozeßkinetik 24, 80
Bioprozeßtechnik 5, 7, 11
Bioreaktor 2, 9, 13, 29, 53
   Charakterisierung 57 ff.
   Diskontinuierlicher Rührkessel 62,
      88, 99, 107, 109
   Filmbioreaktor 56, 57
   Flockenbioreaktor 56, 57
   Heterogener Reaktor 57
   Homogener Reaktor 57
   Idealer kontinuierlicher Rohrreaktor
      90, 178, 179
   – – Rührkessel 88, 170, 178, 185
   Operationsweisen 57, 62, 82
   Quantifizierung 62 ff., 79 ff.
   Realer kontinuierlicher Rohrreaktor 91
   Semikontinuierlicher Rührkessel 84, 89
   Verwendung für Bestimmung
      kinetischer Parameter 97 ff., 104 ff.
Bioreaktormodell 38, 87, 187
Biosorption s. Schlammadsorption

Sachverzeichnis

Biotechnologie 1, 3, 5
Biozoenose 162, 163
Blackman-Kinetik 137
Blasensäule 55, 185
Bodenstein-Zahl 66
Bottich 2, 53
Bräunungsreaktion 164, 177
Briggs-Haldane-Kinetik 33
BSB-Wert 9, 161

Carman-Oberflächenfaktor 102
Charakteristische Größe 79
– Länge 67
Chemisch-heterogene Katalyse 34, 103, 122
Chemische Kinetik 22, 99, 103, 112
– Prozesse 8
Chemostat 89, 170
Completely Mixed Microbial Film Fermenter 98
Contois-Kinetik 137
CSB-Wert 161

Damköhlersche Zahl
   Erster Art 177
   Zweiter Art 118, 120
Danckwerts-Methode 124
Daten, prozeßtechnische 80
„Deep-shaft"-Reaktor 55
Dehnungsmeßstreifen 75
Diauxie 157, 160
Dicke
   Kontrollierte 98
   Kritische 101, 121
   Mittlere 98
   Unkontrollierte 98
Differentialreaktor 104, 106
Differentielle Auswertemethoden 107 ff.
Diffusionskoeffizient, effektiver 66, 121
Diffusionskontrolle (Diffusionsregime) 119
Dimensionslose Größen (Dimensionslose Kennzahl) 79 ff.
Direkte Linearisierung 116
Diskontinuierlicher Prozeß 62, 88, 99, 107, 109
– Rührkessel 62, 88, 99, 107, 109
Dispersionskoeffizient
   Effektiver 66
   Longitudinaler bzw. axialer 66
   Radialer 92

Dispersionsmodell 65
Dissipation s. Energiedissipation
„Distributed parameters" 57
Doppelsubstratlimitierung
   s. Zweisubstratlimitierung
Drei-Parameter-Gleichung 137
Dünnschichtfilmfermenter 55, 98
Dünnschichtreaktor 55, 185
Durchmesser
   Kritischer 101
   Mittlerer 70, 79
Dynamische Kinetik 141
– Methode 72, 78

Eadie-Hofstee-Diagramm 116
Effektive Reaktionsgeschwindigkeit 118, 119
Effektiver Diffusionskoeffizient 66
Effektivität s. Wirkungsgrad
Eingasen 70
Einsatzkosten 27
Eintragsgeschwindigkeit
   s. O_2-Eintragsgeschwindigkeit
Elektrischer Leistungsbedarf 16
Elektrodenansprechverhalten (Elektrodenträgheit) 73
Eliminationskinetik 161
Elutriation 87
Endogener Metabolismus
(– Stoffwechsel) 25, 144 ff.
Energiedissipation (Energieverteilung) 102
Enthalpie 132
Enthalpie/Entropie-Kompensation 132
Entropie 132
Enzymkinetik 33, 112, 133, 158
Enzymreaktor 55, 56
Enzymtechnologie 1, 2, 12, 55, 56, 177
Erhaltungssatz 20
Erhaltungsstoffwechsel 25, 128, 144 ff.
Ertrag s. O_2-Ertrag
Ertragskoeffizient 23, 142, 145
Exothermer Prozeß 151
Exponentielles Wachstum 140
„Extended culture" 85, 109
Externe Transportlimitierung 103, 118, 119

F-Test 47
Fallender Filmreaktor 125
Faulturm 2, 54
Fedbatch Prozeß bzw. Feedbatch Prozeß 84

Sachverzeichnis

Fermentation 9
   Heterogene 58, 97, 117, 152
   Homogene 58
   Produktbildungskinetik 146 ff.
   Wachstumskinetik 128 ff.
Fermenter
   Fest-Substratfermenter 54
   Grundtypen 53
   Heterogener 58, 97, 117, 152
   Homogener 58
   Industriefermenter 53
   Kleinlaborfermenter 39
   Laborfermenter 39, 187
   Pilotfermenter 39, 187
   Produktionsfermenter 39, 187
Fermentergrundtypen 53
Festbett 87
Fest-Substratfermenter 54
Filmdicke
   Hypothetische 71, 117
   Kritische 101, 121
   L- 71
   S- 117
Filmreaktor
   Biologischer 55, 183
   Dünnschicht- 55
   Fallender 125
Filmtheorie s. Zweifilmtheorie
Fließgleichgewicht 133
Flocke 153, 154
Flockengröße
   Kritische 101
   Mittlere 98
Fluidbett s. Wirbelschichtreaktor
Fluidisation s. Wirbelschichtreaktor
Fluidisationsgeschwindigkeit 87
Formalkinetik 14, 25, 29, 30, 36, 41, 128 ff.
   Heterogene 152
   Homogene 128 ff.
   Produktbildung 146 ff.
   Substratverbrauch 136 ff.
   Temperatur 129
   Wachstum 136 ff.
   Wärmebildung 151
Freßkette 162
Froude-Zahl 81
Füllkörperkolonne 55, 87, 183

Gaden s. Produktbildung
Gasblasendurchmesser 70
Gasphasendynamik 73
Gates-Linearisierung 114
Gegenstromwärmeaustauscher 76
Geschwindgkeit
   Bildungs- 20
   Durchfluß- 69, 84
   Leerrohr- 16
   Maximale 114, 118, 121
   Reaktions- 20, 22, 24
   Relative 21, 22, 23, 25
   Spezifische 21, 22, 23, 25
   Strömungs- 90
   Umsetzungs- 21
   Verbrauchs- 20
   Verdünnungs- 89
   Wachstums- 21, 23
Geschwindigkeitsbestimmender Schritt 31
Geschwindigkeitsgleichung, biologische 152, 154
Geschwindigkeitskonstante 24
Geschwindigkeitskurve, periodische 172
Gewebekulturen 1, 55
Glättungskurve 107
Gleichgewichtskonstante 24
Globale Kinetik 9, 158 ff.
Glukose-Oxidase-Methode 70, 124
Gompertzsches Gesetz 139
Gradientenloser Reaktor 106

Haldane-Beziehung 134
Haltezeit 176
Hatta-Zahl 118, 122, 123, 186
Hemmtypen 134
Hemmung s. Inhibition
Henri-Gleichung 112
Henry-Verteilungskoeffizient 71
Heterogenes System (Prozeß) 58, 97, 117, 152
Hill-Kinetik 135
Hill-Koeffizient 135
Hinshelwood-Kinetik s. Langmuir
Hinterlandsverhältnis 75, 122, 123, 185
Hohlfasermembranreaktor 56
„Hold-up" 70
Homogenes System (Prozeß) 58
„Horizontal-rotary-fermenter" 55
Hydrodynamischer Belüfter 54
Hyperbolischer Ansatz 112
Hyphen-Wachstumseinheit 138
Hypothese 9, 45, 169
Hypothetische Filmdicke 71, 117

Sachverzeichnis 193

Idealer Rohrreaktor 90, 175
- Rührkessel 88, 170, 175
Immobilisierung 56, 152
Impulsmethode 64, 66
Industrielle Reaktoren 53
Inhibition 128, 134, 157
   Allosterische 135
   Kompetitive 134
   Nicht-kompetitive 134
   Unkompetitive 135
   Produkt- 134, 137
   Substrat- 135, 142
Inhomogenität 61, 64
Injektorbelüftung 54
Inoculum 12
Instationäre Kinetik 141
- Operationsweise 109
Integrale Auswertemethode 107 ff.
Integralreaktor 104
Interne Transportlimitierung 103, 118, 120
Interphasenstofftransport 70
Ionenstärke 72, 163
Isokinetische Temperatur 132
Isotrope Turbulenz 102

Kaskade 83, 172, 181
Kennzahl, dimensionslose 79
Kinetik
   Atkinson- 153
   Biofilm- 155
   Blackman- 137
   Briggs-Haldane- 33
   Chemische 22, 99, 103, 112
   Contois- 137
   Dynamische 141
   Enzym- 33, 112, 133, 158
   Formal- 36, 128 ff.
   Globale 9, 158 ff.
   Heterogene 117, 152
   Hill- 135
   Homogene 128
   Instationäre 109, 141, 163
   Konak- 137
   Kono- 137, 148
   Langmuir- 112, 116
   Langmuir-Hinshelwood 34, 134
   Makro- 30, 31, 103
   Michaelis-Menten 112
   Mikro- 30, 33, 103, 133
   Monod- 112, 136, 153, 154, 164, 178, 180

   Moser- 136
   Multikomponenten- 156 ff.
   Multisubstrat- 157 ff.
   Prozeß- 20, 37
   Stationäre 109
   Sterilisations- 164
   Summen- 158 ff.
   Teissier- 136
   Zweisubstrat- 156, 160
Kinetische Ähnlichkeit 39
- Analyse 31, 37
- Auswertemethode 107 ff.
- Kontrolle (Kinetisches Regime) 119
Kinetischer Koeffizient 124
$k_L a$-Wert 73
Kleinlaborreaktor 39
Koeffizient
   Diffusions- 66, 121
   Dispersions- 66
   Hill- 135
   Kinetischer 124
   Konvektions- 71
   Korrelations- 50
   Regressions- 50
Kohlendioxid 18
Kolmogoroff-Theorie 102
Kombinierte Analyse 51
Kompensation s. Enthalpie/Entropie-Kompensation
Konak-Kinetik 137
Konfidenzintervall 46
Kono-Kinetik 137, 148
Konsumtionskoeffizient 148
Kontaktzeit 71
Kontinuierliche Kultur 83, 170
- Operationsweise 83
Kontinuierlicher Prozeß 170
- Reaktor 83, 90, 178, 179
Kontrollierte Dicke 98
Konvektion 20, 71
Konvektionskoeffizient 71
Konvektionstheorie 71
Konzentration
- aktuelle 71
- kritische 73
- limitierende 16
Konzentrationsdifferenz 24, 71
Konzentrationsprofil 99
Korrelation, empirische 79, 81
Korrelationskoeffizient 50
Korrelationstheorie 45

194 Sachverzeichnis

Kosten 27
Kreislaufreaktor 55, 56, 60, 63, 64, 68, 69, 99, 106
Kriterium
    Maßstabsvergrößerung 16, 29, 37, 81, 187
    Modellidentifizierung 45 ff.
    Pseudohomogenität 101
Kritische Dicke 101, 121
Kritischer Durchmesser 101

L-Film 71
L-Phase 18, 170
Laborfermenter 39, 187
Lag-Phase 140
Lag-Zeit 139
Langmuir-Hinshelwood-Kinetik 34, 134
Langmuir-Kinetik (Adsorptionsisotherme) 112, 116
Langsame Reaktion 120, 123, 125
Längsbecken 54
Lebensmitteltechnik 1, 164, 175, 177
Leerrohrgeschwindigkeit 16
Leistungsaufwand 75, 81
Leistungsfaktor 75
Leistungskennzahl 79
Leitfähigkeit 62, 72
Limitierung
    Einsubstrat- 9, 16, 31, 137
    Transport- 18, 32, 97 ff., 156
    Zweisubstrat- 156
Lineare Regression 49
Lineares Wachstum 156
Linearisierung 49, 115
Logarithmische Wachstumsphase
    s. Exponentielle Wachstumsphase
Logarithmischer Mittelwert 76
Logistische Gleichung 140
Longitudinaler Dispersionskoeffizient 66
Löslichkeit 71
„Lumped parameters" 57
μ-Wert 21, 25
Maillard-Reaktion 164, 177
Makrokinetik 30, 31, 103
Makromischung s. Verweilzeitverteilung
Massenbilanzgleichung 20, 87 ff., 169 ff.
Maßstabsvergrößerung 12, 14, 16, 17
Mathematisches Modell
    Definition 39, 41
    Enzymkinetik 33, 112, 133, 158
    Grenzen 41, 43

Mikrobiologische Wachstumskinetik 128, 136 ff.
Produktbildungskinetik 146 ff.
Vorgangsweise der Modellbildung 41 ff.
Ziele 41 ff.
Maximale Ausbeute 27
– Konzentration 26
– Mischung 59, 182
Maximaler μ-Wert 38, 128
– Profit 28
Mechanischer Belüfter 54
Mechanismus
    Reaktions- 31, 33, 34, 133
Mediumsoptimierung 16, 156
Mehrkomponentensystem
    s. Multikomponentensysteme
Membranreaktor 56
Metabolische Reaktionsenthalpie 151
Michaelis-Menten-Kinetik 112
Mikrobiologische Flocke 9, 97, 117 ff., 152 ff.
Mikrobiologischer Film 9, 97, 117 ff., 152 ff.
– Reaktor s. Fermenter
Mikrokinetik 30, 33, 103, 133
Mikromischung s. Mischzustand
Mischbecken 62
Mischgüte 62
Mischkonzentration 62
Mischpopulation 162
Mischverhalten s. Mischzustand
Mischzeit 62, 81
Mischzustand bzw. Mischungszustand 57 ff., 101, 182
Mittelwert
    Arithmetischer 46
    Logarithmischer 76
Mittlere Dicke 98
Mittlerer Durchmesser 98
– Fehler 46
Mittleres Alter 150
Modellbildung 41
Modelldiskriminierung 42, 48
Modellidentifizierung 42, 44, 48
Modellieren als Arbeitsmethode 33
Modellreaktion 124, 183
Modellreaktor 125
Modul (Modulus) 120, 152
Moment der Verteilungsfunktion 67
Momentenmethode 74

Sachverzeichnis

Monod-Kinetik 112, 136, 153, 154, 164, 178, 180
Moser-Kinetik 136
Multi-komponentenkinetik 156 ff.
Multi-komponentensysteme 156 ff., 164
Multi-response-analysis 51
Multi-stage-Systeme 54, 56
Multi-substratkinetik 157 ff.
Myzelien 138

Netzwerk-Theorem 138
Nicht-Balanziertes Wachstum 109
Nicht-Wachstums-Assoziierung 148, 149
Nicht-Wechselwirkendes Modell 157, 159
Nomenklatur 23, 24, 25
Normalkatalytischer Prozeß 179 ff.
Numerisches Modell 35

Oberflächenbelüftung 54
Oberflächenerneuerungsgeschwindigkeit 71
Oberflächenerneuerungstheorie 71
Offenes System 133
Ökonomie 15, 16
Operationsweise 57, 62, 82
    Diskontinuierliche (batch) 62, 83
    Instationäre 109
    Kontinuierliche 83
    Semikontinuierliche 83, 84
    Stationäre 89, 91, 109
    Transiente 85
Optimale Konzentration 128
– Produktivität 171
– Temperatur 128
Optimaler pH-Wert 128, 144
Optimum, biologisches 8, 128
Oszillationen 133
Oxidationsgraben 62
O_2-Ausnutzungsgrad 75
O_2-Eintragsgeschwindigkeit bzw. OTR 70 ff.
O_2-Ertrag 75
O_2-Löslichkeit 71
O_2-Ökonomie 75

Parameter 38, 42
Parameterestimierung 43
„3-Parametergleichung" 137
Partialdruck 71
Partikelgröße
    Kritische 101, 121
    Mittlere 98

Pellet 138, 139
Penetrationstheorie 71
Perfektbioreaktor 38, 103, 187
Periodische Geschwindigkeitskurve 172
– Prozesse 84 ff.
Pfropfenströmung 65, 90, 184
Phasenmodell
    1-Phasen Reaktormodell 91, 100
    2-Phasen Reaktormodell 92, 100
    3-Phasen Reaktormodell 92, 100
Photobiologischer Reaktor 55
pH-Wert
    Kinetik 144
Pilot Plant 14, 38, 187
Planen 42, 45, 51
Plateau-BSB 161
Pneumatischer Belüfter 54
p_{O_2}-Elektrode 72
Polynom 35, 144, 150
Populationsdynamik 163
Porendiffusion 152
Potenzansatz 103, 111, 112
„Pressure-cycle-fermenter" 55
Produktbildung 144, 146 ff.
Produkthemmung s. Produktinhibition
Produktinhibition
    Kompetitive 134
    Nicht-kompetitive 134
    Unkompetitive 135
Produktionsstamm 11
Produktivität 25, 171
Produktzerfall 149
Profit 26, 28
Prozeßentwicklung (Prozeßentwurf) 6, 11, 13, 14, 15, 17, 28, 29, 39, 44, 169, 187
Prozeßkinetik 20, 37
Prozeßkinetische Analyse 37, 97
– Daten 80
Prozeßmodell 29, 31, 187
Prozeßschema 18, 97
Prozeßvariable 18
Pseudodifferentieller Reaktor 106
Pseudohomogenes Modell 183, 185
Pseudohomogenität 18, 38, 58, 99, 101, 118
Pseudokinetik 59, 163, 184
Pumpgeschwindigkeit 16
Punkt 61

q_{O_2}-Wert 25
Quantifizieren als Arbeitsmethode 32

Sachverzeichnis

Quantifizierung
    Bioprozeß 17 ff.
    Bioreaktor 62 ff.
    Kinetik 128 ff.
    Umsatz 170 ff.
Quasistationäres Gleichgewicht
    („Quasi-steady-state") 34, 85, 109

Raum-Zeit-Ausbeute 26
Reaktionsenthalpie bzw. -wärme 77, 151
Reaktionsgeschwindigkeit
    Absolute 21, 24
    Bezogene 21, 22, 24
    Effektive 119
    Maximale 114, 118, 121
    Oberflächenbezogene 152, 155
    Relative 21, 24
    Spezifische 21, 24
Reaktionsmechanismus 31
Reaktionsordnung 24
    Erste 136
    Halbe 136
    Nullte 136
    Zweite 136
Reaktionszeit 26, 73, 101
Reaktorkonzepte (Reaktorgrundtypen) 82 ff.
Reaktorleistung 27
Reaktormodell 87, 185
Realer Rohrreaktor 91, 181
Realstat s. Chemostat
Recycle-Reaktor 99
Recycle-Verhältnis 64, 69
Regressionsanalyse 48
Regressionskoeffizient 50
Reifezeit 175
Reifezeitkonzept 149
Relativer Fehler 46
– Umsatz 27
Relativgeschwindigkeit 101, 125
Reversible Reaktion 133, 134
Reynolds-Zahl 81
Rohrreaktor 54, 56
Rührerspitzengeschwindigkeit 16
Rührkessel s. Bioreaktor

Sättigungskinetik 128
Sättigungskonstante 24
Sättigungskonzentration 71
Sauter-Diameter 70
Scale-up 187

Schaufelradreaktor 54
Scheibenfermenter 55, 97
Schergeschwindigkeitsgradient 16
Scherkraft 82
Schlammadsorption 161
Schlammalter 171
Schlammbelastung 141
Schlaufenreaktor s. Kreislaufreaktor
Schlierenmethode 62
Schlüsselvariable 18, 37
Schmidt-Zahl 81
Schnelle Reaktion 123
Screening 11, 12
Segregation 61, 63, 182
Segregationsgrad 59
Segregiertes Modell 40
Sekundäre Metaboliten 147, 149, 175, 181
Selbststeuerung 133
Selektivität 23
Semidiskontinuierlicher Prozeß 62, 83, 84
Semikontinuierlicher Prozeß 83, 84
Sequentieller Abbau 157, 160
Sherwood-Zahl 81
Siebbodenreaktor 54, 62
Signifikante Variable 25, 31, 42
Signifikanztest 45, 47
Simultaner Abbau 157, 160
Sorptionszahl 80
Spezifische Austauschfläche 70, 152
– Geschwindigkeit 21, 22, 23, 25
– Wärme 77
„Spinning-basket"-Reaktor 56
Sporen 164, 165, 177
„Spouted bed" s. Sprudelbett
Sprudelbett 87
Sprungfunktion 66
Standardabweichung 46
Stationäre Betriebsweise 89, 91, 109
– Methode 75
– Phase 140
Statistische Methoden 45
„Steady-state" (stationärer Zustand) 34, 72, 83, 88 ff., 109, 124, 170
Sterilisation
    Diskontinuierliche 164
    Kinetik 164
    Kontinuierliche 164, 165, 175, 176
Sterilisationsniveau 165, 176
Sterilisationszeit 164, 175, 176

Sachverzeichnis

Sterilisator 57
Stimulierung 128
Stöchiometrie 23
Stöchiometrischer Koeffizient 22, 24
Stofftransport 24, 71
— mit gleichzeitiger Reaktion 119
Stofftransportkoeffizient 24, 71
Stofftransportwiderstand 155
Strahldüsenreaktor 185
Strahlreaktor 125
Strategie 14, 31, 187
Streuungsbreite 47
Strömungsmodell 93
Strömungsrohr 90
Strukturiertes Modell 40
Stufenfunktion 64, 66
Stufenmethode 64, 66
Submerse Belüftung 53
Submersreaktor 53, 55
Submodell 45, 128
Substratinhibition (Substrathemmung) 135, 142
Substratkonzentration 18, 128
Substratlimitierung 9, 16, 31
Substratverbrauch 19, 21, 25
Sulfitoxidation 70, 123, 124
Summarische Analysenmethode 161
Summe der Abweichungsquadrate 46
Summenkinetik 158 ff.
Superfizielle Geschwindigkeit 16
Systematisierung
    Bioreaktoren 57 ff.
    Kinetik 128 ff.

t-Test 47
Tank-in-Serie-Modell 67
Tauchstrahlreaktor 55
Teissier-Kinetik 136
Temperaturfunktion 129 ff.
Test
    Pseudohomogenität 100, 101
    Statistischer 45 ff.
Testsysteme, biologische 80 ff.
Testverfahren 45 ff.
Theorie der lokalen isotropen Turbulenz 102
— — Relativgeschwindigkeit 102
Theorie des Stofftransportes mit gleichzeitiger Reaktion 119
Thiele-Modul 118, 120, 121, 152
Totzeit 26

Totale Segregation 59, 182
Totalgefüllter Reaktor 55
Toxizität 128
Trägergebundene Enzyme 56
Trägergebundene Zellen 56
Transiente Operationsweise 109
Transportbeschleunigung 118, 122
Transportlimitierung 18, 32, 97 ff., 156
Transportphänomene 18, 20, 24
Treibende Kraft 71
Trennen als Arbeitsmethode 32
„Trial and error" 14, 111, 149
Trommelfermenter 2
Tropfkörper 55, 184
Turmbiologie 54
Turmreaktor 54

Überlappung 160
Uhlichsche Näherung 77
Ultrafiltrationsreaktor 56
Umsatz 27
    Autokatalytische Prozesse 180
    Enzymtechnik 177, 180
    Fermentationstechnik 177, 180
    Filmbioreaktoren 183 ff.
    G/L-Prozesse 185 ff.
    Lebensmitteltechnik 177
    Normalkatalytische Prozesse 180
    Produktbildungsprozesse 175
    Relativer 27
    Rohrreaktoren 175 ff.
    Rührkessel 170 ff.
    Sterilisation 175, 176, 182
    Wachstumsprozeß 177
Unkontrollierte Dicke 98
Unsegregiertes Modell 40

Variable 42
    Signifikante 9, 18
Varianz 46, 61, 67
Varianzananalyse 48
Verbrauchsgeschwindigkeit 21, 23, 25
Verdünnungsgeschwindigkeit 74, 170
Vereinfachen als Arbeitsmethode 31
Versuchsplanung 45, 51
Verteilungskoeffizient 71
Vertrauensintervall 46
Verweilzeitverteilung 60, 64 ff.
    Einfluß auf Umsatz 169, 175, 181
    Meßmethode 18, 62 ff.
    Quantifizierung 62 ff.

Verzögerungszeit 141, 142
Viskosität 81
Vollkontinuierlicher Prozeß 82, 170
Volumenanteil 70
Volumenausnutzungsgrad 75
Volumetrischer Stofftransportkoeffizient
    s. $k_L a$
— Stofftransportwiderstand 155

Wachstumsassoziierung 147, 148
Wachstumsgeschwindigkeit
    Absolute 21, 23
    Relative 21, 23
    Spezifische 21, 23
Wachstumsphasen 140
    Absterbephase 140, 144
    Exponentielle Phase 140
    Lag-Phase 139, 140
    Rückgehende Phase 140
    Stationäre Phase 140
Walker-Diagramm 113, 160
Wärme, spezifische 77
Wärmeaustauscher 76, 78
Wärmebilanz 77
Wärmebildung 21, 77, 151
Wärmekapazität 77

Wärmetransportgeschwindigkeit 24, 76
Wärmetransportkoeffizient 24, 78
Wasseraktivität 129
Wechselwirkendes Modell 157, 159
Wechselwirkung 118, 157
„Whirling bed" s. Sprudelbett
Wirbelschichtreaktor (Wirbelbett) 55, 56, 86
Wirkungsgrad 118, 155
Wirkungsgradkonzept 118
Wuhrmann-Kinetik 158
„3.-Wurzel-Gesetz" 139

Zellenmodell 67
Zellkonzentration 18, 21, 25
Zellmasse 18, 21, 25
Zellrückführung 90, 173
Zelltrockensubstanz 18
Zellzahl 25
Zerfall s. Produktzerfall
Zirkulationszeit 63
Zulaufverfahren 84
Zweifilmtheorie 71
Zweisubstratlimitierung 156
Zyklische Prozesse 84
Zyklonfermenter 55, 62